中国林业草原
"十四五"规划

/ 国家林业和草原局 ◎编 /

中国林业出版社
·北京·

图书在版编目（CIP）数据

中国林业草原"十四五"规划精编/国家林业和草原局编. -- 北京：中国林业出版社, 2022.9
ISBN 978-7-5219-1843-4

Ⅰ.①中… Ⅱ.①国… Ⅲ.①林业资源－资源保护－研究报告－中国－2021-2025②草原资源－资源保护－研究报告－中国－2021-2025 Ⅳ.①F323.212

中国版本图书馆CIP数据核字(2022)第157066号

策划编辑：何　蕊
责任编辑：何　蕊　杨　洋　李　静
封面设计：北京鑫恒艺文化传播有限公司

出版发行：中国林业出版社
　　　　　（100009，北京市西城区刘海胡同7号，电话83223120）
电子邮箱：cfphzbs@163.com
网　址：www.forestry.gov.cn/lycb.html
印　刷：北京博海升彩色印刷有限公司
版　次：2022年9月第1版
印　次：2022年9月第1次
开　本：787mm×1092mm 1/16
印　张：20.75
字　数：325千字
定　价：150.00元

编写组

组　　长：陈嘉文

副组长：马爱国　郝雁玲　刘克勇　郝学峰　刘韶辉
　　　　傅　强

成　　员：（按姓氏笔画排序）

于百川　万　猛　马一博　王洪涛　王鸿猛
方健梅　卢泽洋　叶瑛瑛　白　勤　冯玉胜
吕兵伟　刘　锋　刘正祥　刘泽世　闫钰倩
汤　林　许华功　那春风　孙体如　孙铭辛
李木兰　李边疆　李荣汉　李俊恺　杨　雪
杨志刚　肖　君　肖　昉　时永录　邱雪峰
何　璆　何友均　谷云岭　邹　宇　邹光启
邹全程　宋华清　宋志伟　张　斌　张立文
张运明　张艳婷　张晓勇　张博琳　陈　健
陈本林　陈宝林　陈科屹　陈雅如　陈道军
范志静　林　琳　罗洪文　周庆生　周金华
郑芊卉　郑唯一　赵金成　赵陟峰　赵晓迪
郝　爽　荆　涛　钟泽兵　段永清　侯　盟
夏朝宗　徐　海　徐宏伟　徐登坝　郭　鑫
黄传兵　黄厚琦　黄舒慧　程宝栋　蔺　琛
臧雅婷　魏馨怡　籍　洋

前言

林草兴则生态兴。草木植成，国之富也。林草始终是治国安邦的大事。党的十八大以来，习近平总书记站在实现中华民族伟大复兴和永续发展的全局，高度重视林草事业，进行了全面系统谋划，提出了新理念、新战略，特别强调，"林业建设是事关经济社会可持续发展的根本性问题"，"森林是水库、粮库、钱库，现在再加上一个'碳库'。森林和草原对维护国家生态安全具有基础性、战略性作用，林草兴则生态兴"。这些重要论述和重大举措，将林草发展提升到新高度，赋予了新使命，提供了新机遇。

林草事业始终与生态文明建设同向而行、同频共振，努力写好美丽中国这篇大文章。十年树木，换来绿水青山。我国森林覆盖率稳步提高，草原得以休养生息，全球增绿贡献最大。荒漠化防治走在世界前列，贡献了中国方案。世界最大国家公园体系蓝图绘就，国家公园建设进入快车道，大熊猫、东北虎豹等旗舰物种得到全面保护。我们党实现了第一个百年奋斗目标，我国全面建成小康社会，林草事业向党和人民交出了优异生态答卷。

"十四五"时期是"两个一百年"的历史交汇期，也是生态文明建设的关键期。以习近平同志为核心的党中央开启了全面建设社会主义现代化国家的新征程，明确了建设生态文明和美丽中国的宏伟蓝图。林草系统认真践行习近平生态文明思想，深入贯彻党中央、国务院重大决策部署，完整、准确、全面贯彻新发展理念，编制印发了《"十四五"林业草原保护发展规划纲要》（以下简称《规划纲要》）。

《规划纲要》牢固树立"绿水青山就是金山银山"理念，以全面推行林长制为抓手，以林业草原国家公园"三位一体"融合发展为主线，明确了以"三区四带"为主体的保护发展格局，确定了森林覆盖率、森林蓄积量、草原综合植被盖度、湿地保护率等12个指标。根据《规划纲要》，突出科学精准精细管理，开展大规模国土绿化行动；突出保护珍贵自然资产和创新机制，高质量推进国家公园建设；突出筑牢国家生态安全屏障，在青藏高原、黄河流域、长江流域等重点区域实施林草区域性系统治理项目；突出维护生物多样性，加强野生动植物保护；突出生态美百姓富，做优做强林草产业；突出生态安全、生物安全，加强资源监管和灾害防控，提升林草生态系统碳汇增量。

人不负青山，青山定不负人。林草系统将牢记嘱托，再接再厉，按照一盘棋一体化思路，充分发挥生态保护修复主战场主力军作用，推进林草高质量发展，打造生态文明高地，努力为实现人与自然和谐共生的现代化作出更大贡献。

经过努力，近日完成了全国林草"十四五"规划和各地林草"十四五"规划概要内容汇编，现集册出版，以期为各地生态文明建设提供借鉴。

编者

2022年6月

目录

上篇 "十四五"林业草原保护发展规划纲要

第一章 全面进入林业草原国家公园融合发展新阶段 ········· 2
  第一节 发展环境 ········· 2
  第二节 总体要求 ········· 6

第二章 科学开展大规模国土绿化行动 ········· 10
  第一节 科学推进国土绿化 ········· 10
  第二节 精准提升森林质量 ········· 12
  第三节 稳步有序开展退耕还林还草 ········· 13
  第四节 夯实林草种苗基础 ········· 13

第三章 构建以国家公园为主体的自然保护地体系 ········· 14
  第一节 高质量建设国家公园 ········· 14
  第二节 优化自然保护区布局 ········· 15
  第三节 增强自然公园生态服务功能 ········· 16

第四章 加强草原保护修复 ········· 17
  第一节 严格草原禁牧和草畜平衡 ········· 17
  第二节 加快草原生态修复 ········· 17
  第三节 推行草原休养生息 ········· 18

第五章 强化湿地保护修复 ········· 19
  第一节 全面保护湿地 ········· 19
  第二节 修复退化湿地 ········· 22

		第三节 加强湿地管理 ·································	22

第六章 加强野生动植物保护 ································ 24
第一节 加强珍稀濒危野生动植物保护 ············· 24
第二节 保护生物多样性 ····································· 26
第三节 加强外来物种管控 ································· 27

第七章 科学推进防沙治沙 ································ 29
第一节 加强荒漠生态保护 ································· 29
第二节 推进荒漠化综合治理 ····························· 29
第三节 推进岩溶地区石漠化综合治理 ············· 30

第八章 做优做强林草产业 ································ 31
第一节 巩固拓展生态脱贫成果同乡村振兴有效衔接 ········ 31
第二节 发展优势特色产业 ································· 32
第三节 提升林草装备水平 ································· 34

第九章 加强林草资源监督管理 ·························· 35
第一节 全面推行林长制 ····································· 35
第二节 加强资源管理 ··· 36
第三节 健全资产报告制度 ································· 37
第四节 强化资源监督 ··· 37
第五节 综合监测评估 ··· 38

第十章 共建森林草原防灭火一体化体系 ·········· 39
第一节 健全预防体系 ··· 39
第二节 加强早期火情处理 ································· 40

　　　　第三节　提升保障能力 …………………………………… 40
　　　　第四节　抓好安全生产 …………………………………… 41

第十一章　加强林草有害生物防治 ………………………………… 43
　　　　第一节　实施松材线虫病疫情防控攻坚行动 …………… 43
　　　　第二节　强化林业重大有害生物防治 …………………… 44
　　　　第三节　加强草原有害生物防治 ………………………… 45

第十二章　深化林草改革开放 ……………………………………… 47
　　　　第一节　深化集体林权综合改革 ………………………… 47
　　　　第二节　完善国有林场经营机制 ………………………… 48
　　　　第三节　推动国有林区改革发展 ………………………… 48
　　　　第四节　实行高水平对外开放 …………………………… 49

第十三章　贯彻山水林田湖草沙生命共同体理念实施林草区域性系统治理项目 … 53
　　　　第一节　黄河及北方防沙带林草系统治理项目 ………… 53
　　　　第二节　长江及南方丘陵山地带林草系统治理项目 …… 56
　　　　第三节　青藏高原等重点生态区位林草系统治理项目 … 58

第十四章　完善林草支撑体系 ……………………………………… 59
　　　　第一节　建立生态产品价值实现机制 …………………… 59
　　　　第二节　推进法治建设 …………………………………… 60
　　　　第三节　强化科技创新体系 ……………………………… 61
　　　　第四节　完善政策支撑体系 ……………………………… 63
　　　　第五节　加强生态网络感知体系建设 …………………… 63
　　　　第六节　加强人才队伍建设 ……………………………… 64

第十五章　加强规划实施保障 ……………………………………… 66
　　　　第一节　坚持党中央集中统一领导 ……………………… 66
　　　　第二节　完善规划实施机制 ……………………………… 66
　　　　第三节　营造良好社会氛围 ……………………………… 68

下篇 "十四五"各地林业草原保护发展规划概要

第一章	北京市园林绿化"十四五"高质量发展规划概要	70
第二章	天津市自然资源保护利用"十四五"规划概要	83
第三章	河北省林业和草原保护发展"十四五"规划概要	89
第四章	山西省林业和草原保护发展"十四五"规划概要	95
第五章	内蒙古自治区林业和草原保护发展"十四五"规划概要	100
第六章	辽宁省林业和草原保护发展"十四五"规划概要	106
第七章	吉林省林业和草原保护发展"十四五"规划概要	111
第八章	黑龙江省林业和草原保护发展"十四五"规划概要	116
第九章	上海市林业保护发展"十四五"规划概要	122
第十章	江苏省林业保护发展"十四五"规划概要	129
第十一章	浙江省林业保护发展"十四五"规划概要	134
第十二章	安徽省林业保护发展"十四五"规划概要	142
第十三章	福建省林业保护发展"十四五"规划概要	147
第十四章	江西省林业保护发展"十四五"规划概要	160
第十五章	山东省林业保护发展"十四五"规划概要	165
第十六章	河南省林业保护发展"十四五"规划概要	170
第十七章	湖北省林业保护发展"十四五"规划概要	176
第十八章	湖南省林业保护发展"十四五"规划概要	183
第十九章	广东省林业保护发展"十四五"规划概要	190
第二十章	广西壮族自治区林业保护发展"十四五"规划概要	196
第二十一章	海南省林业保护发展"十四五"规划概要	201
第二十二章	重庆市林业保护发展"十四五"规划概要	213
第二十三章	四川省林业和草原保护发展"十四五"规划概要	218
第二十四章	贵州省林业保护发展"十四五"规划概要	223
第二十五章	云南省林业和草原保护发展"十四五"规划概要	233

章节	标题	页码
第二十六章	西藏自治区林业和草原保护发展"十四五"规划概要	240
第二十七章	陕西省林业保护发展"十四五"规划概要	246
第二十八章	甘肃省林业和草原保护发展"十四五"规划概要	256
第二十九章	青海省林业和草原保护发展"十四五"规划概要	261
第三十章	宁夏回族自治区林业和草原保护发展"十四五"规划概要	265
第三十一章	新疆维吾尔自治区林业和草原保护发展"十四五"规划概要	270
第三十二章	新疆生产建设兵团林业和草原保护发展"十四五"规划概要	275
第三十三章	大兴安岭林业集团公司"十四五"规划概要	280
第三十四章	中国内蒙古森林工业集团有限责任公司"十四五"规划概要	286
第三十五章	中国吉林森林工业集团有限责任公司"十四五"规划概要	296
第三十六章	长白山森工集团"十四五"规划概要	301
第三十七章	中国龙江森林工业集团有限责任公司"十四五"规划概要	306
第三十八章	黑龙江伊春森工集团有限责任公司"十四五"规划概要	311

上篇

"十四五"林业草原保护发展规划纲要

第一章
全面进入林业草原国家公园融合发展新阶段

在以习近平同志为核心的党中央坚强领导下,林草系统全面加强生态保护修复,着力推进国土绿化,着力提高森林质量,着力开展森林城市建设,着力建设国家公园,为建设生态文明、决战脱贫攻坚、决胜全面小康作出了重要贡献,进入林业草原国家公园"三位一体"融合发展新阶段。

第一节 发展环境

一、"十三五"建设成就

"十三五"规划主要任务全面完成,约束性指标顺利实现,生态状况明显改善。森林覆盖率达到23.04%,森林蓄积量达到175.6亿立方米,草原综合植被盖度达到56.1%,湿地保护率达到52%,治理沙化土地1.5亿亩。

二、国土绿化成效显著

完成造林种草7.48亿亩,森林面积和蓄积量连续30年保持"双增长"。三北防护林、天然林保护、退耕还林还草、退牧还草、京津风沙源治理等重点工程深入实施。义务植树广泛开展,新增国家森林城市98个。

三、保护体系日益完善

国家公园体制试点任务完成,自然保护地整合优化稳步推进,新增世界自

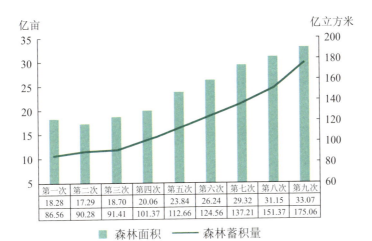

图1-1 森林资源清查面积、蓄积量变化

图1-2 国际重要湿地面积和数量变化

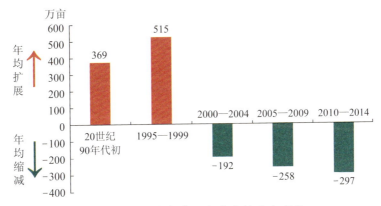

图1-3 不同时期沙化土地年均面积变化

然遗产4项,世界地质公园8处,300多种濒危野生动植物种群数量稳中有升。全面停止天然林商业性采伐,19.44亿亩天然乔木林得到休养生息。年均森林火灾受害率控制在0.9‰以下。完成《中华人民共和国森林法》《中华人民共和国野生动物保护法》修订。

表1-1 国家公园体制试点

序号	名称	涉及省份
1	三江源	青海
2	东北虎豹	吉林、黑龙江
3	祁连山	甘肃、青海
4	大熊猫	四川、甘肃、陕西
5	海南热带雨林	海南
6	武夷山	福建
7	神农架	湖北
8	香格里拉普达措	云南
9	钱江源	浙江
10	南山	湖南

四、林草产业稳步壮大

总产值超过8万亿元,形成了经济林、木材加工、森林旅游3个年产值超万亿元的支柱产业。林产品生产、贸易居世界第一,林产品对外贸易额达到1600亿美元。生态扶贫成效显著,生态补偿、国土绿化、生态产业等举措带动2000多万贫困人口脱贫增收。选聘110.2万名建档立卡贫困人口成为生态护林员,组建2.3万个扶贫造林种草专业合作社,1600多万贫困人口受益油茶等生态产业。

五、改革开放持续深化

完成国有林区、国有林场改革任务,集体林权制度改革稳步推进,行政许可审批事项逐步减少。18项成果获国家科学技术进步奖二等奖。成功举办防治荒漠化公约第13次缔约方大会、2019年北京世界园艺博览会。

表1-2 生态护林员及带动脱贫人数年度变化情况

年份	选聘人数（万人）	带动脱贫人数（万人）	中央资金投入（亿元）
2016	30	70	20
2017	35	100	25
2018	50	180	35
2019	100	300	60
2020	110	300	64

六、发展机遇

以习近平同志为核心的党中央高度重视生态文明建设，摆在全局工作的突出位置，开展了一系列根本性、开创性、长远性工作，生态文明建设从认识到实践都发生了历史性、转折性、全局性的变化。中央"十四五"规划建议和国家"十四五"规划纲要要求提升生态系统质量和稳定性，促进人与自然和谐共生。立足新发展阶段，贯彻新发展理念，构建新发展格局，林草事业面临新的发展机遇。

——习近平生态文明思想为林草事业指明了目标方向。习近平总书记站在中华民族伟大复兴和永续发展的战略全局，高度重视林业草原国家公园事业，作出了一系列重要指示批示和论述，为林草保护发展提供了根本遵循和行动指南。要坚持系统观念，推进一体化保护修复，在维护国家生态安全、推进生态文明建设中发挥基础性、战略性作用，巩固拓展生态脱贫成果和乡村振兴有效衔接，奠定全面建设社会主义现代化国家的生态根基。

——碳达峰碳中和为林草建设提供了重大机遇。碳达峰碳中和纳入经济社会发展和生态文明建设整体布局，要坚定不移走生态优先、绿色低碳的高质量发展道路，增加森林面积、提高森林质量，提升生态系统碳汇增量，建立健全生态产品价值实现机制，为实现我国碳达峰碳中和目标、维护全球生态安全作出更大贡献。

——科学绿化为林草高质量发展提供了遵循。林业建设是事关经济社会可持续发展的根本性问题，要坚持走科学、生态、节俭的绿化发展之路，在国土

"三调"成果一张底图上落实绿化空间，宜封则封、宜造则造、宜林则林、宜灌则灌、宜草则草、宜沙则沙，因地制宜、分区施策，开展大规模国土绿化行动。

——以国家公园为主体的自然保护地体系优化了国土空间布局。以国家公园为主体的自然保护地体系顶层设计不断完善，要加快设立国家公园，保护生态系统原真性完整性，稳步推进自然保护区、自然公园整合优化，有效保护我国自然生态系统最重要、自然景观最独特、自然遗产最精华、生物多样性最富集的部分，给子孙后代留下珍贵的自然遗产。

——全面推行林长制夯实了林草保护发展的制度基础。全面推行林长制，是林草监管体制和治理体系的重大创新。要进一步压实地方各级党委和政府保护发展林草资源的主体责任，建立党政同责、属地负责、部门协同、源头治理、全域覆盖的长效机制。

七、面临挑战

我国林草资源总量不足、质量不高、承载力不强，生态系统不稳定。山水林田湖草沙系统治理不到位，西部、北部干旱半干旱地区自然条件恶劣，国土绿化难度大。森林草原火灾、松材线虫病、外来物种入侵存在风险隐患，成果巩固难。林草改革有待深化，执法体系和基层队伍弱化。政策支撑体系不健全，生态产品价值实现机制尚未建立。科技创新和技术装备落后。

第二节　总体要求

一、指导思想

高举中国特色社会主义伟大旗帜，深入贯彻党的十九大和十九届二中、三中、四中、五中全会精神，以习近平新时代中国特色社会主义思想为指导，认真践行习近平生态文明思想，牢固树立"绿水青山就是金山银山"理念，坚持尊重自然、顺应自然、保护自然，坚持节约优先、保护优先、自然恢复为主，以全面推行林长制为抓手，以林业草原国家公园"三位一体"融合发展为主线，统筹山水林田湖草沙系统治理，加强科学绿化，构建以国家公园为主体的自然保护地体系,深化科技创新和改革开放,提高生态系统碳汇增量,推动林草高质量发展,为建设生态文明、美丽中国和人与自然和谐共生的现代化作出新贡献。

二、主要目标

——2035年远景目标。全国森林、草原、湿地、荒漠生态系统质量和稳定性全面提升,生态系统碳汇增量明显增加,林草对碳达峰碳中和贡献显著增强,建成以国家公园为主体的自然保护地体系,野生动植物及生物多样性保护显著增强,优质生态产品供给能力极大提升,国家生态安全屏障坚实牢固,生态环境根本好转,美丽中国建设目标基本实现。

表1-3 "十四五"时期林草保护发展主要指标

序号	指标名称	2020年	2025年	指标属性
1	森林覆盖率(%)	—	24.1	约束性
2	森林蓄积量(亿立方米)	—	180	约束性
3	乔木林单位面积蓄积量(立方米/公顷)	96.17	99.52	预期性
4	草原综合植被盖度(%)	56.1	57	预期性
5	湿地保护率(%)	52	55	预期性
6	国家公园等自然保护地面积占比(%)	—	>18	预期性
7	治理沙化土地面积(亿亩)①	—	1	预期性
8	国家重点保护野生动/植物种数保护率(%)	73/66	75/80	预期性
9	森林火灾受害率(‰)	≤0.9	≤0.9	预期性
9	草原火灾受害率(‰)	≤3	≤2	预期性
10	林业有害生物成灾率(‰)	≤8.5	≤8.2	预期性
10	草原有害生物成灾率(%)	≤10.33	≤9.5	预期性
11	林草产业总产值(万亿元)	8.17	9	预期性
12	森林生态系统服务价值(万亿元)②	15.88	18	预期性

注:①治理沙化土地面积是指五年累计值。
②森林生态系统服务价值,包括森林涵养水源、保育土壤、固碳释氧、林木养分固持、净化大气环境、农田防护与防风固沙、生物多样性保护、森林康养8类。

——"十四五"主要目标。到2025年,森林覆盖率达到24.1%,森林蓄积量达到180亿立方米,草原综合植被盖度达到57%,湿地保护率达到55%,以国家公园为主体的自然保护地面积占陆域国土面积比例超过18%,沙化土地治理面积1亿亩。

三、保护发展格局

按照国土空间规划和全国重要生态系统保护和修复重大工程总体布局,以国家重点生态功能区、生态保护红线、国家级自然保护地等为重点,实施重要生态系统保护和修复重大工程,加快推进青藏高原生态屏障区、黄河重点生态区、长江重点生态区和东北森林带、北方防沙带、南方丘陵山地带、海岸带等生态屏障建设,加快构建以国家公园为主体的自然保护地体系。实施三北、天然林保护、退耕还林还草、京津风沙源治理等生态工程。

	专栏1-1 重要生态系统保护和修复工程
1	**青藏高原生态屏障区** 以三江源、祁连山、若尔盖、甘南黄河重要水源补给区等为重点,推进三北防护林建设、天然林保护、退耕还林还草工程建设,加强原生地带性植被、珍稀物种及其栖息地保护,新增沙化土地治理1500万亩、退化草原治理4800万亩、沙化土地封禁保护300万亩。
2	**黄河重点生态区(含黄土高原生态屏障)** 以黄河源、秦岭、贺兰山、黄土高原、汾河、黄河口等为重点,推进三北防护林建设、天然林保护、退耕还林还草工程建设,加强"三化"草原治理,保护修复黄河三角洲等湿地,保护修复林草植被1200万亩,新增沙化土地治理1200万亩。
3	**长江重点生态区(含川滇生态屏障)** 以长江源、横断山区、岩溶石漠化区、三峡库区、洞庭湖、鄱阳湖等为重点,推进天然林保护、退耕还林还草工程建设,开展森林质量精准提升、湿地修复、石漠化综合治理等,加强珍稀濒危野生动植物保护恢复,建设国家储备林,完成营造林1650万亩,新增石漠化治理1500万亩。
4	**东北森林带** 以大小兴安岭、长白山及三江平原、松嫩平原重要湿地等为重点,推进三北防护林建设、天然林保护、退耕还林还草工程建设,保护重点沼泽湿地和珍稀候鸟迁徙地,培育天然林后备资源1050万亩,新增退化草原治理450万亩。

（续）

5	北方防沙带	以京津冀地区、内蒙古高原、河西走廊、塔里木河流域等为重点，推进三北防护林建设、天然林保护、退耕还林还草、京津风沙源工程建设，完成营造林3300万亩，新增沙化土地治理7000万亩左右、退化草原治理4050万亩。
6	南方丘陵山地带	以南岭山地、武夷山区、湘桂岩溶石漠化区等为重点，推进退耕还林还草工程建设，实施森林质量精准提升行动，推进石漠化综合治理，保护濒危物种及其栖息地，营造防护林135万亩，新增石漠化治理450万亩。
7	海岸带	以粤港澳大湾区、长三角、海南岛、黄渤海、粤闽浙沿海、北部湾等为重点，统筹推进森林、湿地等生态保护和修复，整治修复滨海湿地30万亩，营造防护林165万亩。
8	国家公园等自然保护地建设及野生动植物保护	提升三江源、东北虎豹、大熊猫、海南热带雨林等国家公园建设水平，新整合设立秦岭、黄河口等国家公园。建设珍稀濒危野生动植物基因保存库、救护繁育场所，专项拯救48种极度濒危野生动物和50种极小种群植物。
9	生态保护和修复支撑体系	加强基础研究、关键技术攻关以及技术集成示范推广与应用，加大重点实验室、生态定位研究站、种质资源库等科研平台建设，建设生态网络感知系统，加强森林草原火灾预防和应急处置能力建设，加大有害生物防治力度，实施松材线虫病等有害生物防治，提升基层管护站点建设水平，完善相关基础设施。

第二章
科学开展大规模国土绿化行动

贯彻落实习近平总书记"开展国土绿化行动,既要注重数量更要注重质量,坚持科学绿化、规划引领、因地制宜,走科学、生态、节俭的绿化发展之路"重要指示精神,坚持存量增量并重、数量质量统一,科学精准精细管理,全面提升科学绿化水平,增加林草碳汇。到2025年,完成国土绿化5亿亩。

第一节 科学推进国土绿化

一、加强重点区域绿化

服务国家重大区域战略,因地制宜、分区施策,持续加强黄河、长江、三北等地区林草植被恢复。西部地区注重治理水土流失和石漠化,加快推进天然林保护、退耕还林还草、石漠化治理。北方地区注重增绿扩绿与防沙治沙相结合,加快推进三北防护林、退化草原治理。中部地区加快推进荒废受损山体治

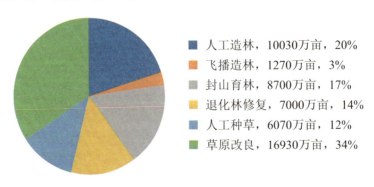

图2-1 "十四五"国土绿化任务量

理、退化林修复、农田防护林建设等。

二、提升科学绿化水平

科学合理安排绿化用地，严禁违规占用耕地绿化。充分考虑水资源时空分布和承载能力，以水而定、量水而行，乔灌草结合，封飞造并举，科学恢复林草植被。合理选择树种草种，优先使用乡土树种草种，积极营造混交林。加强新造幼林地封育、抚育、补植补造，建立完善后期管护制度。国土绿化任务直达到县，落地上图，精细化管理。

表2-1　科学绿化试点示范

序号	名单
1	山东省黄河下游科学绿化试点示范
2	山西省黄土高原科学绿化试点示范
3	宁夏回族自治区沿黄科学绿化试点示范
4	湖南省长江丘陵山地科学绿化试点示范
5	重庆市长江上游科学绿化试点示范
6	辽宁省困难立地科学绿化试点示范
7	河南省平原科学绿化试点示范

三、有序推进城乡绿化

科学开展森林城市建设，加强森林城市动态管理，稳步推进京津冀、珠三角等国家森林城市群建设。充分利用城乡废弃地、边角地、房前屋后等见缝插绿，因地制宜推进城乡绿化。严禁天然大树进城，避免使用奇花异草过度打造人工绿化景观，力戒奢侈化。开展乡村绿化美化，鼓励农村"四旁"植树，保护古树名木。协同推进部门绿化。

表2-2　森林城市群示范

序号	名单
1	京津冀森林城市群
2	珠三角森林城市群

四、开展全民义务植树

坚持全国动员、全民动手、全社会共同参与，加强组织发动，创新工作机制，强化宣传教育，进一步激发全社会参与义务植树的积极性和主动性。推广"互联网+全民义务植树"，丰富义务植树尽责形式，建立各级各类义务植树基地，推进义务植树线上线下融合发展。

第二节 精准提升森林质量

一、全面保护天然林

继续全面停止天然林商业性采伐。将天然林和公益林纳入统一管护体系。加强自然封育，持续增加天然林资源总量。强化天然中幼林抚育，开展退化次生林修复。

二、强化森林经营

建立和实行以森林经营规划和森林经营方案为基础的森林培育、保护、利用决策管理机制。实施森林质量精准提升工程，重点加强东部、南部地区森林抚育和退化林修复，加大人工纯林改造力度，培育复层异龄混交林，建设国家储备林。

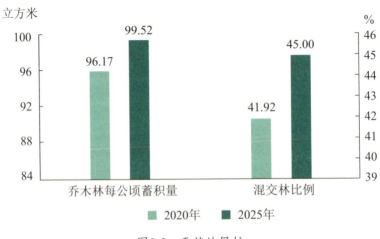

图2-2 天然林保护

第三节　稳步有序开展退耕还林还草

以黄河、长江重点生态区和北方防沙带等为重点，落实国务院批准的退耕还林还草任务，推进水土流失治理和生态修复。加强退耕还林还草抚育和管护。完善投入政策，建立巩固成果长效机制。

第四节　夯实林草种苗基础

一、加强种质资源保护

开展林草种质资源普查和收集，推进林草种质资源保存库建设。开展乡土树种草种种质资源鉴定评价，发布可供利用种质资源目录。到2025年，建设国家林草种质资源保存库184处，推进设施保存库主库和山东、湖南等分库建设。

二、加快良种选育

加强乔灌木树种种子园、母树林和草种生产基地建设，选育优质用材、生态修复、经济林果、景观树木等林木良种。加强优良草种特别是优质乡土草种选育、扩繁、储备和推广利用，不断提高草种自给率。审（认）定一批国土绿化乡土乔灌草品种。

表2-3　国家重点树种草种基地建设任务

单位：处

林木种子		草种		
改扩建国家重点林木良种基地	新建采种基地	国家草种原种基地	生产基地	国家草品种区域试验站
50	50	15	30	20

三、加大优良种苗供应

建设林草良种基地、采种基地，优先支持国有林场（林区）建设苗木培育示范基地和保障性苗圃，推进国家苗木交易信息中心建设，建立种苗质量追溯体系，严厉打击侵权假冒等种苗违法行为。

第三章
构建以国家公园为主体的自然保护地体系

贯彻落实习近平总书记"实行国家公园体制，目的是保持自然生态系统的原真性和完整性，保护生物多样性，保护生态安全屏障，给子孙后代留下珍贵的自然资产"重要指示精神，全面落实《关于建立以国家公园为主体的自然保护地体系的指导意见》，健全保护体制，创新管理机制。

第一节　高质量建设国家公园

一、合理布局国家公园

规范国家公园设立程序，印发国家公园空间布局方案，把自然生态系统最重要、自然景观最独特、自然遗产最精华、生物多样性最富集的自然生态区域纳入国家公园候选区。按照成熟一个设立一个的原则，设立国家公园。

二、健全国家公园管理体制机制

出台《国家公园法》。实行中央政府直接管理、委托省级政府管理两种管理模式，整合组建统一规范高效的国家公园管理机构和执法队伍。研究制定国家公园自然资源资产管理权责清单，建立国家公园资源保护利用制度体系，结合中央与地方财政事权和支出责任划分，建立财政投入为主的多元化资金保障机制。与中国科学院共建国家公园研究院。

三、提升国家公园管理水平

开展国家公园自然资源资产调查、确权登记和勘界立标，建立"天空地"一体化监测体系，实施自然生态系统保护修复、旗舰物种保护及栖息地恢复、生态廊道建设、自然景观与自然文化遗迹保护修复，开展科普宣教和生态体验。

表3-1　国家公园示范

序号	名单
1	青海国家公园先行示范省
2	西藏国家公园先行示范区

第二节　优化自然保护区布局

一、推进自然保护地整合优化

科学界定范围和管控分区，组织勘界立标。加强自然保护地体系研究，识别保护空缺，完善保护体系。加强保护协作，稳妥解决历史遗留问题和现实矛盾冲突。

二、加强保护管理能力建设

开展自然保护区本底调查，编制总体规划，聚焦重点建设项目。逐步对受损严重的自然生态系统和栖息地开展科学修复。加强野外巡护、应急防灾救灾、疫源疫病防控和有害生物防治等设施设备建设。构建自然资源监测评估和监督管理体系。组织开展自然教育、生态体验等。

第三节 增强自然公园生态服务功能

一、提升自然公园生态文化价值

完成各类自然公园定位和范围划定，确保自然公园内的自然资源及其承载的生态、景观、文化、科研价值得到有效保护。开展勘界立标，对受损严重的自然遗迹、自然景观等进行维护修复。

二、提升自然教育体验质量

健全公共服务设施设备，设立访客中心和宣教展示设施。建设野外自然宣教点、露营地等自然教育和生态体验场地。完善自然保护地引导和解说系统，加强自然公园的研学推广。

专栏3-1 国家公园等自然保护地重点项目	
1	**国家公园典型生态系统及旗舰物种保护** 提升三江源、东北虎豹、大熊猫、海南热带雨林等国家公园建设水平，新整合设立秦岭、黄河口等国家公园。强化典型生态系统和主要保护对象栖息地保护修复，连通生态廊道，建设智慧管理系统、行政执法监督系统、生态宣教等公共服务设施，开展勘界立标、自然资源资产确权登记。
2	**自然保护区重点物种和生物多样性保护** 推进自然保护区整合优化并勘界立标，实施重点物种抢救性保护及栖息地恢复，构建生物多样性保护网络，建设资源环境监测评估监督管理平台，加强管护巡护、科研宣教等设施建设。
3	**自然公园保护与提升** 开展自然公园勘界立标，实施自然遗迹、自然景观保护修复，加强自然体验、宣教及公共服务设施设备建设，建立监测评估监督管理平台。

第四章
加强草原保护修复

贯彻落实习近平总书记"要加强草原生态保护"重要指示精神,构建草原保护体系,加强草原生态修复,提高草原生态承载力,增强草原生态系统稳定性和服务功能。

第一节　严格草原禁牧和草畜平衡

一、实行草原禁牧

科学划定禁牧区,对严重退化、沙化、盐碱化草原和生态脆弱区的草原、禁止生产经营活动的草原实行禁牧封育。

二、开展草畜平衡

依据牧草生产能力和承载力核定载畜量,对禁牧区以外草原开展草畜平衡,引导鼓励牧民科学放牧,实施季节性休牧和划区轮牧。

第二节　加快草原生态修复

一、实施退牧还草

自然恢复为主,适度开展人工干预措施,开展种草改良,治理草原有害生物,科学建设草原围栏,推进划区轮牧管理,减轻草原放牧强度。

二、修复退化草原

轻度退化草原降低人为干扰强度,中度退化草原适度开展植被、土壤等生态修复,重度退化草原通过封育、种草改良、黑土滩治理等重建草原植被。

三、开展国有草场试点建设

研究国有草场建设重点及发展模式,探索可持续发展的管理经营运行机制和保障机制,提升草原质量和功能,因地制宜发展现代草产业、草原生态畜牧业和草原生态旅游业。

第三节 推行草原休养生息

一、保护天然草原

严格保护大江大河源头等重要生态区位的天然草原,严禁擅自改变草原用途和性质,严禁不符合草原保护功能定位的各类开发利用活动。

二、划定基本草原

把维护国家生态安全、保障草原畜牧业健康发展最基本、最重要的草原划定为基本草原,实行严格保护管理,确保基本草原面积不减少、质量不下降、用途不改变。

三、完善草原承包经营制度

加强草原承包经营管理,鼓励建立草业合作社,规范草原经营权流转。健全国有草原资源有偿使用制度。

专栏4-1 草原保护修复重点项目	
1	**退化草原修复** 对退化草原实施改良和种植乡土草种,提升草原生态功能。针对因超载过牧造成的轻度退化草原,实施退牧还草,采取围栏封育的方式,使受损草原得到休养生息,自然与人工促进恢复草原植被。实施退化草原修复2.3亿亩。
2	**国有草场** 将具有重要生态价值的草原、沙化土地治理后形成的草原等建设为国有草场。建设国有草场1000万亩。

第五章
强化湿地保护修复

贯彻落实习近平总书记关于湿地保护的重要指示批示精神，落实湿地保护修复制度，增强湿地涵养水源、净化水质、调蓄洪水等生态功能，保护湿地物种资源。

第一节　全面保护湿地

一、湿地面积总量管控
以国土"三调"成果为基础，科学确定湿地管控目标，确保湿地总量稳定。

二、健全湿地保护体系
推进《湿地保护法》出台。优化湿地保护体系空间布局，加强高生态价值湿地保护，逐步提高湿地保护率，形成覆盖面广、连通性强、分级管理的湿地保护体系。

三、提升重要湿地生态功能
强化江河源头、上中游湿地和泥炭地整体保护，减轻人为干扰。加强江河下游及河口湿地保护，改善湿地生态状况，维护生物多样性。

表5-1　2020年国家重要湿地名录

序号	名称	序号	名称
1	天津滨海北大港国家重要湿地	16	湖北远安沮河国家重要湿地
2	天津宁河七里海国家重要湿地	17	湖南衡阳江口鸟洲国家重要湿地
3	河北沧州南大港国家重要湿地	18	湖南宜章莽山浪畔湖国家重要湿地
4	浙江玉环漩门湾国家重要湿地	19	广东深圳福田红树林国家重要湿地
5	福建长乐闽江河口国家重要湿地	20	广东中华白海豚国家重要湿地
6	江西婺源饶河源国家重要湿地	21	海南海口美舍河国家重要湿地
7	江西兴国潋江国家重要湿地	22	海南东方四必湾国家重要湿地
8	山东青州弥河国家重要湿地	23	海南儋州新盈红树林国家重要湿地
9	湖北石首麋鹿国家重要湿地	24	宁夏青铜峡库区国家重要湿地
10	湖北谷城汉江国家重要湿地	25	宁夏吴忠黄河国家重要湿地
11	湖北荆门漳河国家重要湿地	26	宁夏盐池哈巴湖国家重要湿地
12	湖北麻城浮桥河国家重要湿地	27	宁夏银川兴庆黄河外滩国家重要湿地
13	湖北潜江返湾湖国家重要湿地	28	宁夏固原原州清水河国家重要湿地
14	湖北松滋洈水国家重要湿地	29	宁夏中宁天湖国家重要湿地
15	湖北武汉安山国家重要湿地		

表5-2　国际重要湿地名录（截至2020年9月）

序号	名称	序号	名称
1	吉林向海	8	上海崇明东滩自然保护区
2	黑龙江扎龙	9	江苏大丰国家级自然保护区
3	江西鄱阳湖国家级自然保护区	10	内蒙古达赉湖国家级自然保护区
4	湖南东洞庭湖	11	辽宁大连斑海豹国家级自然保护区
5	青海青海湖鸟岛	12	内蒙古鄂尔多斯国家级自然保护区
6	海南东寨港	13	黑龙江洪河国家级自然保护区
7	香港米埔沼泽和内后海湾	14	广东惠东港口海龟国家级自然保护区

(续表)

序号	名称	序号	名称
15	湖南南洞庭湖湿地和水禽自然保护区	40	黑龙江七星河国家级自然保护区
16	黑龙江三江国家级自然保护区	41	黑龙江珍宝岛湿地国家级自然保护区
17	广西山口国家级红树林生态自然保护区	42	湖北沉湖湿地自然保护区
18	湖南西洞庭湖自然保护区	43	黑龙江东方红湿地国家级自然保护区
19	黑龙江兴凯湖国家级湿地自然保护区	44	湖北大九湖湿地
20	江苏盐城国家级自然保护区	45	山东黄河三角洲湿地
21	广东湛江红树林国家级自然保护区	46	吉林莫莫格国家级自然保护区
22	云南碧塔海湿地	47	甘肃张掖黑河湿地国家级自然保护区
23	云南大山包湿地	48	安徽升金湖国家级自然保护区
24	青海鄂陵湖	49	广东南澎列岛湿地
25	云南拉市海湿地	50	山东济宁南四湖
26	西藏麦地卡	51	甘肃盐池湾湿地
27	西藏玛旁雍错	52	四川长沙贡玛湿地
28	云南纳帕海	53	湖北网湖
29	辽宁双台河口国家级自然保护区	54	吉林哈尼湿地
30	青海扎陵湖湿地	55	内蒙古大兴安岭汗马湿地
31	福建漳江口红树林国家级自然保护区	56	西藏色林错湿地
32	广东海丰湿地	57	黑龙江友好湿地
33	广西北仑河口国家级自然保护区	58	天津北大港湿地
34	湖北洪湖湿地	59	河南民权黄河故道湿地
35	上海长江口中华鲟湿地自然保护区	60	内蒙古毕拉河国湿地
36	四川若尔盖湿地国家级自然保护区	61	黑龙江哈东沿江湿地
37	杭州西溪湿地	62	甘肃黄河首曲湿地
38	甘肃尕海湿地自然保护区	63	西藏扎日南木错湿地
39	黑龙江南瓮河国家级自然保护区	64	江西鄱阳湖南矶湿地

第二节　修复退化湿地

一、开展湿地修复

采取近自然措施,增强湿地生态系统自然修复能力。重点开展生态功能严重退化湿地生态修复和综合治理。组织实施湿地保护与恢复、退耕还湿、湿地生态效益补偿等项目。

二、加强重大战略区域湿地保护和修复

重点开展长江、黄河、京津冀等区域湿地保护和修复,实施湿地保护和恢复工程。

三、实施红树林保护修复专项行动

严格保护红树林,逐步清退红树林自然保护地内养殖塘等开发性生产性活动。科学开展红树林营造和修复,扩大红树林面积,提升红树林生态功能。

第三节　加强湿地管理

一、完善湿地管理体系

建立健全湿地分级管理体系,发布重要湿地名录,制定分级管理措施,推动政府与社区、企业共管。

二、统筹湿地资源监管

探索建立湿地破坏预警系统,制定湿地保护约谈等管理办法,加强破坏湿地行为督查。开展国际重要湿地、国家重要湿地的生态状况、治理成效等专题监测。

	专栏5-1　湿地保护修复重点项目
1	**湿地保护** 全面保护自然湿地，减轻人为干扰，防止湿地资源过度开发利用，维护湿地生物多样性。
2	**湿地恢复** 通过栖息地改造、水系连通、植被恢复等措施，开展湿地生态修复，提升退化湿地生态功能，恢复湿地100万亩。
3	**红树林保护修复** 开展红树林保护修复专项行动，营造红树林13.57万亩，修复红树林14.62万亩。

第六章
加强野生动植物保护

贯彻落实习近平总书记关于野生动植物保护的重要指示批示精神,构建野生动植物保护和监管体系,维护生物多样性和生物安全。

第一节　加强珍稀濒危野生动植物保护

一、抢救保护珍稀濒危野生动物

开展物种专项调查,实施大熊猫、亚洲象、海南长臂猿、东北虎、中华穿山甲、四爪陆龟等48种极度濒危野生动物及其栖息地抢救性保护。划定并严格保护重要栖息地,连通生态廊道,重要栖息地面积增长10%。构建野生动物及其栖息地和鸟类迁徙路线监测评估体系,在鸟类迁徙路线设立保护站点,开展鸟类环志工作和志愿者护飞行动。优化救护机构布局,提升收容救护设施水平。支持建设珍稀濒危野生动物种源繁育基地和遗传资源基因库,开展大熊猫、普氏野马、麋鹿等15种珍稀濒危野生动物野化放归。防范和降低亚洲象、熊、野猪等野生动物致害风险,对局部地区种群数量偏大、严重影响群众正常生产生活的野生动物,在科学评估基础上,有计划地实施种群调控。严禁野生动物非法交易和食用,从严查处违法违规行为,革除滥食野生动物陋习。加大禁食野生动物处置利用的指导、服务和监管力度。

表6-1 抢救性保护珍稀濒危野生动物

分类	种名
旗舰种关键种（12种）	大熊猫、亚洲象、海南长臂猿、西黑冠长臂猿、豹、中华穿山甲、滇金丝猴、黔金丝猴、虎、朱鹮、绿孔雀、四爪陆龟
珍贵稀有种（36种）	川金丝猴、黑叶猴、白头叶猴、东黑冠长臂猿、北白颊长臂猿、白掌长臂猿、东白眉长臂猿、蜂猴、倭蜂猴、普氏原羚、梅花鹿、林麝、藏羚、雪豹、云豹、麋鹿、坡鹿、河狸、普氏野马、高鼻羚羊、野骆驼、四川山鹧鸪、绿尾虹雉、波斑鸨、丹顶鹤、大鸨、猎隼、黑脸琵鹭、蓝冠噪鹛、中华凤头燕鸥、双角犀鸟、中华秋沙鸭、海南孔雀雉、鳄蜥、莽山烙铁头蛇、金斑喙凤蝶

表6-2 主动防范野生动物致害试点

主动防范野生动物种类	试点名单
野猪	河北省、山西省、福建省、江西省、广东省、陕西省
亚洲象	云南省
棕熊	青海省
岩羊	宁夏回族自治区

表6-3 50种珍稀濒危野生植物

分级	种名
极危物种（15种）	天星蕨、仙湖苏铁、水松、水杉、百山祖冷杉、元宝山冷杉、巧家五针松、广东含笑、峨眉拟单性木兰、白花兜兰、丹霞梧桐、广西青梅、瑶山苣苔、百花山葡萄、大别山五针松
濒危物种（16种）	叉孢苏铁、绿春苏铁、崖柏、密叶红豆杉、东北红豆杉、资源冷杉、梵净山冷杉、云南肉豆蔻、格力兜兰、玫瑰、滇桐、东京龙脑香、望天树、云南娑罗双、坡垒、毛瓣金花茶
易危物种（19种）	带状瓶尔小草、对开蕨、巨柏、秦岭冷杉、银杉、长蕊木兰、美花卷瓣兰、暖地杓兰、四合木、花榈木、紫荆木、云南沉香、彩云兜兰、多籽苏铁、中华枂椤、茶果樟、银粉蔷薇、黄山梅、高山红豆杉

二、保护繁育珍稀濒危野生植物

构建珍稀濒危野生植物调查监测与评价体系。开展50种极小种群野生植物抢救性保护。开展谱系清晰、多样性丰富的极小种群物种野外回归试验。对分布极度狭窄、种群数量稀少或生境破坏严重的100种植物,开展迁地保护和最小人工种群保留。在自然保护地外划建一批原生境保护点。完善35处珍稀濒危野生植物扩繁和迁地保护研究中心。建设国家重点保护和极小种群野生植物种质资源库。加强药用野生植物资源人工培植。

第二节 保护生物多样性

一、完善生物多样性保护制度

施行《国家重点保护野生动物名录》,修订《国家重点保护野生植物名录》《有重要生态、科学、社会价值的陆生野生动物名录》。制修订人工繁育、人工培植、分类管理、标识管理、罚没物品处置、野生动物肇事补偿、可持续采集等管理办法和标准规范。建立多部门信息交流与联合执法机制,加强互联网犯罪监管执法。

二、严格进出口管理和执法

依托《濒危野生动植物种国际贸易公约》(CITES)框架,强化与国际打击野生动植物犯罪联盟成员单位合作,形成来源国、中转国、目的国全链条打击新格局。改扩建罚没物品储藏库,完善野生动植物鉴定体系。

三、强化疫源疫病监测预警和防控

建设陆生野生动物疫病监测站和检测中心,提升陆生野生动物疫源疫病监测预警防控信息管理系统,开展野生动物疫病本底调查。建设国家野生动物疫病预防控制中心、流行病学调查中心、野生动物生物样本库、病原体保藏中心。出台陆生野生动物疫病分病种应急处置指南,推进防控队伍和应急物资储备建设,制定染疫动物无害化处置标准。

第三节 加强外来物种管控

一、完善预警体系

布局林草外来物种监测站点,开展外来物种风险调查评估,制定外来入侵物种名录。

二、建立防控体系

组织制定外来入侵物种灾害防控应急预案,健全应急防控指挥和应急处置系统。推进部门间外来入侵物种重大生物灾害或疫情检疫执法联动机制,严格外来物种审批和管控。

三、提升防控能力

建设国家级外来入侵物种预防控制重点实验室,完善快速检测技术,研发实用先进防治药剂和器械。健全外来物种管控配套法规。

表6-4 重点管理外来入侵物种

类别	主要物种
昆虫类（15种）	红火蚁、美国白蛾、椰心叶甲、红脂大小蠹、枣实蝇等
植物类（24种）	薇甘菊、紫茎泽兰、飞机草、凤眼莲、刺萼龙葵、互花米草、马缨丹等
脊椎动物类（20种）	家八哥、红耳龟、美洲牛蛙等
动物病原微生物（3种）	非洲猪瘟病毒、小反刍兽疫病毒、猪繁殖与呼吸综合征病毒
植物病原微生物（6种）	松材线虫、松疱锈病菌、落叶松枯梢病菌、猕猴桃细菌性溃疡病菌、松针褐斑病菌等

专栏6-1 野生动植物保护重点项目	
1	**珍稀濒危野生动物保护** 抢救性保护恢复48种野生动物及其重要栖息地。野化放归15种珍稀濒危野生动物。加强基层单位保护监管设施设备建设。优化救护机构布局,提升收容救护设施水平。
2	**珍稀濒危野生植物保护** 开展50种极小种群野生植物抢救性保护,划建珍稀濒危野生植物原生境保护点,修复受损生境。迁地保护珍稀濒危野生植物100种。完善35处珍稀濒危野生植物扩繁和迁地保护研究中心。
3	**疫源疫病防控** 完善陆生野生动物疫源疫病监测预警系统和监测站点布局建设。建设疫病应急物资储备库、疫病预防控制中心、流行病学调查中心及配套设施。
4	**外来物种管控** 开展外来入侵物种普查,制定外来入侵物种名录并开展重点物种防控。建立区域级新品种中试基地。结合现有监测站点布局入侵物种监测站点1500个。

第七章
科学推进防沙治沙

贯彻落实习近平总书记"加快水土流失和荒漠化石漠化综合治理"重要指示批示精神，宜林则林，宜草则草，宜荒则荒，科学推进荒漠化石漠化综合治理。

第一节　加强荒漠生态保护

一、划定封禁保护区
将规划期内暂不具备治理条件以及因保护生态需要不宜开发利用的连片沙化土地，划为沙化土地封禁保护区，实行封禁保护。

二、提升封禁保护能力
加强管护站点建设，完善封禁警示、巡护监测等基础设施，定期开展保护成效监测评估。

第二节　推进荒漠化综合治理

一、推进重点地区防沙治沙
科学规划边疆地区、沙尘源区、江河流域等重要区域防沙治沙，坚持以水定绿，工程、生物、封禁措施相结合，乔灌草相结合，综合治理。加大沙漠周边及绿洲内部、沙区工矿企业、交通道路、居民点等重点地区防沙治沙力度。

二、建设防沙治沙综合示范区

在不同沙化类型区，建设全国防沙治沙综合示范区，完善创新政策、机制，推广治沙技术和模式，引导治沙产业发展。

三、提升沙尘暴灾害监测能力

提升沙尘暴监测预报预警、信息报送、决策指挥、灾情评估等沙尘暴应急监测能力。建立沙尘暴灾害应急技术规范和标准体系。

第三节 推进岩溶地区石漠化综合治理

一、加大植被保护与恢复

严格保护石山植被，科学封山育林育草、造林种草、退耕还林还草，治理水土流失，提升植被质量。

二、开展石漠化治理

推广优良树种草种、困难立地造林种草技术、生态经济型综合治理模式。适度开展以坡改梯为重点的土地整治，合理配置小型水利水保设施。

	专栏7-1　荒漠化石漠化综合治理重点项目
1	**沙化土地封禁保护** 合理优化沙化土地封禁保护区空间布局，扩大沙化土地封禁规模，提升封禁保护质量，新建续建一批封禁保护区，封禁保护面积达到3000万亩。
2	**系统治理沙化土地** 在全面保护荒漠植被基础上，因地制宜、因害设防，对分布集中、区位重要、生态脆弱的沙化土地进行规模化治理，综合治理沙化土地1亿亩。
3	**岩溶地区石漠化综合治理** 完善石漠化治理体系，加大植被保护恢复，实施石漠化综合治理1950万亩。

第八章
做优做强林草产业

贯彻落实习近平总书记绿色发展、生态惠民等重要指示精神，发挥林草资源优势，巩固生态脱贫成果，做优做强林草产业，推动乡村振兴。

第一节 巩固拓展生态脱贫成果同乡村振兴有效衔接

一、推进融入乡村振兴

支持有条件的地区将林草特色优势产业打造成县域支柱产业。推动生态扶贫政策、工作体系与民生改善、乡村治理平稳有序衔接，保持帮扶人才队伍稳定。

二、巩固脱贫成果

支持脱贫地区采取以工代赈方式开展林草基础设施建设，吸纳更多脱贫人口参与生态保护修复工程建设。逐步调整优化生态护林员政策，支持各类自然保护地通过政府购买服务方式开展生态管护，建立健全特许经营制度，吸纳本地脱贫人口就近就地就业，建立稳收益不返贫长效机制。

第二节　发展优势特色产业

一、推进产业升级

发展国家储备林新型产权模式、经营模式。发展油茶产业，创制高产稳产高抗油茶良种，推进低产油茶林改造。发展竹产业，推动竹林培育、竹材加工、竹文化旅游。发展花卉产业，做强花卉种植业，发展花卉加工业，培育花卉服务业。发展林草中药材，推动产业标准化绿色化发展。发展牧草产业、草坪业、草种业，打造优质草种繁育和饲草种植基地。发展国家级特色林草产品优势区和示范园区，培育国家级重点龙头企业。实施森林生态标志产品建设。

	专栏8-1　优势特色产业重点项目
1	**国家储备林** 优化国家储备林基地布局，强化中短周期工业原料林、长周期珍贵树种和大径级用材林培育。到2025年，培育和改造国家储备林3000万亩以上。
2	**油茶等木本油料产业** 推广高产优质种苗和适用种植技术，推进低产油茶林改造。到2025年，油茶种植面积达到9000万亩，年产茶油200万吨。
3	**竹产业** 提升竹原料培育水平，推动低产低效竹林改造、竹产品精深加工。到2025年，竹产业年产值超过5000亿元。
4	**花卉苗木产业** 推动花卉品种选育和标准化栽培，强化产品创新研发。到2025年，花卉年产值3500亿元。
5	**林草中药材** 推动林草中药材生态种植、野生抚育和仿生栽培。到2025年，林草中药材生态培育面积达到500万亩。
6	**牧草** 提升牧草质量和生产能力，提高机械化作业水平，发展牧草种植基地。到2025年，牧草种植面积达到500万亩。

二、培育产业新业态

发展生物质能源、生物基材料、天然香料和沉香、木竹结构建筑和木竹建材等新兴产业。发展林下经济，培育森林旅游、森林康养、生态观光、自然教育等新业态新产品。积极发展林草循环经济，打造"生态+""互联网+"等产业发展新模式。

	专栏8-2 新业态重点项目
1	**林下经济** 优化林下经济发展布局，建设一批国家林下经济示范基地。
2	**生态旅游产业** 打造林草生态旅游目的地，引导各地推出特色生态旅游精品线路。
3	**"互联网+"林草产业** 发展林草产业电商，推进林草产业线上定制服务，培育"基地+互联网+消费者"直通快捷营销模式。

三、做强传统产业

推进木竹材精深加工，巩固提升人造板、木地板、木家具等传统优势产业。支持经济林、木竹材加工、林产化工、制浆造纸等产业绿色化数字化改造，推广节能环保和清洁生产技术，加快淘汰落后产能。加强产业品牌建设与

	专栏8-3 传统产业重点项目
1	**经济林** 注重多元发展，加强市场规律研究，防止市场饱和，着力发展资源产业化程度高、市场需求潜力大的经济林品种。
2	**木竹材加工** 优化产业布局，依托资源禀赋和口岸，打造精深加工产业集群，发挥重点产业集聚效应和区域产业竞争力。
3	**林产化工** 推动产业结构调整，加快松脂精深加工、生物农药和生物新材料开发，推进新技术产业化进程，提升产业核心竞争力。
4	**制浆造纸** 加快淘汰落后产能，降低污染物排放。推动技术改造，提高能源和原料利用率。加强自主知识产权开发，实现产品高端化、个性化。

保护，形成林草品牌体系。办好国家级林草产业重点会展。

第三节　提升林草装备水平

一、推动林草机械化技术研发

加快研发全地形行走专用底盘、高效造林种草机械、高性能木竹采运机械、林果采收机械、木竹加工智能机械、森林草原防火机械等关键技术，切实解决林草保护发展存在的"无机可用，有机难用"问题。

二、提升林草机械化装备水平

推进营造林、种草改良、有害生物防治、森林草原防火、林果采收、牧草生产全程机械化，推进家具、人造板生产全过程智能化。开展林草生产机械化试点示范。

表8-1　高质量发展示范

序号	名单
1	广西现代林业产业示范区
2	江西现代林业产业示范省

第九章
加强林草资源监督管理

贯彻落实习近平总书记"用最严格制度最严密法治保护生态环境"重要指示精神,全面推行林长制,强化监督管理,实施综合监测,开展成效评估。

第一节　全面推行林长制

一、压实生态保护责任

贯彻落实《关于全面推行林长制的意见》,省、市、县、乡等分级设立林长,草原重点省(区)建立林(草)长制。健全林长制工作机构。各级林长组

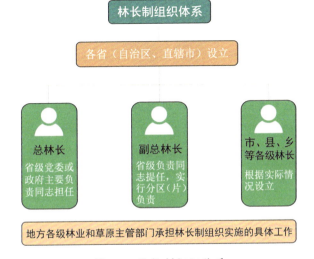

图9-1　林长制组织体系

织制定森林草原资源保护发展规划，落实保护发展林草资源目标责任制，协调解决区域重点难点问题。

二、建立考核评价制度

设立林长制考核指标，重点督查考核森林覆盖率、森林蓄积量、草原综合植被盖度、沙化土地治理面积等规划指标和年度计划任务完成情况。

第二节　加强资源管理

一、严格资源管理

落实林地分级管控要求，严格控制占用公益林、天然林和蓄积量高的林地，强化林地定额5年总额控制机制。加强草原征占用审核审批管理，严格管理超载过牧、违规放牧等行为。实施湿地负面清单管理，强化自然湿地用途监管。对自然保护地内人为活动实施全面监控，定期开展自然保护地监督检查专项行动。

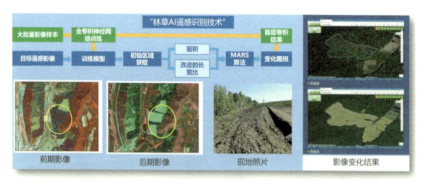

图9-2　基于信息技术的资源管理

二、规范采伐管理

落实采伐限额和凭证采伐管理制度,强化对限额执行和凭证采伐的监督检查,深化告知承诺制等便民举措,提升便民服务水平。

第三节 健全资产报告制度

贯彻落实《中共中央关于建立国务院向全国人大常委会报告国有资产管理情况制度的意见》,将国有林草资源资产纳入国有资产报告范围,重点报告国有林草资源资产实物量、价值量、结构、分布,国有林草资源资产管理体制机制,落实党中央重大决策部署,推进生态文明建设等相关重大制度建设,林草资源保护和利用情况,存在的突出问题和下一步工作安排等。国有林草资源资产管理情况作为国有自然资源资产专项报告的组成部分,按照国有资产报告制度规定的程序向同级人大常委会报告。

第四节 强化资源监督

一、强化森林督查

持续开展"天上看、地面查、网络传"的森林督查,加强重点生态功能区、生态敏感脆弱区、重点违法领域问题的监管,强化森林督查制度化、规范化。

二、开展专项治理行动

深入开展打击涉林草违法专项行动。坚决查处非法占用林地、草原、湿地、荒漠、自然保护地及毁林毁草开垦等案件。

第五节　综合监测评估

一、构建综合监测体系

落实《自然资源调查监测体系构建总体方案》，建立国家地方一体化管理的林草综合监测制度和"天空地网"一体化的技术体系，健全监测评价标准规范，整合开展森林、草原、湿地、荒漠化、沙化、石漠化综合监测。

二、实施生态系统保护成效监测

以国土空间一张图为基础，构建林草资源一张图。开展第十次森林资源清查等专项监测，每年公布林草资源及生态状况白皮书。开展林草突变图斑实时监测预警，辅助监督执法，应对突发事件。

三、加强支撑能力建设

设立国家林草生态综合监测中心，统筹林草监测技术力量，提升综合监测数据采集和信息核实能力。探索新技术应用，研建基础数表。

第十章
共建森林草原防灭火一体化体系

贯彻落实习近平总书记"生命至上""安全第一""源头管控""科学施救"等重要指示批示精神，坚持预防为主，加强与应急、公安、气象等部门协调配合，一盘棋共抓、一体化共建。

第一节 健全预防体系

一、落实防火责任

严格落实党政同责、行政首长负责制。各级林草部门认真履行防火责任，林草经营单位落实主体责任和各项防火措施。开展林草、应急、公安等部门联合督导预防，建立约谈问责机制。

二、提高预警能力

综合利用"天空地"各类监测手段，提高主动掌握火情能力。强化与应急、气象部门间会商研判、预警响应、信息共享等协同联动机制。建设国家和省级防火调度管理平台。强化东北、西南防火重点区域雷击火监测。

三、管控野外火源

开展森林草原火灾风险普查。在重点地段配置宣传警示、检查管控设施，推广"防火码"。会同公安机关严厉打击违法违规野外用火行为。科学开展计划烧除。

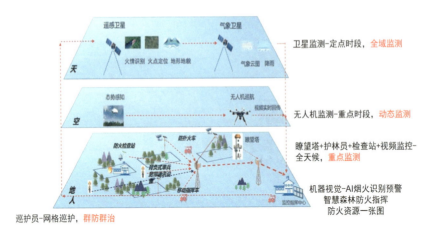

图10-1 "天空地"一体化监测体系框架示意

第二节　加强早期火情处理

一、强化早期火情处理

推行网格化管理，充分发挥护林员、瞭望员火灾预防的"探头作用"。坚持队伍靠前驻防，带装巡护，做到早发现、早报告、早处置。引导规范社会力量参与，推行购买服务机制。

二、推进专业队伍建设

健全防火组织体系，加强重点火险区域专业防扑火队伍建设，配备标准化营房、大中型防灭火机具等设施设备。加强专业技能培训，建立地方专业防扑火队伍与国家综合性消防救援队伍联动机制，提升应战能力。

第三节　提升保障能力

一、加大基础设施建设

构建全国林草防火标准体系。加大火险防范、火源管控、火情监控等方面重点设施建设。完善防火应急道路网络,提高林区、牧区通信保障能力,科学建设防火隔离带。提高防扑火物资储备设施覆盖范围,配备必要专业车辆。建设林草航空护林站点,组建无人机队。

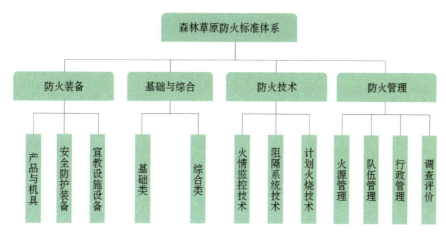

图10-2　森林草原防火标准体系框架示意

二、提升重点区域综合防控水平

开展大兴安岭防灭火标准化体系建设。防火综合治理项目优先布局东北、西南等重点林区、边境林牧区、自然保护地、城镇周边、重要设施等关键区域。

第四节　抓好安全生产

一、落实安全生产责任

严格落实各级林草主管部门行业监管责任和生产经营单位主体责任,研究出台林草安全生产指导性意见。建立安全防控和隐患排查治理体系,编制生产安全重大事故隐患判定标准。

二、加强安全生产监管

加强林草系统安全生产宣传力度,提升安全防范意识。加强监管队伍和一线职工安全生产教育培训。

专栏10-1 森林草原防火重点区域建设项目	
1	**早期火情处理** 组建标准化地方专业防扑火队伍，完善提升专业队伍装备。加强专业队伍营房、物资储备等多功能综合基地、靠前驻防站点、野外实训场地等配套设施建设。
2	**防火设施和装备提升** 建设国家和省级林草防火调度管理综合信息平台。新建及改造防火应急道路5000公里，在火源控制难度大等重点区域和关键部位，新建及改造瞭望和视频监控系统。

第十一章
加强林草有害生物防治

贯彻落实习近平总书记"全面提高国家生物安全治理能力"重要指示批示精神，遏制林草重大有害生物扩散蔓延，提升有害生物防治能力，维护自然生态系统健康稳定。

第一节 实施松材线虫病疫情防控攻坚行动

一、实施精准防控

对全国松林分布区域实行分区分级管理，加强浙江、江西、广东、重庆等重点省市和秦岭、黄山、泰山、三峡库区等重点区域松材线虫病疫情防控集中攻坚。强化古树名松和重要地标性景观松树保护和抢救性治疗。实施疫区松林抚育改造计划，定点集中除治疫木。实施松材线虫病防治科技攻关"揭榜挂帅"。到2025年，消灭黄山、泰山疫情，全国疫情发生面积和乡（镇）疫点数量实现双下降，县级疫区数量控制在2020年水平以下，疫情快速扩散态势得到有效遏制。

二、加强监测管控

实行疫情防控目标责任书制度。推进疫情监测防控网格化管理，开展疫情监测、山场封锁、疫木清理和无害化处置等全过程监管。实施防控成效评价和灾害损失评估。建立健全疫情联防联控机制。

三、严格检疫执法

全面加强防治检疫机构队伍建设，定人、定责、定时间、定标准。开展专项执法行动，强化疫情传播阻截，加强违法违规加工利用和非法调运疫木及其制品行为查处。

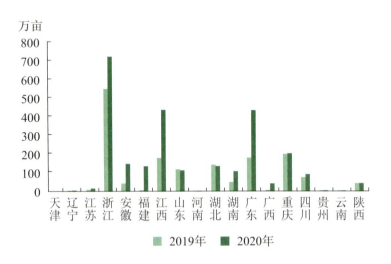

图11-1　2019—2020年松材线虫病疫情发生面积

第二节　强化林业重大有害生物防治

一、实行网格化监测预警

推进松毛虫、美国白蛾、天牛等重大林业有害生物区域联防联治和社会化防治。研发立体监测和大数据预报、植物检疫等综合管理平台。

二、强化防治减灾

开展检验鉴定、检疫封锁、检疫监管和除害处理等基础设施建设。建立林业有害生物应急防治指挥调度系统和飞机防治质量监管系统。建设和完善应急指挥中心和应急物资储备库。建立健全地方各级人民政府责任落实考核评价制度。

三、推广技术应用

大力推广生物防治、生态调控等绿色防控技术。加快现有技术的组装配套和科研成果转化。

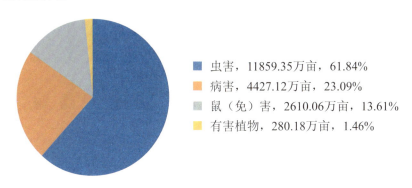

图11-2　2020年各类林业有害生物发生面积

第三节　加强草原有害生物防治

一、提升监测水平

建立健全鼠、蝗虫、草地螟等草原有害生物监测预警站点网络体系。建立支撑草原有害生物风险管理的全要素数据资源体系。

二、强化灾害预防和治理

开展草原有害生物治理，强化重大灾害综合治理。推进遥感监测、灾害智能判读、大数据分析预测、生物制剂等技术研发与推广应用。建立省、市两级区域性应急防治物资储备库。

三、提升科技支撑

开展草原鼠虫害绿色防治技术和区域性草原鼠害应急控制以及长期治理技术的试点示范。开展重大草原有害生物防治科学研究。建立和完善防治技术产品质量认证。

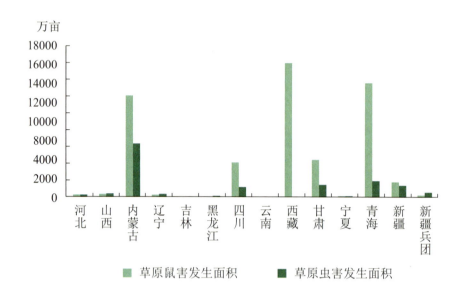

图11-3　2020年草原鼠虫害发生面积

	专栏11-1　有害生物防治重点项目
1	**松材线虫病疫情防控攻坚行动** 开展松材线虫病疫情防控科技攻关"揭榜挂帅"。加强协同创新中心和重点实验室建设。开展关键技术产品研发及集成创新。开展疫区松林改造。建设疫情数据精细化监管平台。
2	**林业有害生物防治** 建设林业有害生物防控基础设施，推进防治综合监管平台、监测预警中心、监测站（点）和标本馆及科普教育基地建设。年均防治约1.4亿亩。
3	**草原有害生物防治** 加快草原有害生物地面监测站建设，推进草原有害生物数据库、草原生物灾害监测与防治技术研究中心建设。年均防治约1.4亿亩。

第十二章
深化林草改革开放

贯彻落实习近平总书记"坚持正确改革方向""保生态、保民生""力争实现新的突破"等重要指示精神，盘活集体林地资源，健全国有林场经营机制，理顺国有林区资源管理体制，推动各项改革系统集成高效。

第一节　深化集体林权综合改革

一、放活集体林经营处置权

通过法律法规和技术标准规范林业生产行为，采用市场化手段引导和鼓励林业经营者实行可持续经营，将依法自主经营落实到位。编制实施森林经营规划和森林经营方案，实行统一标准、统一规划，推动提升集体林质量。依法依规区划界定公益林，调整优化保护区域布局和保护等级，落实到山头地块。

二、培育新型经营主体

培育家庭林场、专业合作社、龙头企业等新型经营主体，推进适度规模经营，完善林权流转、担保、贴息、分红等机制，加强产权保护，完善利益联结机制，增加农民产业增值收益。拓展集体林权权能，鼓励以转包、出租、入股等方式流转林地。探索创新"生态银行"、地役权机制。健全林权综合服务平台。

三、开展林业改革综合试点

在森林资源管理、林业产业高质量发展、林业金融创新等领域进行探索，在项目安排、人才培养、政策机制等方面予以支持。

第二节　完善国有林场经营机制

一、激发发展活力
巩固和扩大国有林场改革成果，守住森林资源安全边界，研究推进绿色发展的政策，建立健全职工绩效考核机制，分区分类探索国有林场经营性收入分配激励机制，建立资源分级监管机制，引导支持社会资本与国有林场合作利用森林资源。

二、推进绿色转型
培育珍贵树种和优良乡土树种，加快大径级林木、国家储备林基地建设，推进国有林场和林木种苗融合发展，发展生态旅游、林下经济等绿色低碳产业。打造不同类型示范林场。

三、加强基础建设
推进管护用房、道路、环境整治、信息化等基础设施建设，改善生产生活条件。加强人才队伍建设，拓展人才引入渠道，强化职工培训。

第三节　推动国有林区改革发展

一、健全国有森林资源管理体制
坚持国有林区国家生态安全屏障和森林资源培育战略基地定位，理顺国有森林资源管理体制，出台国有森林资源资产有偿使用制度改革方案，编制资产清单。完善森工企业负责人任期森林资源考核和离任审计制度。

二、加强森林保护和经营
建立覆盖全林区的森林资源管护体系，确保管护责任落实到位。推广先进技术手段应用，创新管护机制，提升管护水平。严格天然林管护，科学安排人工商品林生产。强化森林经营方案编制与实施,建立森林经营绩效奖惩机制。

三、保障改善民生

多渠道创造就业岗位,通过增加管护岗位、发展特色产业、鼓励自主创业等途径,妥善安置林区职工。鼓励林区发展生态体验、冰雪旅游、林特产品加工等绿色产业。不断改善林区职工生产生活和居住条件,将国有林区供电、饮水、道路、管护用房建设等纳入国家支持范围。

四、支持大兴安岭林业集团公司发展

推动大兴安岭林业集团公司建立公益类现代企业制度。深化劳动、人事、分配制度改革。健全完善法人治理结构,制定集团公司内设机构及二级法人机构人员分类分层管理和考核制度。推动经济转型,发展接续产业。

表12-1 林草改革试点

序号	名单
1	大兴安岭林业集团
2	伊春森工集团
3	福建省三明市、南平市、龙岩市
4	山西省晋城市
5	吉林省通化市
6	安徽省宣城市
7	江西省抚州市
8	四川省成都市

第四节 实行高水平对外开放

一、健全林草国际合作体系

推动双边务实合作,加强多边对话交流,深化与有关国际组织、国际金融

机构合作，加强国际组织人才培养推送，深入推进区域机制交流合作。重点支持国际竹藤组织和亚太森林组织发展。推进林草民间国际交流合作。

表12-2　多双边合作

多双边	类别	合作对象或内容
全球	国际组织	国际竹藤组织、亚太森林组织、联合国森林论坛、联合国粮农组织、联合国教科文组织、联合国环境署、联合国开发计划署、联合国工发组织、国际热带木材组织以及世界自然保护联盟、北极理事会、世界经济论坛等
	国际金融机构	全球环境基金、世界银行、欧洲投资银行、亚洲开发银行、亚洲基础设施投资银行等
	非政府组织	世界自然基金会、大自然保护协会等
区域	国家区域合作机制	亚太经合组织合作机制、东北亚环境合作机制、澜湄合作机制、中非合作论坛、中阿合作论坛等
	林草区域合作机制	中国—中东欧国家林业合作协调机制、中国—东盟林业合作论坛、大中亚林业部长级会议、中日韩林业司局长会晤等
双边		美国、加拿大、俄罗斯、德国、法国、英国、日本、韩国、蒙古、越南、尼泊尔、埃塞俄比亚、加蓬、乌拉圭、智利等
民间		日中友好会馆、瑞典家庭林主联合会、非洲国家公园网络、大森林论坛、德国复兴银行、英国皇家园艺学会等

二、加强国际履约

加强国际公约谈判，全面履行涉林草国际公约责任与义务，推动林草应对气候变化国际合作。强化国际公约履约支撑，建立健全履约部际协调机制，加强林草履约和国际合作示范基地建设，深化国际公约履约和国内林草改革发展工作融合机制。配合举办《生物多样性公约》第十五次缔约方大会，主办《湿地公约》第十四届缔约方大会。继续推进"全球森林资金网络"等办公室落户中国。

表12-3 涉林草国际公约

序号	牵头/参与	公约
1	牵头履行	《联合国防治荒漠化公约》 《濒危野生动植物种国际贸易公约》 《关于特别是作为水禽栖息地的国际重要湿地公约》 《联合国森林文书》
2	参与履行	《联合国气候变化框架公约》 《生物多样性公约》 《保护世界文化和自然遗产公约》 《国际植物新品种保护公约》 《国际植物保护公约》等

三、建设绿色"一带一路"

推进生态协同保护与灾害防控合作，共建跨境跨流域自然保护地、生态廊道，深化与陆地邻国开展边境森林草原防火合作，加强野生虎、豹、亚洲象等动物及其栖息地保护合作，推动候鸟栖息地及国际迁徙路线保护，深化大熊猫、朱鹮等特有物种保护科研合作。推动荒漠化防治、湿地恢复等领域生态治理技术交流合作。提升林草对外贸易水平，建设国际木材集散中心、木材加工产业园区和森林资源培育与利用基地。引导林草绿色投资，支持和培育国际竞争力强、市场占比高的国内跨国企业。鼓励和规范林草企业境外投资。

	专栏12-1　绿色"一带一路"国际合作
1	**中蒙俄** 加强共建"一带一路"倡议同欧亚经济联盟、蒙古国"发展之路"倡议对接，重点加强森林资源培育与利用、荒漠化防治、草原生态修复、跨境物种保护等领域合作，推动东北亚区域绿色合作进程。
2	**中国—中亚** 依托中国—中亚合作论坛、大中亚地区林业部长级会议合作等平台，以中亚区域为主，辐射西亚、北非等地区，重点加强雪豹等濒危物种保护、植被恢复、沙化和盐渍化土地综合治理等领域交流合作，共创开放包容之路、互利合作之路。

（续）

3	中国—东南亚	推动区域全面经济伙伴关系协定落实，依托中国—东盟自由贸易区、澜湄合作等区域机制，重点加强生物多样性保护、林产品贸易、非木质林产品培育利用、生态旅游等领域合作，落实好中国—东盟林业合作《南宁倡议》及后续行动计划，维护地区生态安全。
4	中国—南亚	重点加强野生动植物保护、候鸟迁徙、绿色基础设施建设等领域的合作，服务孟中印缅经济走廊和中巴经济走廊建设。
5	中国—中东欧	利用中国—中东欧国家林业合作协调机制，以中东欧区域为主并辐射欧洲大陆，促进中国和中东欧国家林业高级别对话、产业贸易与投资等领域合作，构建持久务实的中国—中东欧国家绿色合作典范。
6	中国—非洲	依托中非合作论坛，加强生态建设政策交流对话和生态问题联合研究，重点加强竹藤资源培育和利用、野生动植物保护、荒漠化防治、森林可持续经营、自然保护地建设与管理、人才培养和生态保护宣传教育等领域的合作，推动构建人与自然和谐共生的中非命运共同体。
7	中国—大洋洲	重点加强森林认证、木材及非木质林产品加工利用、候鸟迁徙及栖息地保护等领域的合作，持续深化区域绿色合作层次。

第十三章
贯彻山水林田湖草沙生命共同体理念 实施林草区域性系统治理项目

在黄河、长江、青藏高原等重大战略区域、重点生态区位，贯彻山水林田湖草沙生命共同体理念，聚焦重点，形成合力，科学布局和组织实施一批林草区域性系统治理项目。

第一节 黄河及北方防沙带林草系统治理项目

聚焦祁连山、秦岭、贺兰山、黄土高原、黄河三角洲等黄河上中下游，以及京津冀、内蒙古高原、河西走廊、塔里木河流域、天山等重点防沙区，实施31个林草区域性系统治理项目。

专栏13-1 黄河及北方防沙带林草系统治理项目

序号	项目名称	主要实施地点	省份	对应"双重"工程
1	黄河源	果洛州、黄南州	青海	三江源生态保护和修复工程
2	共和盆地	海南州	青海	三江源生态保护和修复工程
3	湟水谷地	西宁市、海东市	青海	祁连山生态保护和修复工程
4	若尔盖草原湿地	阿坝州	四川	若尔盖草原湿地—甘南黄河重要水源补给地生态保护和修复工程

（续）

序号	项目名称	主要实施地点	省份	对应"双重"工程
5	甘南黄河水源补给区	甘南州	甘肃	若尔盖草原湿地—甘南黄河重要水源补给地生态保护和修复工程
6	陇中黄土高原	临夏州、兰州市、白银市	甘肃	黄土高原水土流失综合治理工程
7	渭河上游	天水市、定西市	甘肃	黄土高原水土流失综合治理工程
8	陇东黄土高原	庆阳市、平凉市	甘肃	黄土高原水土流失综合治理工程
9	六盘山	固原市、中卫市	宁夏	黄土高原水土流失综合治理工程
10	贺兰山	石嘴山市、银川市	宁夏	贺兰山生态保护和修复工程
11	乌兰布和沙漠	巴彦淖尔市	内蒙古	内蒙古高原生态保护和修复工程
12	库布齐沙漠—毛乌素沙地	鄂尔多斯市	内蒙古	黄土高原水土流失综合治理工程
13	土默川平原	呼和浩特市、包头市	内蒙古	内蒙古高原生态保护和修复工程
14	陕北地区	延安市、榆林市	陕西	黄土高原水土流失综合治理工程
15	秦岭中麓	安康市、汉中市、商洛市、渭南市、宝鸡市	陕西	秦岭生态保护和修复工程
16	吕梁山	吕梁市、朔州市、忻州市	山西	黄土高原水土流失综合治理工程
17	汾河	临汾市、太原市	山西	黄土高原水土流失综合治理工程
18	洛河	三门峡市、洛阳市	河南	秦岭生态保护和修复工程

"十四五"林业草原保护发展规划纲要

（续）

序号	项目名称	主要实施地点	省份	对应"双重"工程
19	黄河下游河南段	开封市、郑州市	河南	黄河下游生态保护和修复工程
20	黄河下游山东段	济宁市、菏泽市、济南市	山东	黄河下游生态保护和修复工程
21	黄河三角洲	东营市、滨州市	山东	黄河下游生态保护和修复工程
22	阿尔金草原荒漠	巴音郭楞州	新疆	阿尔金草原荒漠生态保护和修复工程
23	塔里木河	阿克苏地区	新疆	塔里木河流域生态修复工程
24	伊犁河谷	伊犁州	新疆	天山和阿尔泰山森林草原保护工程
25	黑河—石羊河	武威市、张掖市	甘肃	河西走廊生态保护和修复工程
26	巴丹吉林沙漠	阿拉善盟	内蒙古	内蒙古高原生态保护和修复工程
27	科尔沁沙地	通辽市、赤峰市	内蒙古	内蒙古高原生态保护和修复工程
28	辽西低山丘陵区	阜新市、朝阳市	辽宁	内蒙古高原生态保护和修复工程
29	潮白河	北京市相关区	北京	京津冀协同发展生态保护和修复工程
30	燕山山地	张家口市、承德市	河北	京津冀协同发展生态保护和修复工程
31	太行山东麓	石家庄市、邯郸市、保定市	河北	京津冀协同发展生态保护和修复工程

第二节　长江及南方丘陵山地带林草系统治理项目

聚焦横断山区、长江上中游岩溶石漠化地区、大巴山区、三峡库区、洞庭湖湿地、大别山区、武陵山区等长江上中下游，以及南岭、武夷山、湘桂岩溶石漠化地区等，实施25个林草区域性系统治理项目。

专栏13-2　长江及南方丘陵山地带林草系统治理项目

序号	项目名称	主要实施地点	省份	对应"双重"工程
1	长江源	海西州、玉树州	青海	三江源生态保护和修复工程
2	雅砻江	甘孜州、凉山州	四川	横断山区水源涵养与生物多样性保护工程
3	川中丘陵区	成都市	四川	横断山区水源涵养与生物多样性保护工程
4	赤水河左岸	泸州市	四川	长江上中游岩溶地区石漠化综合治理工程
5	乌蒙山区	昭通市、昆明市	云南	长江上中游岩溶地区石漠化综合治理工程
6	桂西北山地	桂林市、河池市、百色市	广西	湘桂岩溶地区石漠化综合治理工程
7	黔西石漠化区	毕节市	贵州	长江上中游岩溶地区石漠化综合治理工程
8	赤水河右岸	遵义市	贵州	长江上中游岩溶地区石漠化综合治理工程
9	苗岭北麓	黔南州	贵州	长江上中游岩溶地区石漠化综合治理工程

"十四五"林业草原保护发展规划纲要

（续）

序号	项目名称	主要实施地点	省份	对应"双重"工程
10	黔东北山地丘陵区	铜仁市	贵州	武陵山区生物多样性保护工程
11	渝东山地	重庆相关区县	重庆	三峡库区生态综合治理工程—武陵山区生物多样性保护工程
12	三峡库首	宜昌市	湖北	武陵山区生物多样性保护工程
13	清江流域	恩施州	湖北	武陵山区生物多样性保护工程
14	汉江中上游	十堰市	湖北	大巴山区生物多样性保护与生态修复工程
15	湘西南石漠化区	邵阳市	湖南	湘桂岩溶地区石漠化综合治理工程
16	洞庭湖流域	岳阳市、长沙市	湖南	鄱阳湖、洞庭湖等河湖湿地生态保护和恢复工程
17	丹江口库区周边石漠化区	南阳市	河南	大巴山区生物多样性保护与生态修复工程
18	大别山区	信阳市	河南	大别山—黄山地区水土保持与生态修复工程
19	皖南山区	安庆市、池州市	安徽	大别山—黄山地区水土保持与生态修复工程
20	东江源	河源市、韶关市	广东	南岭山地森林及生物多样性保护工程
21	赣江源	赣州市、吉安市	江西	南岭山地森林及生物多样性保护工程
22	赣东山地丘陵区	抚州市、上饶市	江西	武夷山森林和生物多样性保护工程
23	汀江流域	龙岩市	福建	武夷山森林和生物多样性保护工程
24	闽西北山地丘陵区	南平市、宁德市、三明市	福建	武夷山森林和生物多样性保护工程
25	钱江源	衢州市	浙江	武夷山森林和生物多样性保护工程

第三节 青藏高原等重点生态区位林草系统治理项目

聚焦青藏高原、东北森林带、海岸带重点生态区位，实施10个林草区域性系统治理项目。

专栏13-3 青藏高原等重点生态区位林草系统治理项目

序号	项目名称	主要实施地点	省份	对应"双重"工程
1	拉萨河	拉萨市	西藏	西藏"两江四河"造林绿化和综合整治工程
2	雅江中上游	日喀则市、山南市	西藏	西藏"两江四河"造林绿化和综合整治工程
3	三江并流森林保护带	怒江州、迪庆州	云南	藏东南高原生态保护和修复工程
4	海南岛	海南相关县（市、区）	海南	海南岛重要生态系统保护和修复工程
5	黄海滩	盐城市	江苏	黄渤海生态综合整治与修复工程
6	辽河口	盘锦市	辽宁	黄渤海生态综合整治与修复工程
7	东辽河	辽源市	吉林	长白山森林生态保育工程
8	长白山	白山市、延边州、珲春市	吉林	长白山森林生态保育工程
9	小兴安岭	伊春市、鹤岗市	黑龙江	大小兴安岭森林生态保育工程
10	大兴安岭	大兴安岭地区	黑龙江	大小兴安岭森林生态保育工程

注：位于青藏高原且属于黄河、长江流域的项目，分别列入黄河和长江项目表中。

第十四章
完善林草支撑体系

加强林草支撑体系建设，夯实发展基础，全面推进林业草原国家公园高质量发展。

第一节　建立生态产品价值实现机制

一、推进林草碳汇行动

围绕森林蓄积量2030年比2005年增加60亿立方米的目标，科学开展植树造林、森林保护与经营，提高森林生态系统碳汇增量。加强林业生物质能源开发利用与木竹材料替代，减少碳排放。开展林草碳汇计量监测评估，做好服务国家温室气体清单编制和国家自主贡献目标进展评估与更新等技术支撑。深入研究森林、草原、湿地等陆地生态系统碳汇能力及实现路径。积极参与国家碳市场制度建设，鼓励社会主体参与林草碳汇项目开发建设，指导开展林草碳汇项目开发交易和碳中和行动。

二、健全生态补偿制度

完善生态保护补偿机制，建立健全能够体现碳汇价值的生态保护补偿机制，探索建立荒漠生态补偿机制。健全国家公园等自然保护地生态保护补偿制度。推进流域上下游建立横向生态补偿机制。

三、建立生态产品价值核算与应用机制

开展林草生态产品基础信息调查，形成生态产品目录清单。探索森林、草

原、湿地、荒漠等自然生态系统服务价值核算方法,推动核算结果在生态保护补偿、生态损害赔偿、经营开发融资、生态资源权益交易等方面的应用。探索绿化增量责任指标交易,合法合规开展森林覆盖率等生态资源权益指标交易。推进林草碳汇进入碳交易市场。

第二节　推进法治建设

一、健全林草法律体系

推进国家公园法、自然保护地法、湿地保护法等立法进程,完成野生动物保护法修订,开展草原法、森林法实施条例、森林草原防火条例等法律法规制

表14-1　我国主要林草法律法规

	法律	法规
现有	《中华人民共和国森林法》 《中华人民共和国草原法》 《中华人民共和国野生动物保护法》 《中华人民共和国种子法》 《中华人民共和国防沙治沙法》 《中华人民共和国农村土地承包法》	《森林法实施条例》 《森林防火条例》 《草原防火条例》 《植物检疫条例》 《退耕还林条例》 《森林病虫害防治条例》 《陆生野生动物保护实施条例》 《野生植物保护条例》 《自然保护区条例》 《风景名胜区条例》 《植物新品种保护条例》 《濒危野生动植物进出口管理条例》
拟制修订	《中华人民共和国野生动物保护法》 《中华人民共和国湿地保护法》 《中华人民共和国草原法》 《中华人民共和国国家公园法》 《中华人民共和国自然保护地法》	《森林草原防火条例》 《森林法实施条例》 《自然保护区条例》 《风景名胜区条例》

修订，及时跟进出台相关配套制度。

二、建设高效的林草法治实施体系

严格落实重大行政决策程序制度，完善法治工作机构参与决策机制，实现审核关口前移，进一步发挥法律顾问、公职律师作用。坚持依法行政，编制发布权责清单。推动在市、县两级组建林草执法队伍，统一行使林草行政执法职能，推进国家公园等自然保护地资源环境综合执法，执法经费、资源、装备向基层倾斜。建立健全林草部门行政执法与公安机关刑事司法衔接机制，建立案例指导制度，推行统一执法文书，提高执法质量。

第三节　强化科技创新体系

一、优化科技资源配置

加强林木遗传育种国家重点实验室建设，优化提升林草长期科研基地、工程技术研究中心、科技园区等科技创新平台。深化科技管理体制改革，推动重点领域项目、基地、人才、资金一体化配置。鼓励中国林业科学研究院和国家林业和草原局林草调查规划院开展成果奖励、薪酬绩效、职称破格评定改革试点。

表14-2　"十四五"林草科技创新平台建设

单位：个

建设平台	2025
国家重点实验室	1~3
局级重点实验室	30
国家野外科学观测研究站	2~5
局级生态定位观测研究站	90
林业和草原国家长期科研基地	150
林业草原工程技术研究中心	50
省局共建创新高地	3~5

二、加强基础研究

加强林草重大战略研究。推动生物育种、林草培育、湿地修复、防沙治沙、野生动植物保护等前沿引领技术的基础研究。加强科技成果推广应用和成果转移转化工作。健全林草高质量标准体系。

表14-3 "十四五"重大战略研究

序号	研究课题
1	野生动植物保护分类研究
2	林草生态系统碳汇能力及应对气候变化战略研究
3	林草自然生态系统承载力研究
4	山水林田湖草沙系统治理模式研究
5	林草自然生态系统综合服务价值（绿色GDP）研究
6	集体林权制度综合改革战略研究

三、实行重大科技攻关"揭榜挂帅"

健全"揭榜挂帅"机制，聚焦林草种源、松材线虫病防治、雷击火监测、油茶采收机械等"卡脖子"技术，集中攻关，创新入榜项目库、人才甄别、过程管理、成果评鉴等组织形式。

专栏14-1 林草科技创新重点项目	
1	**实行林草重大项目"揭榜挂帅"** 建立健全林草科技重大项目"揭榜挂帅"制度，重点开展林草重大战略、基础理论、有害生物防治、产业装备等研究。
2	**加强林草科技创新平台建设** 建设国家重点实验室、局级重点实验室、国家野外科学观测研究站、局级生态站、林草长期科研基地、林草国家创新高地、工程技术研究中心，培育国家技术创新中心，创建林草科普基地。

第四节　完善政策支撑体系

一、加大资金、政策扶持力度

完善天然林保护、造林种草、巩固退耕还林还草成果等政策。各级林草机关坚持"过紧日子"，资金项目向基层一线倾斜。

二、构建多元化融资体系

丰富国家储备林、油茶、竹产业等金融产品，鼓励和支持社会资本参与生态建设。开展生态保护修复PPP项目建设。

三、创新资金项目管理

年度生产计划直达到县、上图入库，重点支持林草区域性系统治理项目，推动试点示范建设。中央资金突出重点，不搞平均分配，实施差别化补助政策。落实放管服要求，地方项目原则上由地方为主决策实施。

第五节　加强生态网络感知体系建设

一、加快林草大数据管理应用基础平台建设

以遥感、5G、云计算、大数据、人工智能等新一代信息技术为支撑，以林草综合监测数据为基础，建成林草生态网络感知系统，实现林草资源监督管理、预警预测、动态监测、综合评估等多种功能，提升林草资源管理水平，推动实现多维度、全天候、全覆盖的监管监测工作目标。推进陆地生态系统碳监测卫星技术应用。

二、形成林草资源"图、库、数"

对森林、草原、湿地、荒漠、国家公园等自然保护地、陆生野生动植物、

重大生态工程等监测数据和森林草原防火防虫、沙尘暴预报等防灾应急数据集成开发，形成林草资源"图、库、数"及智慧应用，实现林业草原国家公园重点领域动态监测、智慧监管和灾害预警。建设一批信息化试点示范。

表14-4 林草生态网络感知系统示范

序号	名单
1	江西省林长制及护林员管理系统建设及应用
2	广西壮族自治区林权交易和森林防火监测预警系统建设及应用
3	湖南省测土配方系统建设及应用
4	吉林省森林草原防火监控系统和生态护林员管理系统建设及应用
5	黑龙江省生态网络感知系统建设及应用
6	内蒙古自治区草原大数据平台建设及应用
7	云南省林草大数据和林权交易平台建设及应用

第六节 加强人才队伍建设

一、加快科技创新人才培养

支持两院院士、国家特支计划人才、百千万人才工程国家级人选、杰青、优青等国家级人才培养，引进高层次和急需紧缺人才，推进科技人才梯队建设。

二、加强基层人才队伍建设

加强县、乡级林草工作力量，优化基层林草场（站、所）人员配置，建设标准化乡（镇）林业工作站。选派科技特派员下乡入企，遴选基层科技推广员，支持基层科技人才培养。稳定生态护林员队伍，实行网格化管理。加强基层人员培训和日常管理，改善基层人才生活工作待遇。依托高校、科研院所为大兴安岭林业集团公司等国有林区培养人才。

表14-5 "十四五"林草科技人才队伍建设

单位：人

人才队伍	2025年
国家和地方林草科技创新人才计划	3000
林草科技特派员	5000
局级林草乡土专家	1500
国家和地方林草乡土专家计划	10000

三、提升干部队伍能力素质

加强干部培训顶层设计，强化统筹管理，围绕国家战略和林草中心工作，提升培训实效。建设务实高效的林草施教体系，完善特色培训教材，建设区域示范培训基地。深化涉林涉草院校共建工作，加强学科专业、规划教材、人才培养等方面的引领，推动林草院校突出特色，主动对接林草新职能新定位，服务行业人才需求，培养大规模高质量多层次优秀人才。

第十五章
加强规划实施保障

坚持党的全面领导，上下一心、协同推进，形成林业草原国家公园融合发展的强大合力，确保规划落地生根、顺利实施。

第一节　坚持党中央集中统一领导

贯彻党把方向、谋大局、定政策、促改革的要求，推动全国林草系统深入学习贯彻习近平新时代中国特色社会主义思想，增强"四个意识"、坚定"四个自信"、做到"两个维护"，把党的领导贯穿到规划实施的各领域和全过程。把深入贯彻落实习近平总书记重要讲话、指示、批示精神，作为规划实施的方向引领和政治保障，强化政治机关意识，站稳国家立场，完善上下贯通、执行有力的组织体系，高质量完成党中央交给林草部门的任务。坚持包容合作、共享资源，加强与相关部门协调合作，合力解决林草保护发展中跨部门、跨行业、跨地区的重大问题。

第二节　完善规划实施机制

建立以重要生态系统保护和修复重大工程总体规划为基础，以林草保护发展规划纲要为统领，以林草专项规划为支撑，由国家与地方规划共同组成的林业草原国家公园融合发展规划体系。建立规划衔接协调机制，确保林草各级各类规划在主要目标、发展方向、总体布局、重大政策、重大工程等方面协调一致。落实规划实施责任，细化任务分工，制定责任清单，将规划目标任务纳入年度计划指标体系。建立规划实施评估机制，开展规划实施情况中期评估和总结评估，将规划目标任务完成情况纳入林长制考核。

表15-1　"十四五"林草规划体系

序号		规划名称
一、"十四五"林业草原保护发展规划纲要		
专项规划	1	以国家公园为主体的自然保护地体系发展规划（2021—2035年）
	2	全国国土绿化规划纲要（2021—2035年）
	3	全国防沙治沙规划（2021—2035年）
	4	三北六期工程规划（2021—2035年）
	5	全国天然林保护修复中长期规划（2021—2035年）
	6	林地保护利用规划（2021—2035年）
	7	全国草原保护修复利用规划（2021—2035年）
	8	全国湿地保护"十四五"实施规划
	9	森林草原防火规划（2021—2025年）
	10	林业草原科技创新规划（2021—2025年）
	11	林业草原教育培训和人才发展规划（2021—2025年）
	12	国家储备林建设规划（2021—2025年）
	13	林草产业发展规划（2021—2025年）
二、全国重要生态系统保护和修复重大工程总体规划（2021—2035年）		
专项规划	1	青藏高原生态屏障区生态保护和修复重大工程建设规划（2021—2035年）
	2	黄河重点生态区生态保护和修复重大工程建设规划（2021—2035年）
	3	长江重点生态区生态保护和修复重大工程建设规划（2021—2035年）
	4	东北森林带生态保护和修复重大工程建设规划（2021—2035年）

(续表)

	序号	规划名称
专项规划	5	北方防沙带生态保护和修复重大工程建设规划（2021—2035年）
	6	南方丘陵山地带生态保护和修复重大工程建设规划（2021—2035年）
	7	海岸带生态保护和修复重大工程建设规划（2021—2035年）
	8	国家公园等自然保护地建设及野生动植物保护重大工程建设规划（2021—2035年）
	9	生态保护和修复支撑体系重大工程建设规划（2021—2035年）

第三节　营造良好社会氛围

加强宣传主阵地建设，大力学习宣传习近平生态文明思想，弘扬优良传统，讲好林草故事，传承林草精神。加强自然生态国情宣传，将国家公园等自然保护地和野生动植物等作为普及生态保护知识的重要阵地，依托植树节、世界湿地日、世界防治荒漠化与干旱日、世界野生动植物日、爱鸟周等开展主题宣传活动，营造浓厚氛围。加强和提升信息公开、新闻发布、政策解读、舆论引导工作。选树先进典型，激励社会各界积极投身林业草原保护发展事业，全民共建、全民共享、全民受益，凝聚起建设美丽中国的强大合力。

下篇

"十四五"各地林业草原保护发展规划概要

第一章
北京市园林绿化"十四五"高质量发展规划概要

一、总体目标

重点实施"七大行动",着力完善"一屏、两轴、两带、三环、五河、九楔"的绿色空间结构,基本形成互联互通、功能稳定、生物多样丰富的森林湿地生态系统,生态质量更加优良,生态资源更加安全,绿色惠民更加充分,生态文化特色更加鲜明,市民绿色获得感、幸福感显著提升。到2025年,全市森林覆盖率达到45%,平原地区森林覆盖率达到32%,森林蓄积量达到3450万立方米,每公顷森林蓄积量增加10%以上,湿地保护率达到70%,城市绿化覆盖率达到49.4%,全市公园绿地500米服务半径覆盖率达到90%,人均公园绿地面积达到16.7平方米,林地绿地年碳汇量达到1000万吨。

二、重点任务

(一)夯实首都绿色生态基底,实施拓绿增汇行动

1. 建设和谐宜居生态城区

紧抓疏解整治促提升机遇,坚持多元增绿、见缝插绿、均衡补绿,积极倡导各类院落开展内部环境整治和"开墙透绿",加强留白增绿,增加和优化城区绿色空间,新增城市绿地1200公顷。

建设宁静宜居的花园核心区。结合核心区院落腾退与违法建设拆除,种好"院中一棵树",建设口袋公园及小微绿地50处。依托长安街、传统中轴线、内环路等重点区域增加特色观花、观叶乔灌木,打造平安大街、西单北大街一线、东单北大街一线、两广路沿线内环绿荫空间,建设花景林荫大道50条。围绕政务、商业、文保、交通枢纽等重要节点,实施立体美化,建设绿荫街区。

下篇 "十四五"各地林业草原保护发展规划概要

打造均衡普惠的公园中心城区。加强中心城区综合公园、社区公园、游园和城市森林建设，推进小微绿地和口袋公园建设。建设环二环城墙遗址公园环。增加一道绿化隔离地区"绿色项链"成色，重点实施南苑森林湿地公园、奥林匹克森林公园北园等7处城市公园建设。将中心城区建设成为公园绿地服务基本无盲区的"公园城市"。

打造蓝绿交织、水城共融的城市副中心。建设通燕公园、国家级植物园等5处公园，实现环城绿色休闲游憩环闭环。做好六环高线公园、广渠路东延、环球影城、路县故城遗址公园等项目绿化建设。实现公园绿地500米服务半径覆盖率达到95%，新建街区道路100%林荫化，森林覆盖率提升至36.5%。

构建绿海环绕的森林新城。完善二道绿隔郊野公园环，重点推进温榆河、黄村等区域10处郊野公园建设。顺义新城区域，建设顺和公园等，消除城区公园500米服务半径覆盖盲区。大兴新城区域，围绕北京大兴国际机场建设临空经济区中央生态公园、榆垡中心公园等，在南中轴沿线、永定河、重要交通联络线沿线等生态节点和生态廊道造林绿化1900公顷。昌平新城区域，建设奥林匹克森林公园北园等，新建公园面积207公顷。房山新城区域，建设良乡大学城中央景观绿带公园、新城森林公园等。加快道路林荫化建设，打造舒适宜人的慢行环境。新城建城区绿化覆盖率达到48%以上。

2. 持续完善平原森林网络

继续实施新一轮百万亩造林绿化工程，新增造林16万亩。在副中心、大兴机场、冬奥会场馆等重点区域，统筹"留白增绿"和"战略留白"临时绿化，加快生态林断带织补，促进新造林和原有林有机衔接，千亩片林达到300处以上、万亩片林达到40处以上，促进林田、林水融合，提升平原区森林、湿地生态系统连通性、稳定性、生物多样性。提升主要公路、河道和铁路两侧绿化景观，打通9条连接中心城区、新城的楔形绿色生态空间，完善城市通风廊道。

3. 精准实施山区生态修复

实施京津风沙源治理工程，完成困难地造林1万亩、封山育林60万亩、人工种草10万亩，在重点区域增加彩叶树种，提高森林质量，提升绿化景观。实施浅山区台地、拆迁腾退地、山前平缓地、宜林荒山造林，实施低干扰生态修复，营造高质量生态林14万亩。在北部山区主要开展水源地保护，在西部山区重点推进废弃矿山生态修复。

4. 全力推进城镇乡村绿化

开展乡镇街道绿化、休闲公园建设、周边游憩景观片林建设，推动每个乡镇拥有1处以上的公园绿地。创建"一镇一公园，一镇一特色"的首都森林城镇30个。科学合理实施乡村绿化美化，推动每个村庄建有1处以上村头公园或村头片林。全市新增首都森林村庄250个。

5. 系统开展湿地保护修复

继续完善"一核、三横、四纵"湿地总体布局，推进蓝绿空间有机融合，促进中小河道岸线自然化，建设功能完善的森林湿地生态系统。建设温榆河、南苑、大兴机场等一批高品质森林湿地公园，新建市级湿地公园2个。新建50处小微湿地。全市湿地保护率提高到70%以上。

（二）提升生态功能和质量，实施提质增效行动

1. 持续提升城市绿地功能

提高乡土树种、食源蜜源树种比例，推广本杰士堆、人工鸟巢、小微地形和野草园艺化，建立100处城市生物多样性保护示范区。推进城镇绿地分级分类管理，做好精细化养护。加强绿隔公园分级分类管理，有条件的实行10%自然带。以公共建筑为重点推广实施屋顶绿化，开展垂直绿化建设。实现新建居住区绿地率达到30%，全面开展小区危险树木消隐工作。推进海绵城市建设。持续开展杨柳飞絮综合治理。

2. 精准提升平原森林质量

统筹管理两轮百万亩造林和五河十路绿隔地区200万亩生态林，实施分级分类管护经营，建设综合管护经营示范区50处。通过过密林分调控、天然更新保护、营造林木下层，丰富生物多样性，提升森林生态系统的稳定性。推进平原生态林近自然化培育，在面积300亩以上的生态林斑块中，划定500处"生态保育小区"，推进动物栖息地构建和生境保护。

3. 开展山区森林健康经营

完成森林健康经营林木抚育350万亩，建设森林经营示范区30处，对林木过

密、树种单一的低效林分进行经营抚育。全面保护436万亩天然次生林，以自然恢复为主、人工促进为辅。对栎类、油松、侧柏等天然次生林集中分布区重点保护，部分区域实施封禁管理。

4. 突出国有林场示范引领

科学编制实施森林经营方案，完善森林经营技术措施，不断优化林分结构。精准实施生态保护与修复17.5万亩，森林抚育45万亩。建设智慧型示范林场10个，打造健康经营示范林10万亩，建设生态景观示范林10万亩，建设森林体验、森林康养、科普教育等示范基地20个。

（三）守护绿水青山生命线，实施资源保护行动

1. 加强自然保护地体系建设

完成自然保护地整合优化。科学评估确定自然保护地的主体功能定位、类型和级别。有序解决自然保护地内的村庄、人口、永久基本农田等历史遗留问题，合理确定自然保护地功能分区和边界范围。

强化自然保护地监督管理。构建统一的自然保护地分类设置、分级管理、分区管控制度。编制全市自然保护地体系发展规划和各自然保护地规划，推进勘界立标和自然资源资产确权登记。建立自然保护地内经营项目负面清单，探索特许经营管理制度。

加强自然保护地基础建设。开展受损生态系统修复，建设完善自然保护地保护设施，不断提升自然保护地生态环境质量。建设自然保护地国际交流合作示范基地，创建北京市自然保护地保护品牌，加强自然保护地宣传教育。

2. 提升生物多样性水平

编制园林绿化生物多样性保护规划，以各类自然保护地、国有林场为重点区域，以野生动植物物种和栖息地保护为核心，开展野生动植物资源调查与健康评价，实施一批生物多样性保护示范工程，启动林业外来入侵物种调查与防治，重点保护野生动植物保护率达到95%。

加强林草种质资源保护和利用。开展全市重点林草种质资源补充调查，构建北京林草种质资源保存体系，建立重点林草种质资源信息库。抢救性收集古树名木、珍稀濒危林草等珍贵种质资源，建设大东流全市性综合种质资源保存

库。推动国家林草种质资源设施保存库主库建设，建设市级种质资源保护库（区、地）50处。建设市级林木良种基地、采种基地10处。

强化野生动物保护。开展野生动物及其栖息地状况普查。完善北京市重点保护野生动物名录，编制野生动物栖息地名录、野生动物及其栖息地保护规划。开展褐马鸡、黑鹳、斑羚、北京雨燕等物种及其栖息地保护，促进野外种群复壮。建立和完善市、区两级野生动物收容救护和野生动物疫源疫病监测体系。严厉打击非法捕杀、交易、食用野生动物行为。

加强野生植物保护。开展野生植物及其生长状况调查，制定野生植物保护规划，健全完善北京市重点保护野生植物名录。加强珍稀濒危野生植物原地保护、近地保护和迁地保护，重点开展百花山葡萄、丁香叶忍冬、轮叶贝母等极小种群野生植物拯救保护。

3. 保障园林绿化资源安全，加强资源资产保护

全面开展自然资源资产负债表编制，继续做好全市年度林木资源资产账户编制，建立森林资源资产产权制度，推进森林资源资产有偿使用制度改革，逐步完善价值量核算体系。积极推进领导干部自然资源资产离任审计，加强国有森林资源资产内部审计。持续完善国有自然资源资产管理。依法开展生态环境损害赔偿。

提升森林防火能力。优化全市森林防火区区划，推进防火基础设施建设，加强森林防火和火情早期处置物资保障。建设森林防火检查站，改造防火公路和防火步道，加强瞭望塔、物资储备库等基础设施建设。配置"以水灭火"装备及移动水车、运兵车、消防机具等设备。完善森林防火视频监控和通信系统，推动无人机智能应用和卫星监测。加强森林防火队伍建设。

提高林业有害生物防控水平。加强市、区两级监测预警、检疫御灾、防灾减灾和服务保障体系建设。建立林业有害生物远程监控系统，推进林业有害生物监测与森林防火监控摄像头融合工作，启用灾害预警大数据分析系统。实施松材线虫病攻坚行动，建立6个松材线虫病分子检测中心。加大绿色防控技术推广应用，规范行业农药使用与管理。开展第四次林业有害生物普查。加强防控基础设施和专业队伍建设，每个区确保1支区级应急防控队，全市松材线虫病监

测普查实现100%全覆盖。

全面提升古树名木保护管理水平。编制市、区古树名木保护专项规划，建立完善古树名木数据库和综合管理信息平台。深入落实古树名木管护责任。开展古树名木资源调查、体检、监测、巡诊、考核等保护管理，持续实施衰弱濒危古树名木抢救复壮保护工程。制订并实施核心区古树名木保护整体方案，完善标准规范体系。

持续推进土壤污染防治。加强园林绿化用地土壤环境管理，重点做好果园用地土壤污染源头预防，加大生物、物理等绿色防控力度，继续推进农药化肥减量。推动园林绿化废弃物落叶化土、枯枝还田，实现无害化、资源化、减量化。

4. 健全资源监测监管

夯实资源管理基础，建立起以闭环管理为特征的全链条园林绿化资源监督管理体系。

加强绿化资源监督管理。建立健全园林绿化资源监督管理机制，实现"以图管地、以数管林"。加强园林绿化保护发展目标责任制考核，持续开展资源督查，加大问题督查督办整改力度。

提升资源管理基础水平。建立完善的森林、湿地和绿地资源监测和信息化管理体系。编制实施市、区两级新一轮林地保护利用规划。建设园林绿化资源管理"图数库"和监测平台，实施园林绿化资源年度生态综合监测评价，开展第十次园林绿化资源专项调查、第三次全市湿地资源专项调查和第七次全市沙化土地专项调查。

全面建成园林绿化生态监测体系。新建10处以上覆盖林地、绿地、湿地的园林绿化生态定位监测站，统筹整合在京已建定位监测站（点），配套建设全市园林绿化生态监测中心，持续开展园林绿化资源生态监测，建立园林绿化生态监测数据库和管理平台。

（四）增强市民绿色获得感，实施生态惠民行动

1. 拓展休闲游憩服务

完善社区公园、城市公园、郊野公园游憩体系，建设"成长型公园"。建设串联山水林田城的城市绿道和森林步道。进一步加强公园现代化管理，提升

服务水平。

提升城市公园服务功能。不断完善公园服务设施，因地制宜设置体育健身设施，创新智慧场景应用，实施50处公园全龄友好改造。重点实施陶然亭胜春山房景区环境改造、玉渊潭公园西南部绿地提升、北京植物园五洲温室群建设等项目。实施公园分级分类管理，持续推进公园"提质增效""文明游园"等专项整治行动。

推进村镇公园建设。结合古树、大树等自然人文遗迹保护，营造具有北京乡土自然风貌特色的村镇公共休闲绿地，开展千村千园（林）建设，沿村镇周边建设村头公园和村头片林500处。

加强自然游憩场所建设。完善公园景区的基础设施，有序开展景观提升改造，建立不同类型示范自然游憩场所30处，重点建设黄村狼垡郊野公园、永定河滨河湿地公园、张家湾公园、凉水河湿地公园、庆丰公园等公园。

完善绿道网络体系建设。统筹河湖水系、公园绿地、慢行交通等空间，构建"一核、两环、五带、十片区"的市级绿道系统。建成永定河、潮白河、通惠河等滨水绿道及朝阳双奥绿道、西山绿道，新增城市绿道350公里。依托市级绿道节点建成星级绿道服务驿站44处，进一步完善绿道服务功能。在郊野和山区规划"一十百千"森林步道体系，建设森林步道1000公里，打造若干特色化的全程、半程、微型马拉松跑道。

2. 创新传统林业产业

推进果品产业高效发展。推动生态涵养区百万亩干果向生态景观型果园发展，推动山前暖区30万亩鲜果向特色精品型果园发展，推动平原地区50万亩鲜果向标准化、规范化果园发展。建立种质资源保护繁育基地3个及老北京水果、"京字号"名特优示范基地50个。

推进种苗产业高效发展。大力培育乡土种苗，开发利用新优乡土植物20种，审定推广良种50个。推广使用林草种子电子标签，健全林草种子溯源机制。建立林草种业创新利用联盟。

推进花卉产业高效发展。打造"京花"品牌花卉种业。示范推广具有自主产权的新品种100个，引进国内外新优花卉品种500个以上。建立高效花卉种苗繁育、产业化示范基地10个。引导建立1个以产品质量控制为核心的现代化花卉交易服务中心。创新花卉文化服务形式，开展系列花事节庆文化活动100项。

推进林下经济高效发展。基本建立促进林下经济发展的林业资源管理制度，培育一批管理水平高、产品质量优、带动能力强、综合效益好的林下经济示范基地，科学利用林地资源100万亩。

推进蜂产业高效发展。加强蜜蜂、蜜粉源种质资源保护与良种扩繁，建设2个种蜂繁育基地，蜜蜂饲养量达30万群。加强房山蒲洼、密云石城和冯家峪等中华蜜蜂保护区建设，打造密云白龙潭国家级蜜蜂森林特色小镇，做大做强"蜂盛蜜匀"品牌。

构建食用林产品质量安全体系。建立食用林产品"三库一平台"，完善食用林产品质量安全追溯体系。全面推行食用林产品合格证制度，开展"三品一标"认证工作，实现食用林产品抽检合格率在98%以上。

3. 发展新兴生态产业

深度挖掘传承世园会遗产，办好园艺小镇，发展现代园艺、会议会展等产业。着力打造以延寿温泉森林疗养带和怀柔山水森林疗养带为代表的森林康养带，建设自然疗养公园10处、自然修养林示范园10处、森林疗养示范区5处。搭建生态研学旅游服务平台，建设研学旅游示范区30处。

4. 扩大农民绿岗就业

全面推行绿岗就业，吸纳当地农民参与植树造林、绿地养护和森林管护工作，形成生态保护与农民增收的双赢格局。深入开展一线绿岗人员职业技能培训。

(五) 繁荣生态文化，实施绿色"名片"行动

1. 增加城市生态文化亮点

丰富南北中轴线生态文化。结合中轴线申遗保护，以万宁桥、太庙、社稷坛、景山、正阳桥、天坛、先农坛等区域为重点，强化周边景观环境品质，提升历史园林文化景观。在北中轴及其延长线上，打造北部公园集群，形成从仰山到燕山的中轴底景。在南中轴及其延长线上，在新机场及其周边区域建设大尺度的城市森林。

延续东西长安街生态文化。实施长安街沿线景观绿化优化提升行动，提升

两侧（除红墙段）绿地开放率，打造连续开放的长安绿带。在长安街核心段，打造具有中国特色、大国风范的街道和关键节点的园林景观。在长安街东延长线，围绕核心区与城市副中心景观大道建设，提升东部地区城市综合功能和环境品质。在长安街西延长线，延续长安街庄重大气的景观风貌，打造首钢工业遗址生态文化地标。

打造国家级生态文化新"名片"。规划建设国家植物园，谋划建设中国大熊猫繁育基地，改造提升北京动物园大熊猫等珍稀动物展馆，全面收集和展示我国丰富的动植物资源和研究成果，打造高水平的科普教育设施。

2. 传承"一城三带"生态文化特色

保留"一城"古都历史文化风貌，做好鼓楼周边、前门地区、天坛周边等重点片区绿地建设，因地制宜增加绿化空间，保持和延续老城传统特有的街道胡同、院落风貌。推进"三条文化带"生态保护，加强长城、大运河国家文化公园景观建设。推进三山五园地区腾退及环境整治，在玉泉山及周边地区建成10平方公里的绿色空间；建设京西林场矿山遗址文化公园，建设北京园林绿化文史中心。以八达岭、慕田峪、司马台等区域为重点，加强长城沿线彩叶林景观带建设。新建大运河特色文化主题公园。

3. 提升公园文化软实力

分批公布历史名园保护名录。加快推进市属公园规划编制，以传承弘扬中国园林历史和园林文化为核心，以历史名园保护和活化利用为抓手，立足市属公园深厚文脉底蕴和资源优势，传承发展好古都文化、挖掘提升京味文化、传承弘扬红色文化、融合打造"5G+"特色创新文化。树立"大文创"理念，促进文化研究向产品成果转化，打造具有国际水准、引领行业发展、体现公园特色的文创品牌，加大文创交流与合作。

4. 打造遗址生态文化新地标

建成二环路全线林荫骑行路和漫步道，打通沿二环路内侧的连续绿化带，以高品质绿色空间勾勒"凸字形"城廓形象。加强首钢园区植物景观改造提升，传承山、水、工业遗存特色景观体系，打造首钢工业遗址生态文化区。依托京张铁路旧线，建成京张铁路遗址公园。

5. 创新发展参与式现代生态文化

做好重大国事活动和节庆活动绿化美化保障，积极参加园博会、绿博会等国内外重大展会。开展线上线下科普系列活动。创建首都花园式社区178个、首都花园式单位231个，打造15处园艺驿站。持续开展义务植树，建成各级"互联网+全民义务植树"基地不少于140家。深入挖掘古树名木历史文化内涵，建设古树名木主题公园、古树村庄、古树社区等40处。

（六）共筑京津冀生态安全屏障，实施协同共建行动

1. 建设环京绿化带

开展环京绿化带建设，构建厚重连续的环北京生态安全格局。积极推进国家公园划建工作，统筹北京周边与河北相邻区域丰富的自然资源和各类自然保护地，建立百花山、松山—海坨山、喇叭沟门、雾灵山等跨区域的自然保护地体系发展带。加强东南平原地区森林、湿地建设，整合、连通破碎斑块，形成大尺度森林湿地发展带。与河北共建北运河—潮白河大尺度生态绿洲，协同建设潮白河国家森林公园。

2. 强化生态涵养功能

持续推进张承地区生态建设，支持张家口市和承德坝上地区植树造林100万亩，实施森林精准提升109万亩。加强永定河综合治理生态修复，新增造林2.5万亩，实施质量精准提升8万亩。

3. 构筑贯通性区域生态廊道

以道路干线、河流为依托建立生态廊道体系，打通动物迁徙空间。以永定河、北运河等河道和京雄城际、京沈客专、市郊铁路等干线为主体，新建、改造绿色廊道300公里，提升主要公路、河道两侧绿化景观600公里。

4. 引领京津冀国家森林城市群建设

加强森林城市建设与动态监测评估，稳步推进森林城市建设，除东城、西城外的其他14个区全部达到国家森林城市标准，引领京津冀国家级森林城市群建设。进一步加大京津保地区造林绿化力度，优化区域森林生态格局。

5. 强化冬奥会服务保障

提升石景山、延庆等冬奥比赛场地周边生态景观，开展京张高铁、京礼高

速等沿线植被修复，补植常绿树种，强化冬季背景森林效果。建立冬奥会植被异地保护利用基地，持续开展冬奥会生物多样性监测，做好冬奥会碳中和造林工程的碳汇计量、监测与核证工作。高标准完成2022年冬奥会和冬残奥会餐饮业务领域水果干果有关服务保障工作。

6. 加强区域联防联控

完善京津冀生态保护联防联控机制，加强林业有害生物、森林火灾、野生动物疫源疫病区域联防联控，形成京津冀生态防控一体化格局，进一步提高整体防控成效，确保首都生态安全。

(七) 推进治理体系和治理能力现代化，实施固本强基行动

1. 健全法规政策

加强生态资源保护立法，积极探索"小切口"立法、精准立法，进一步完善森林、野生动植物、林草种苗等资源保护管理的地方性法规、规章、制度。积极推动《北京市种子条例》《北京市森林资源保护管理条例》《北京市林业有害生物防治条例》和《北京市重点保护陆生野生动物造成损失补偿办法》的立法工作。健全完善生态补偿机制，进一步完善山区生态林管护、生态效益促进发展机制和平原生态林补助政策，建立湿地生态保护补偿制度，推动建立生态经济林补偿政策。

2. 强化科技支撑

加强乡土种质资源创新利用、土壤控污提质、重点古树名木保护等关键技术科技攻关，力争科技创新贡献率达到60%以上。完善科技成果转移转化机制，健全林业科技推广和服务体系，转化和示范园林绿化废弃物资源化利用等科技成果100项，科技成果转化率达到80%以上。建立健全有利于生物多样性保护和园林绿化高质量发展的标准体系。推进大数据、人工智能、5G等新技术在园林绿化中的应用，建立园林绿化大数据管理体系，加快建设园林绿化感知系统。建立健全园林绿化信息网络安全防护体系。

3. 加强国际交流

构筑友好城市国际合作、政府间国际机构合作、国际非政府组织（NGO）交流、国际科技合作等国际交流合作平台。做好联合国全球森林资金网络落户的服

务保障工作，推进境外非政府组织管理和服务，吸引更多国际机构落户。开展国际合作"3个1"行动，配合国家实施"一带一路"倡议，加快首都园林绿化国际化进程。

4. 创新公众服务

全面实行行政审批服务领域市区同事同标、"一站式"办理、"最多跑一次"，企业群众办事咨询逐步实现"一次不用跑"。加强公园智慧化建设，推进公园5G场景落地、"VR全景智慧游览地图""AI人工智能"等项目建设，探索公园摆渡车、清扫车、巡检车的自动驾驶和智能巡检养护。加快构建"树木医"体系，开展树木健康诊断评估。加快构建"部门+行业"的"接诉即办"工作机制。积极应用互联网、新媒体等舆论阵地主动发声，为推动首都园林绿化建设与发展营造良好的舆论氛围。

5. 全面深化改革

全面建立林长制，构建市、区、乡（镇、街道）、村（社区）四级林长制责任体系。深化集体林权制度改革，持续推进集体林地"三权分置"，加快培育新型林业经营主体，制订新型集体林场建设指导意见，引导集体林适度规模经营。

6. 提升碳汇管理能力

建立园林绿化应对气候变化实现碳中和的技术和管理体系，强化碳汇监督管理目标考核。完善碳汇计量监测、核证等相关技术标准。推进生态补偿与碳汇交易的促进融合。打造山区与平原区森林、湿地、公园、社区等碳中和示范区，助推生态碳汇能力提升。搭建生态碳汇社会参与平台，推广应对气候变化、绿色低碳理念公众教育，推动倡导绿色生产和生活方式。

《北京市园林绿化高质量发展行动计划（2021—2025年）》重要指标分工方案

序号	目标（指标）	落实单位	完成时限	分年度任务				
				2021年	2022年	2023年	2024年	2025年
1	全市森林覆盖率达到45%	全市各区	2025年年底前	全市森林覆盖率达到44.6%	全市森林覆盖率达到44.8%	全市森林覆盖率达到44.9%	全市森林覆盖率达到44.95%	全市森林覆盖率达到45%
2	森林蓄积量达到3450万立方米	全市各区相关单位	2025年年底前	森林蓄积量达到3100万立方米	森林蓄积量达到3200万立方米	森林蓄积量达到3280万立方米	森林蓄积量达到3360万立方米	森林蓄积量达到3450万立方米
3	平原地区森林覆盖率达到32%	全市各区相关单位	2025年年底前	平原地区森林覆盖率达到31%	平原地区森林覆盖率达到31.4%	平原地区森林覆盖率达到31.6%	平原地区森林覆盖率达到31.8%	平原地区森林覆盖率达到32%
4	公园绿地500米服务半径覆盖率达到90%	全市各区	2025年年底前	公园绿地500米服务半径覆盖率达到87%	公园绿地500米服务半径覆盖率达到88%	公园绿地500米服务半径覆盖率达到89%	公园绿地500米服务半径覆盖率达到90%	公园绿地500米服务半径覆盖率达到90%以上
5	人均公园绿地面积达到16.7平方米	全市各区	2025年年底前	人均公园绿地面积达到16.6平方米	人均公园绿地面积达到16.63平方米	人均公园绿地面积达到16.66平方米	人均公园绿地面积达到16.68平方米	人均公园绿地面积达到16.7平方米
6	城市绿化覆盖率达到49.4%	全市各区	2025年年底前	城市绿化覆盖率达到49%	城市绿化覆盖率达到49.1%	城市绿化覆盖率达到49.2%	城市绿化覆盖率达到49.3%	城市绿化覆盖率达到49.4%
7	全市湿地保护率达到70%	全市各区	2025年年底前	全市湿地保护率达到51.32%	全市湿地保护率达到55%	全市湿地保护率达到60%	全市湿地保护率达到65%	全市湿地保护率达到70%
8	林地绿地年碳汇量达到1000万吨	全市各区相关单位	2025年年底前	林地绿地年碳汇量达到840万吨	林地绿地年碳汇量达到880万吨	林地绿地年碳汇量达到920万吨	林地绿地年碳汇量达到960万吨	林地绿地年碳汇量达到1000万吨

第二章
天津市自然资源保护利用"十四五"规划概要

一、"十四五"的总体目标

林草资源的保护利用成效不断呈现。重视森林、湿地等自然资源的保护和利用效率,"871"重大生态建设工程[*]取得明显进展。

生态保护和修复成效不断显现。统筹山水林田湖草沙一体化保护和修复,推进自然保护地保护、湿地修复,提高森林覆盖率,促进生态良性循环和永续利用。

天津市"十四五"自然资源保护和利用主要指标

序号	指标名称	2020年	2025年	指标属性
1	林地保有量(平方公里)	830	1300	约束性
2	森林覆盖率(%)	13	13.6	约束性
3	自然保护地面积(平方公里)	1143	1265	预期性
4	湿地面积(平方公里)	158[①]	158	约束性
5	湿地保护率(%)	—	>50%	预期性

注:①天津市自然资源保护和利用"十四五"规划编制阶段,天津市尚未公布国土资源第三次调查阶段性成果湿地面积统计。根据最终国土三调成果,天津市湿地面积为327平方公里。

---

* "871"生态工程,包括875平方公里湿地升级保护、736平方公里绿色生态屏障建设和153公里海岸线严格保护。

二、总体布局

（一）构建"三区两带中屏障"的生态空间格局

构建北部盘山—于桥水库—环秀湖生态建设保护区、中部七里海—大黄堡—北三河生态湿地保护区、南部团泊洼—北大港生态湿地保护区；西部生态防护林生态屏障带、东部国际蓝色海湾生态屏障带；双城中间绿色生态屏障。

（二）大力保护"七廊五湖四湿地"的水系生态空间

保护水系生态空间和湿地生态空间，以海河、大运河、蓟运河、潮白新河、永定新河、独流减河、子牙新河七条重要河流生态廊道为骨架，以于桥水库、北大港水库、北塘水库、尔王庄水库、王庆坨水库五处重要湖库和七里海、大黄堡、团泊、北大港四处湿地自然保护区为重要节点，提升水质环境，加强河道生态修复工作，协同环中心城区生态功能区，形成独具天津特色、功能复合的水系生态廊道网络。

三、建设任务

（一）统筹生态系统修复治理

编制实施国土空间生态修复规划，实施自然生态系统修复治理。加快推进"871"重大生态建设工程，打造"绿林满溢、湿地环抱、碧海相拥"的良好生态格局。强化水源涵养功能，严格限制重点水源涵养区各类开发建设活动。加强地表、地下水源、水库及其集水涵养区的生态保护与恢复。建立和完善生态廊道，以蓟北山区、中南部重要河湖湿地为重点，改善生物栖息地的生境质量，维护生物多样性。建设环城生态公园带。

（二）完成自然保护地整合优化

1. 开展自然保护地整合优化工作

建立以国家公园为主体的自然保护地体系，整合优化各类自然保护地，提升自然生态空间承载力。对天津市自然保护地进行本底调查，全面摸清重要生态系统、重要自然遗迹、重要风景资源和保护物种集聚区域的分布格局，明确各区域的保护价值，建立自然保护地本底数据库。按照"保护面积不减少、保护强度不降低、保护性质不改变"的总原则，对盘山风景名胜区、黄崖关长城风景名胜区以外的15个自然保护地进行整合优化。完成天津市自然保护地整合优化预案，推动自然保护地管理和保护修复不断优化升级，推进"山水林田湖草沙"系统治理。编制天津市自然保护地总体规划及各自然保护地规划。

2. 完善自然保护地体系的法规制度

根据国家立法进程，适时研究制定自然保护地相关地方性法规，制定各自然保护地的相关管理制度和技术标准。加强和完善自然保护地管理机构建设。对整合后的自然保护地，结合实际情况，归并原有管理机构，设立相应级别的管理机构，以属地政府管理为主，负责自然保护地的保护管理工作。探索公益治理、社区共建、共同治理等保护形式。

自然保护地整合优化重点工程

序号	工程项目名称	主要内容
1	自然保护地生物多样性监测监管体系建设	按照国家林业和草原局关于发布自然保护地生物多样性监测体系建设的通知要求，做好全国自然保护地生物多样性监测监管平台建设工作。
2	自然保护地勘界立标	按照国家林业和草原局办公室关于印发《自然保护区等自然保护地勘界立标工作规范》的通知要求，完成自然保护地勘界立标工作，主要包括准备工作、定标点预设和踏勘、定标点测量、工作底图更新和边界线标绘、边界附图和走向说明编制、定标点成果论证、立标、数据库和信息系统建设等。

（三）加强湿地自然保护区保护修复

完善湿地公园体系建设，建立湿地分级体系，加强4个国家湿地公园建设，实现湿地系统保护，构建区域生态格局。加强对国家重要湿地和市级重要湿地保护与恢复力度，开展重点湿地区域的能力建设和湿地恢复工程。全面加强七里海、大黄堡、北大港、团泊4个湿地保护和修复，加快推进退耕还湿、生态补水等工程，打造国家湿地保护与修复典范。建立和完善湿地资源监测体系，加强各湿地自然保护区和湿地公园湿地监测能力，将重要湿地资源监测纳入湿地保护管理的常态化定期调查监测轨道。

加强湿地自然保护区保护修复重点工程

序号	工程项目名称	主要内容
1	湿地自然保护区土地流转工程	实施古海岸与湿地国家级自然保护区，七里海湿地和大黄堡湿地自然保护区核心区、缓冲区集体土地流转约20万亩。
2	湿地自然保护区生态移民工程	实施古海岸与湿地国家级自然保护区、七里海湿地缓冲区5个村约2.3万人，大黄堡湿地自然保护区核心区、缓冲区9个村约8000人生态移民工程。
3	湿地自然保护区湿地保护修复工程	按照自然恢复为主、与人工修复相结合的方式，在七里海、北大港、大黄堡和团泊湿地自然保护区开展苇田疏浚、芦苇复壮等湿地保护修复工程。
4	天津武清永定河故道国家湿地公园保护修复项目	完成天津武清永定河故道国家湿地公园整改。
5	天津宝坻潮白河国家湿地公园保护修复项目	完成天津宝坻潮白河国家湿地公园整改。
6	天津下营环秀湖国家湿地公园保护修复项目	推进天津下营环秀湖国家湿地公园完成国家验收。
7	天津蓟州州河国家湿地公园保护修复项目	推进天津蓟州州河国家湿地公园完成国家验收。

（四）持续加强森林资源管理

1. 严格落实林地定额和采伐限额制度

编制"十四五"期间森林采伐限额和建设项目使用林地定额；强化林地保护，编制林地保护利用规划（2021—2035年）；加强森林资源保护利用，开展森林资源调查监测及森林督查，落实保护利用措施。

2. 落实天然林保护修复制度

全面停止天然林商业性采伐。完善天然林管护制度，严格管理天然林资源。建立天然林护林员队伍，实行管护责任协议书制度。实施天然林修复工程,逐步提高森林质量。组织开展天然林保护修复监测评估。

3. 强化古树名木保护

根据全市古树名木资源分布情况,利用市规划资源局统筹规划、国土和林业统一管理的优势,逐步将全市古树名木点位坐标纳入天津市国土空间规划"一张图"实施监督信息系统,在编制专项规划和详细规划时充分考虑对古树名木资源的保护,坚持规划避让和制定保护措施的原则,从规划发展的源头上树立古树名木保护意识。修订《天津市绿化条例》,增加古树名木保护条款,为我市古树名木保护工作提供法律依据。

(五) 全面推行林长制

制订全面建立林长制的实施方案。实行市、区两级"双总林长",市级总林长、副总林长由市委、市政府领导担任,设立区级、乡(镇、街道)级、村(社区)级林长。制订市级林长点督办检查制度方案,明确市级林长对口联系的区和协作单位。制订督办检查制度,细化协商机制、督办检查、智慧林长平台建设、配套制度建设。建立部门协同和协作联络沟通机制,实现城区和涉农区同步推行林长制,在天津市全域实行责任区域清单式管理,将园林资源管理纳入林长制,逐地逐片、一树一园落实林长责任,实现管理全覆盖。

(六) 强化野生动植物保护管理

加大对野生动物人工繁育场所监督检查。建立京津冀鸟类联合保护长效机制,严厉打击破坏野生动物资源违法犯罪行为。加强珍稀濒危野生动植物保护,强化野生动物疫源疫病防控和外来物种管控。

(七) 实施国土绿化

1. 加快天津市绿色生态屏障建设

继续推进736平方公里天津市绿色生态屏障建设,推进区域内造林绿化、水系连通和生态修复等工程建设,构建"双城生态屏障、津沽绿色之洲",逐步解决双城之间生态发展不协调不充分问题。到2025年,一级管控区森林(绿化)覆盖率达到25%。

2. 组织做好全市城乡绿化工作

每年组织义务植树活动,鼓励各级党政军领导、机关干部、群众参加。坚持开展义务植树宣传活动。推进各区积极落实义务植树基地建设任务。组织开展全国绿化先进评选工作。

（八）持续加大森林防火力度

增强源头治理水平。发挥人防、物防、技防作用，加强预防能力建设，提高初期火情应急处置能力。加强森林防火信息化及高科技防灭火建设。编制市、区两级森林火灾风险系列专题图，修订和编制森林火灾风险区划和防治区划。加大森林以水灭火设施建设，突破山区乡镇和国有林场以水灭火装备薄弱匮乏的瓶颈。突出火灾高风险期防控，确保不发生重大森林火灾。

加大森林防火力度重点工程

序号	工程项目名称	主要内容
1	蓟州智慧森林防火建设系统	依托中国铁塔股份有限公司，建设蓟州智慧森林防火建设系统，实现预警监测自动化、全覆盖。
2	山区乡镇森林防火微型巡护站	以蓟州区高火险乡镇区域为重点，建设微型巡护站，配备微型消防车、随车装备、灭火器具、随车建制人员，全面提升初期森林火灾防控、处置能力。

（九）加强林业有害生物防治工作

持续加大林业有害生物灾害防控力度，协调推动各涉农区加强美国白蛾、春尺蠖等林业有害生物测报、检疫、防治工作，积极落实国家林草局《关于科学防控松材线虫病疫情的指导意见》《全国松材线虫病疫情防控五年攻坚行动计划（2021—2025年）》文件要求，协调推动各涉农区做好松材线虫病疫情防控工作。确保不发生重大林业有害生物灾害。

第三章
河北省林业和草原保护发展"十四五"规划概要

一、建设目标

到2025年，森林资源稳步增长，森林质量大幅提高，退化草原生态恢复与治理取得新成效，沙化土地治理水平持续向好，自然保护地体系框架初步建成，生物多样性保护持续增强，林草产业化程度明显提高，生态惠民成效显著，生态文化繁荣发展，生态文明建设实现新进步，生态环境状况整体步入良性循环，京津冀生态环境支撑区和首都水源涵养功能区建设取得明显成效，为建成天蓝地绿山清水秀的美丽河北奠定坚实基础。全省森林覆盖率达到36.5%，森林蓄积量达到1.95亿立方米，草原综合植被盖度稳定在73%以上，湿地保护率不低于44%，自然保护地面积占河北省总面积的7.41%以上，治理沙化土地面积840万亩。

二、总体布局

（一）京津保城市群生态空间核心保障功能区

按照蓝绿交织、清新明亮、水城共融的建设理念，高质量成片建设千年秀林，加强白洋淀等洼淀湿地保护恢复，扩大生态空间。实现森林环城，湿地入城，生态廊道、森林斑块、生物多样性有效保护与恢复的自然生态空间。构建以森林城市为核心，片、廊、网、环相连的和谐宜居森林城市群生态格局，为京津保都市群提供生态保障。

（二）坝上高原防风固沙生态修复功能区

以防风固沙、水土保持为核心，统筹林草湿地生态系统修复，实施北方防沙带、京津风沙源治理，张家口和承德坝上地区植树造林等工程项目，增加林草植被，提高林草质量，完善坝上高原生态防护带。持续推进退化林分修复，加强抚育管护、补植补造和灌木林经营，推进森林质量精准提升。持续推进休耕种草，加强"三化"草原治理，完善草原天路生态带建设，繁荣生态旅游。加强坝上重要湿地生态系统保护恢复，持续推进国家和省级湿地公园建设，严禁围垦自然湿地。通过大尺度系统保护和山水林田湖草沙综合治理，构建防范风沙南侵的绿色生态屏障。

（三）燕山—太行山水源涵养与水土保持功能区

坚持治理与保护并重、增速与提质并重，积极实施京津风沙源治理、太行山绿化、北方防沙带等工程，提高自然生态系统质量和稳定性，增加林草资源和碳汇。加强重点公益林和天然林保护，积极发展木本粮油、名优果品、休闲观光基地，大力发展林下经济，促进生态旅游发展。加强生物多样性保护修复，推进自然保护地体系建设。加快森林城市创建，提升绿化美化水平。筑牢以涵养水源和保持水土功能为主、生态防护与绿色惠民相统一、拱卫京津护卫华北平原的生态安全屏障。

（四）冀东沿海生态防护功能区

加快促进退化生境恢复，提升防护林体系的完整性和稳定性。强化沿海岸滩涂工程和生物措施综合治理、近海基干林带补缺和退化林修复改造，完善纵深防护林体系。加强城镇村屯、绿美廊道、农田防护林、名优林果基地建设，加快乡村振兴步伐。加强滨海湿地生态修复与治理，强化候鸟迁徙路径栖息地和生境保护。构建布局合理、结构稳定、减灾防灾能力强的沿海防护林和沿海湿地生态系统。

（五）冀中南平原生态防护功能区

优化生态用地结构，加强耕地保护，充分挖潜城乡生态用地，增加森林植被。加强沙化土地科学治理，修复生态环境，提升生态承载力。抓好高标准农田林网建设，打造绿美廊道网络，加强森林城市和森林乡村建设，促进乡村振兴。充分利用闲散荒地滩地，适度建设一定规模的游憩森林、河岸森林、滨河湿地，增加地下水的补给空间。保护和恢复衡水湖等重要注淀湿地功能。稳步推进特色优势果品基地建设，积极发展林下经济。构建布局合理、结构优化、城乡一体、功能完备的冀中南生态防护体系。

三、建设任务

（一）高质量推进国土绿化

科学开展大规模国土绿化行动，突出"两山、两翼、三环、四沿"重点区域，大力实施太行山燕山绿化、坝上地区植树造林、雄安新区千年秀林、白洋淀上游规模化林场等重点工程项目，科学实施"燕山山地""太行山东麓"林草区域性系统治理项目，持续创建国家和省级森林城市，大力推进乡村绿化美化，全面加强森林经营抚育，扎实开展退化林修复和低质低效林改造，高质量推进灌木林改造提升，科学开展防沙治沙，加强林草种质资源保护。到2025年，完成营造林3000万亩，草原生态修复180万亩，治理沙化土地面积840万亩，巩固提升7个国家森林城市建设水平，力争14个县（市、区）成功创建国家森林城市，70个县（市、区）成功创建省级森林城市，新建750个省级森林乡村。省级以上种质资源保存库达到15处，苗木生产稳定在120万亩左右，主要造林树种良种使用率达到72%以上，草种自给率显著提升。

（二）加快建设自然保护地体系

统筹自然保护地整合归并优化，编制全省自然保护地保护发展规划。实行分类分级管理和分区管控，制定相关制度和标准规范，加强自然保护地监督管理。加强巡护监测和评估考核，推进各类自然保护地自然资源确权登记。加强自然保护地能力建设，加快建立以自然保护区为基础、各类自然公园为补充的自然保护地体系。到2025年，自然保护地占全省陆域面积7.41%以上。

（三）加强草原生态保护修复

落实基本草原保护制度，编制落实草原保护恢复规划，划定基本草原，稳定基本草原面积，加强草原资源休养生息。加快草原生态修复治理，推进沙化、退化、盐碱化草原治理，重点草原区中度以上"三化"草原50%以上得到修复治理。编制国家草原自然公园试点总体规划，择优在一些基础条件好的国有草原进行国有草场试点建设。加强草原征占用审核审批管理，积极推进草原工程区禁牧和返青期休牧及舍饲圈养，合理均衡利用草原资源。到2025年，草原综合植被盖度稳定在73%以上。

（四）加强湿地保护修复

以国土"三调"成果为基础，建立完善湿地档案和数据库。完善湿地分级管理体系，加强各级湿地保护管理机构的能力建设。加强国际、国家重要湿地申报认定工作，制定一般湿地认定标准与湿地评估监测规程。加强湿地科研监测与科普宣教，依法加强湿地监管。实施湿地保护修复工程，加强国家重要湿地、湿地生态系统类型的自然保护区和湿地公园、湿地保护小区，以及北方防沙带、海岸带等重要生态区位的湿地保护修复。

（五）加强野生动植物保护

加快野生动物保护和监管体系建设，有序开展野猪致害防控试点，全面禁食野生动物，严厉打击非法捕杀、交易、食用野生动物行为。继续抓好珍稀濒危野生动物物种的保护、抢救性恢复、野外救护和繁育。加强野生动物栖息地、迁徙通道生境改善和保护，加强18个国家级、51个省级野生动物疫源疫病监测站建设。完善野生植物保护拯救体系，重点开展河北梨、兰科植物、红景天、缘毛太行花、水曲柳等野生植物拯救保护。加强古树名木保护。落实《生物多样性公约》，以自然保护地、国家和省级重要湿地、国有林场、基本草原为重点区域，加强生物多样性保护。

（六）做优做强林草产业

继续支持脱贫地区实施生态保护修复，完成营造林750万亩。通过做大做强经济林产业、稳步推进国家储备林基地、调整优化林果加工业和加强林果质量安全监管，推进林果产业高质量发展。积极发展花卉产业，稳步发展苗木产业。通过科学发展林下经济、生态旅游康养产业和木本中药材，科学培育特色优势产业。到2025年，全省经济林面积发展到2400万亩，干果产量达到130万吨，建设现代花卉示范基地40个，花卉种植面积达到65万亩，全省林下经济面积达到700万亩。

（七）强化林草资源监督管理

严格林地保护管理和林木采伐管理。加强天然林和公益林监督管理，到2025年，完成天然商品林停伐保护任务1317万亩；完成重点生态公益林保护3418.4万亩，其中国家级公益林新增372.9万亩，达到2958.4万亩，省级460万亩。

建立一体化管理的林草综合监测制度和"天空地"一体化的监测体系，以国土空间"一张图"为基础，构建林草湿荒资源"一张图"。完成第十次森林资源清查、森林资源主要指标年度变化监测评价等专项监测。

（八）健全森林草原防火减灾体系

严格落实党政同责、行政首长负责制，压实行业管理责任，构建"天空地"一体化林火全覆盖预警监测体系，健全森林草原防火视频监测、火场应急通信和信息指挥体系。加强防火新技术推广应用，提高森林草原防火综合能力。森林、草原火灾受害率分别控制在0.9‰和2‰以下。

加强林业草原有害生物防控体系和防治能力建设，积极开展网格化监测预警。加强跨区域联防联治，坚持绿色防治和统防统治，重点强化松材线虫病疫情防控措施，严防疫情传入。林业、草原有害生物成灾率分别控制在8.2‰和9.5‰以下，草原有害生物严重危害面积防治率达到100%。

（九）推进京津冀生态建设协同发展

加强首都西北部水源涵养及生态防护林建设和首都东南部森林湿地建设，在张家口市及承德市坝上地区植树造林70.9万亩，实施森林精准提升93.8万亩。建设京津冀国家森林城市群，共建京津保城市间生态空间。加强京津冀区域森林防火、有害生物防治、野生动植物保护和疫源疫病联防联控。

（十）繁荣林草生态文化

建设塞罕坝生态文明教育基地，大力弘扬塞罕坝精神，打造河北生态文化知名品牌。积极参与中国森林旅游节、绿博会、花博会、生态文化论坛等，扩大森林文化的对外交流。依托各类自然保护地、动植物园等，加强生态文化宣教基础设施建设，满足人民群众对优质生态产品的多样化需求。

（十一）全面深化改革创新

全面推行林长制，建立健全林长工作制度，构建森林草原资源保护发展长效机制。进一步深化国有林场改革，到2025年，国有林场经营管理现代化建设取得显著成效，示范引领作用显著增强，经营面积不低于1268万亩，林地保有量不低于925万亩，单位面积蓄积量高于全省平均水平。深化集体林权制度改革，加快放活集体林地经营权，严格保护林地承包权，拓展经营权权能，鼓励以转包、出租、入股等方式流转林地。加快发展多元化的林地经营方式，鼓励和引导金融机构开展林权抵押贷款、林农信用贷款，鼓励林权收储机构进行市场化收储担保，拓宽投融资渠道。扩大森林保险范围，提高经营者抵御自然灾害风险的能力。探索建立林草生态产品价值实现机制，推进生态产品价值核算与应用机制建设，完善生态补偿机制，推进林草碳汇行动。

（十二）推进林草支撑保障体系现代化建设

推进林草法治建设，不断完善林草资源保护与管理的地方性法规、政府规章和规范性文件，落实林草普法责任制，深入开展法治宣传教育。不断完善林草行政执法体制机制，深入开展打击涉林草违法专项行动，严厉打击破坏林草资源违法行为。强化科技创新体系，到2025年，新建省级以上生态定位站、长期科研基地和科普基地8个，总数达到23个，制修订林草标准30项。推进智慧林草建设，加快构建林草资源"一张图"，构建林草资源基础信息平台，逐步构建林草生态感知体系，全面提升林草治理现代化水平。加强林草干部队伍和科技人才建设，开展林草基层岗位技能和关键岗位培训，全面提高林草从业人员的整体素质。

河北省"十四五"林草保护发展主要指标

序号	指标名称	2020年	2025年	指标属性
1	森林覆盖率（%）	35	36.5	约束性
2	森林蓄积量（亿立方米）	1.75	1.95	约束性
3	乔木林单位面积蓄积量（立方米/亩）	2.56	3	预期性
4	草原综合植被盖度（%）	73	≥73	预期性
5	湿地保护率（%）	43.34	≥44	预期性
6	自然保护地面积占比（%）①	—	≥7.41	预期性
7	治理沙化土地面积（万亩）②	1310	840	预期性
7	国家重点保护野生动/植物种数保护率（%）	—	80/77	预期性
9	森林火灾受害率（‰）	<0.3	≤0.9	预期性
9	草原火灾受害率（‰）	<0.3	≤2	预期性
10	林业有害生物成灾率（‰）	0.13	≤8.2	预期性
10	草原有害生物成灾率（%）	—	≤9.5	预期性
11	林草产业总产值（亿元）	1405	1800	预期性

注：①自然保护地面积含风景名胜区；②治理沙化土地面积是指5年累计数。

第四章
山西省林业和草原保护发展"十四五"规划概要

一、发展目标

到2025年，全省森林覆盖率达到26%，森林蓄积量达到1.69亿立方米以上，乔木林单位面积蓄积量达到42.00立方米/公顷，草原综合植被盖度达到73.5%，湿地保护率达到55%，自然保护地面积占比达到11%，治理沙化土地面积45万亩。

展望2035年，全省森林覆盖率和森林蓄积量稳步增长，森林质量显著提升，山西发挥环京津冀生态屏障和拱卫黄河流域生态安全重要屏障的作用更加突出，美丽山西建设目标基本实现。

山西省"十四五"林草保护发展主要指标

序号	指标名称	2020年	2025年	指标属性
1	森林覆盖率（%）	23.57	26.0	约束性
2	森林蓄积量（亿立方米）	1.59	1.69	约束性
3	乔木林单位面积蓄积量（立方米/公顷）	—	42.00	预期性
4	草原综合植被盖度（%）	73.0	73.5	预期性
5	湿地保护率（%）	47.55	55	预期性
6	自然保护地面积占比（%）	—	11	预期性
7	治理沙化土地面积（万亩）	—	45	预期性
8	国家重点保护野生动/植物种数保护率（%）	75/66	80/80	预期性

（续表）

序号	指标名称	2020年	2025年	指标属性
9	森林火灾受害率（‰）	≤0.5	≤0.5	预期性
	草原火灾受害率（‰）	≤3	≤2	预期性
10	林业有害生物成灾率（‰）	≤3.5	≤3.5	预期性
	草原有害生物成灾率（%）	—	≤9.5	预期性
11	林草产业总产值（亿元）	529	700	预期性
12	森林生态系统服务价值（亿元）	3648.54	4378.25	预期性

注：①治理沙化土地面积是指5年累计值；②森林生态系统服务价值包括森林涵养水源、保育土壤、固碳释氧、林木养分固持、净化大气环境、农田防护与防风固沙、生物多样性保护、森林康养8类。

二、总体布局

依据全省"两山七河一流域"国土空间保护修复格局，按照国土空间规划有关要求，坚持分区施策，全力构建全省"三屏四群五区"林草生态建设格局。

（一）依托太行、吕梁"两山"，着力构筑三大生态屏障带

1．黄河和黄河流域生态防护屏障：以吕梁山脉为主体，重点治理水土流失和降低土壤侵蚀，着力构建和完善以水土保持为主要功能的防护林体系。

2．环京津冀生态安全屏障：以太行山脉为主体，构筑以水源涵养为主要功能的防护林体系。

3．中条山生物多样性保护屏障：以中条山为主体，以营造景观林和自然保护地建设为重点，强化野生动植物资源和生物多样性保护。

（二）围绕"七河"，稳步推进太原、大同、长治、临汾等四大城市群林草生态建设

以拓展城区生态空间为基础，开展环城森林和森林乡村建设，建设和完善水系生态廊道、道路生态廊道，强化生态服务，拓展生态游憩空间，完善休闲绿色网络。

（三）聚焦黄河流域，重点打造五大科学绿化区

高标准实施黄土高原科学绿化试点示范工程，宜林则林，宜灌则灌，宜草

则草，综合施策开展山水林田湖草沙系统治理，全面推进"五区"科学绿化。

"五区"范围

区域名称	县（市、区）	数量（个）
黄河流域北部生态修复区	河曲县、保德县、偏关县、神池县、五寨县、兴县、临县、岢岚县、方山县、柳林县、离石区、管涔林局、黑茶林局、关帝林局	11县 3林局
黄河流域中部生态治理区	石楼县、永和县、大宁县、乡宁县、吉县、隰县、关帝林局、吕梁林局	6县 2林局
汾河上游华北水塔生态重建区	宁武县、静乐县、岚县、娄烦县、古交市、阳曲县、管涔林局、黑茶林局、关帝林局	6县 3林局
太行山北段生态建设区	浑源县、灵丘县、广灵县、应县、山阴县、忻府区、五台县、繁峙县、原平市、代县、阳高县、天镇县、定襄县、杨树林局、五台林局	13县 2林局
太行山中段生态恢复区	盂县、平定县、寿阳县、昔阳县、和顺县、左权县、榆社县、武乡县、黎城县、壶关县、平顺县、襄垣县、屯留区、沁县、太行林局、太岳林局	14县 2林局

三、主要任务

（一）科学开展大规模国土绿化行动

科学推进国土绿化，实施黄土高原水土流失综合治理、黄河和黄河流域防护林屏障建设及环京津冀生态安全屏障建设等项目。精准提升森林质量，加大森林抚育和退化林修复力度。加快国家储备林建设，培育和发展国家储备林基地。稳步推进城乡增绿，加大古树名木保护力度。

（二）积极推进自然保护地及野生动植物保护

推进以国家公园为主体的自然保护地体系建立，适时启动太行山（中条山）国家公园申报和筹备工作，开展自然公园建设，加强自然保护地基础设施及体系建设。扎实推进全省野生动植物保护，维护生物多样性和生物安全，实施野生动植物保护工程。加强湿地保护与管理，科学开展湿地修复，实施湿地保护与恢复工程。

（三）大力实施草原保护修复

加大天然草地保护力度，依法划定和严格保护基本草原，建立禁牧、休牧、轮牧制度，严禁超载过牧。加大草原生态修复治理力度，启动人工种草生态修复试点。实施人工草场建设和保障体系建设，加强复垦撂荒草地修复治理。推进草原分类管理，强化用途管控。

（四）做优做强林草产业

做优做强经济林产业，因地制宜发展林下经济，力争扶持建设50个省级林下经济示范基地，积极创建国家级林下经济示范基地。培育木、草本药材（药茶）产业，打造一批特色药材（药茶）原料种植基地。合理引导苗木花卉产业，培育一批观赏展销园区、示范种植基地和龙头企业。科学发展草产业，培育新型草产品加工企业。稳步推进生态旅游发展。

（五）切实加强林草资源监督管理

以全面推行林长制为抓手，牢固树立生态红线意识，加大林地、林木资源管理力度，加强林地分级管理，突出保护重点，依法合理利用。强化资源监测及信息化建设，建立健全全省林草资源综合监测评价体系，完善林业碳汇计量监测体系建设。加强林草监督执法，提高执法质量。

（六）不断强化林草资源管护

健全森林管护责任制，加大天然林资源和永久性生态公益林保护力度，着力提升林草资源管护能力，加大未成林造林地管护力度。

（七）齐心共建自然生态安全

健全森林草原火灾预防体系，加强林火阻隔系统和森林消防队伍能力建设，完善预警监测、视频监控、应急指挥及通信系统，开展风险隐患调查。加强林草有害生物防治，重点抓好松材线虫病和美国白蛾防控，加大预警监测和综合防控体系建设力度，抓好外来物种普查和防控，对已发现的入侵物种采取必要的防控措施，防止扩散蔓延。

（八）持续深化林草改革

全面深化集体林权制度改革，放活生产经营自主权，积极稳妥流转集体林权，创新集体林经营方式，健全完善林权抵押质押贷款制度，探索建立重要区域集体公益林政府赎买置换机制。创新自然保护地发展机制，探索自然资源有偿使用制度和全民共享机制。推进天然林保护修复制度体系改革，完善效益监测评估制度和监管体制，探索通过森林认证、碳排放交易等方式，多渠道筹措天然林保护修复资金。

（九）健全完善林草支撑体系

着力加强种苗支撑保障能力建设，开展种质资源普查收集，加强种苗基地和种质资源库建设，持续开展国有林场和林草基层站所设施建设。强化科技支撑，提升技术推广能力。加强法治建设，完善林草执法监督制度体系。

（十）巩固拓展生态脱贫攻坚成果同乡村振兴有效衔接

深度融合国家乡村振兴战略实施，发挥林草优势，大力实施乡村生态保护与修复，引导脱贫劳动力参与林草生态工程建设。到2025年，全省脱贫地区脱贫人口收入水平逐步提高，生态脱贫成果得到有效巩固。

第五章
内蒙古自治区林业和草原保护发展"十四五"规划概要

一、建设目标

到2025年，全区森林草原质量明显提升，湿地保护与恢复初见成效，荒漠化防治持续深入，高质量发展理念深入人心，山水林田湖草沙系统治理能力明显提高，森林、草原、湿地、荒漠生态功能进一步增强，生态总体状况进一步好转，局部恶化趋势基本控制，林长制有效推进，林草支撑保障体系逐步完善，优质生态产品供给能力得到提升，林草产业富民惠民成效显著，我国北方重要生态安全屏障架构基本形成。森林覆盖率达到23.5%，森林蓄积量达到15.5亿立方米；草原综合植被盖度稳定在45%；乔木林单位面积蓄积量达到89.95立方米/公顷；新增沙化土地治理面积2650万亩；自然保护地面积占国土面积比例达到12.5%；湿地保护率达到38%；国家重点保护野生动物种数保护率达到80%，国家重点保护野生植物种数保护率达到88%，林草产业总产值达到700亿元；林木良种使用率达到70%；森林火灾受害率降低到0.9‰，草原火灾受害率降低到3‰；林业有害生物成灾率控制在4‰以内，草原有害生物成灾率控制在10%以内。

二、总体布局

按照《全国重要生态系统保护和修复重大工程总体规划（2021—2035年）》中"三区四带"发展格局，全面考虑全区生态系统完整性、地理单元连续性和经济社会发展可持续性，与相关生态保护与修复规划衔接，确立了构建"一线一区两带"的北方重要生态安全屏障总体布局。"一线"就是以大兴安岭、阴山、贺兰山等主要山脉构成的生态安全屏障"脊梁"和"骨架"，"一

内蒙古自治区"十四五"林草保护发展主要指标

序号	指标名称	2020年	2025年	指标属性
1	森林覆盖率（%）	23.0	23.5	约束性
2	森林蓄积量（亿立方米）	15.27	15.5	约束性
3	新增沙化土地治理面积（万亩）		2650	约束性
4	草原综合植被盖度（%）	45.0	45.0	预期性
5	乔木林单位面积蓄积量（立方米/公顷）	86.95	89.95	预期性
6	自然保护地面积占国土面积比例（%）	12.0	12.5	预期性
7	湿地保护率（%）	31.26	38.0	预期性
8	国家重点保护野生动/植物种数保护率（%）	66/85	80/88	预期性
9	林草产业总产值（亿元）	547.7	700	预期性
10	林木良种使用率（%）	65.9	70.0	预期性
11	森林火灾受害率（‰）	≤1	≤0.9	预期性
11	草原火灾受害率（‰）	≤3	≤3	预期性
12	林业有害生物成灾率（‰）	≤3	≤4	预期性
12	草原有害生物成灾率（%）	≤10.33	≤10.0	预期性

注：森林覆盖率、森林蓄积量指标以内蒙古自治区第八次森林资源连续清查数据为基数测算。

区两带"就是黄河重点生态区、大兴安岭森林带和北方防沙带三大战略空间，以重点区域突破带动全域治理，实现山水林田湖草沙系统治理。

（一）黄河重点生态区

黄河在内蒙古境内呈"几"字弯流经而过，全长843.5公里。黄河重点生态区涵盖了呼和浩特市、包头市、巴彦淖尔市、鄂尔多斯市和乌海市的28个旗（县、市、区），面积10.82万平方公里。发展方向是开展沿黄生态廊道建设，推进黄河流域内蒙古段生态大保护大治理，筑牢黄河流域高质量发展的生态根基。

（二）大兴安岭森林带

该区位于内蒙古自治区东北部，面积18.15万平方公里，范围包括呼伦贝尔市、兴安盟的8个旗（县、市、区），覆盖了内蒙古森工集团所属全部林业局、管护局和自然保护区，呼伦贝尔市所属的6个国有林业局以及兴安盟所属的2个国有林业局。发展方向是全面加强天然林和天然草原保护修复、公益林培育管护、已垦林地草原退耕还林还草，保护修复集中连片的国有林区和绿色立体宝库，稳固维系寒温带针叶林和草原生态安全的绿色屏障。

（三）北方防沙带

该区涵盖内蒙古自治区大部分地区，面积89.33万平方公里，占全区面积的75.5%。范围包括呼伦贝尔市、兴安盟、通辽市、赤峰市、锡林郭勒盟、乌兰察布市、呼和浩特市、包头市、巴彦淖尔市、阿拉善盟10个盟（市）的67个旗（县、市、区）。发展方向是加大退化沙化草原的治理力度，提高草原生态环境质量；持续推进沙化土地综合治理，在风蚀沙化和水土流失严重地区种灌种草，防止水土流失；提升防风固沙能力，控制风沙危害，遏制沙漠蔓延，阻止三大沙漠合拢。

三、建设任务

坚持因地制宜，系统治理，科学开展林草生态建设，实现林草资源由数量增长向质量提升转变。到2025年完成林草生态建设10800万亩，其中林业任务4300万亩，种草任务6500万亩。

（一）加强自然生态系统保护

全面加强天然林保护和森林经营。按照国家统一部署将天然林和公益林纳入统一管护体系，落实管护责任，把全部天然林都保护起来。配合国家深化国有森林资源资产有偿使用制度改革、建立完善森林保护培育制度，确保森林资源数量和质量实现稳步增长。到2025年，通过开展森林抚育、退化林修复等措施，完成森林质量提升建设任务2800万亩。

全面保护天然草原。严格落实禁牧、休牧、草畜平衡制度，认真执行"三区管控"要求，制定征占用草原准入条件和定额管理制度。严格审核审批程序，严禁在草原上乱采滥挖、新上矿产资源开发等工业项目，严禁随意改变草原用途。推进草原政策性保险工作。

全面保护自然湿地。加强湿地保护，加大国家重要湿地保护修复，提升湿地生态功能。持续推进黄河流域、"一湖两海"及察汗淖尔等重要湿地生态综合治理。

加强荒漠生态系统保护。严格保护荒漠天然林草植被，加强重点区域保护，提升封禁保护质量。进一步推进沙漠绿洲生态保护修复，提高绿洲生态承载力。

（二）加快林草生态修复

科学推进国土绿化。依托国家重点生态工程和项目，持续推进林草植被建设，加快国土绿化步伐。建立健全自治区、盟（市）、旗（县）义务植树和种草基地体系，深入推进"互联网+全民义务植树"，形成国土绿化新格局。推进森林进城、森林环城，构建完整的城市森林生态网络，提升呼包鄂乌城市群森林质量和生态文化底蕴。深入推进村庄绿化行动。开展美丽宜居村庄和美丽庭院示范创建活动。到2025年，通过人工造林种草、封山育林育草、飞播等措施，完成国土绿化任务1400万亩以上。

加强退化草原修复。充分发挥国家重点生态工程的示范引领作用，对不同程度退化、沙化的草原进行分类治理，重点对退化放牧场、退化打草场、严重沙化草原开展综合治理，促进草原生态修复。到2025年，通过人工种草、封育保护、飞播种草、毒害草治理、退化草原改良、退耕退牧还草等措施完成草原生态建设任务6500万亩。

科学开展防沙治沙。提高科学治沙能力，对可治理的沙化土地进行集中治理，对已经治理的沙化土地加强保护，促进荒漠生态系统的保护和修复。对土地沙化严重的农区和农牧交错区，开展系统治理，为沙区植被恢复和生态环境改善创造有利条件。到2025年，通过林草水等综合措施完成沙化土地综合治理面积2650万亩。

（三）加强自然保护地体系建设

开展国家公园建设工作。配合推进呼伦贝尔、贺兰山等国家公园建设工作，对重要自然生态系统完整性和原真性进行保护，兼顾科研、教育、游憩等综合功能。

提升自然保护区管理水平。推进自然保护区优化整合，解决保护管理分割、保护区破碎和孤岛化问题,实施长期保护。完成自然保护区勘界立标,对自然保护区进行监测调查和科学研究,研究制订自然保护区评估和考核机制。

推进自然公园建设。维护自然公园的生物多样性、地质遗迹多样性和景观多样性,发掘重要自然空间的生态、文化、美学和科研价值。推进草原自然公园建设,持续提升草原生态功能和生态产品的供给能力,保护和传承草原游牧文化,提升草原自然公园文化底蕴。促进自然生态系统健康稳定,提供多样化优质生态产品和公共服务。

全面保护和管理野生动植物资源。加强野生动植物保护,保护珍稀濒危野生动植物及其栖息地(生境),修复和提升物种栖息环境,维护生物多样性,探索创新保护体制与机制。

(四)推动林草产业高质量发展

增强林草生态产品供给能力。立足区域资源禀赋,充分发挥市场在资源配置中的决定性作用和产业政策导向作用,优化产业发展布局,发挥区域特色优势,加快建设一批优势特色林草产品和生态服务示范基地,推动林草规模总量不断增加,供给能力有效提升。科学合理利用林草资源,将林草资源优势转化为经济优势,延长林草产品精深加工链条,提高产品附加值,提升林草产业综合效益,扩大生态产品和服务的普惠性,让更多群体共享发展成果。到2025年,林草产业总产值达到700亿元。

助力经济社会发展和农牧民增收。坚持生态产业化、产业生态化。加快新型林草业经营体系建设,推进产业集群化、融合发展,加快产业链形成结构优化、功能完善、附加值高、竞争力强的资源节约型、环境友好型和质量效益型现代林草产业体系。着力完善资源利用政策和财政金融投入机制,强化科技支撑、市场体系建设和品牌培育,优化林草产业管理和服务,加快推动高质量发展,为地区经济发展和绿色惠民利民贡献力量。

(五)巩固生态脱贫成果与乡村振兴有效衔接

支持欠发达地区广泛采取以工代赈方式开展林草基础设施等项目建设和管护,吸纳更多低收入人员参与生态保护修复重大工程建设。持续确保生态护林员、森林生态效益补偿与退耕还林涉及低收入人员各项政策精准到位。国家生态工程任务和产业化项目资金继续向欠发达地区倾斜。做好林草生态扶贫与乡村振兴的有机衔接。加大林草科技支撑力度，走高质量巩固拓展生态脱贫道路。

（六）增强支撑保障能力

推进林草种业高质量发展。加强林草种质资源保护和利用，实施《内蒙古自治区种业发展三年行动方案（2020—2022年）》，推进林草品种创新，保障林草种苗供给，提高良种使用率，提升林草种业高质量发展和基础支撑能力。

提升森林草原防火、有害生物防治能力。加强森林草原防灭火基础设施建设，提升林草火灾预防和灾害处置能力。强化重大林业草原有害生物防控，防范重大外来有害生物入侵，推进社会化防治、绿色防治和联防联治，着力提升"天空地一体化"监测、检疫执法、有害生物应急处置、支撑保障等能力。

提高林草科技支撑能力。实施林草科技创新战略，推动关键技术攻关、强化实用技术推广、提高成果转化率。加强人才队伍建设，打造高水平的专家团队，逐步增强一线技术力量和人员素质。加强基层站点标准化、规范化建设，有效提升林草管理体系现代化水平。

构建林草生态综合监测评价体系。统筹开展森林、草原、湿地、荒漠化（沙化）土地综合监测评价，实现林草生态监测数据统一采集、统一处理、综合评价、形成统一时点的林草生态综合监测评价成果。服务于林草资源监管，林长制督查考核及碳达峰、碳中和战略。

第六章
辽宁省林业和草原保护发展"十四五"规划概要

一、建设目标

到2025年,山水林田湖草沙系统治理水平显著提高;以国家公园为主体的自然保护地体系初步建成;林草生态系统对碳中和贡献明显增强;优质生态产品供给能力日益提升;林草科技支撑保障更加有力;濒危野生动植物及其栖息地得到全面保护。森林覆盖率增长0.5%,森林蓄积量达3.81亿立方米,草原综合植被盖度达64.5%,湿地保护率达40.8%,治理沙化土地面积10.5万公顷,自然保护地面积达210万公顷,森林火灾受害控制在0.9‰以下,林业有害生物成灾率控制在8‰以下,草原有害生物防治效果不低于85%,林业产业总产值达900亿元。

到2035年,全省森林、草原、湿地、沙地等自然生态系统状况实现根本好转,生态系统质量明显改善,生态稳定性明显增强,生态服务功能显著提高,林草固碳释氧能力进一步提升,自然生态系统基本实现良性循环,为筑牢国家生态安全屏障奠定坚实基础,美丽辽宁建设目标基本实现。

二、总体布局

围绕全省"一圈一带两区"发展格局和国家生态安全战略格局,结合生态保护红线划定成果和全国重要生态系统保护和修复重大工程规划总体布局,综合考虑林草发展条件和需求,按照山水林田湖草沙生命共同体的理念,构建以辽河平原生态建设廊道、沿海生态修复带、辽东森林生态屏障、辽西防风固沙屏障为主体,以点状分布的各类自然保护地为重要组成部分的"一廊一带两屏"林草发展新格局。

（一）辽河平原生态建设廊道

本区域范围包括沈阳市全域，鞍山市海城市、台安县，辽阳市文圣区、太子河区、宏伟区、灯塔市，铁岭市市辖区及开原市、铁岭县、调兵山市、昌图县，盘锦市全域，沈抚示范区。区域发展定位是推进辽河国家公园建设，加快造林扩绿，保障粮食生产安全，服务区域经济发展。

（二）沿海生态修复带

本区域范围包括大连市全域，丹东市振兴区、东港市，锦州市市辖区及凌海市，营口市全域，盘锦市全域，葫芦岛市市辖区及兴城市、绥中县。区域发展定位是推进黄渤海生态综合整治与修复重点工程建设，强化自然岸线生态保护修复，发展特色旅游。

（三）辽东森林生态屏障

本区域范围包括鞍山市千山区、岫岩满族自治县，抚顺市全域，本溪市全域，丹东市振安区、元宝区、凤城市、宽甸满族自治县，辽阳市弓长岭区、辽阳县，铁岭市西丰县。区域发展定位是以辽东绿色经济区森林生态保育工程为重点，积极开展森林保护和质量提升，大力发展绿色经济和冰雪经济。

（四）辽西防风固沙屏障

本区域范围包括锦州市黑山县、义县、北镇市，阜新市全域，朝阳市全域，葫芦岛市建昌县。区域发展定位是推进辽西北防风固沙生态建设工程建设，筑牢防风固沙生态屏障，适度发展生态经济。

三、规划任务

（一）科学开展国土绿化

推进资源培育由扩面向提质转变，推动国土绿化由规模化向精细化转变，拓展绿化空间，以森林抚育、退化林修复、低产林改造为重点，全面加强森林经营，提升森林质量，科学开展荒漠化沙化治理，提高林草生态功能，增加林草碳汇。做好全国科学绿化示范省建设，完成造林56.67万公顷，全民义务植树3亿株，森林抚育10.67万公顷，防沙治沙治理面积10.5万公顷。开展林草碳汇试点工作。

（二）不断加强自然保护地建设

落实国家自然保护地分类分级管理体制，完成自然保护地整合归并优化，加强体制机制的建设和创新，完善地方性法规规章、管理和监督制度，保障自然生态空间承载力和自然保护地生态功能不断提升，逐步建成以国家公园为主体、自然保护区为基础、各类自然公园为补充的自然保护地体系。积极推进国家公园创建，加强自然保护区基础设施和能力建设，开展自然公园保护恢复和功能提升工程，加强4处世界自然遗产提名地的保护和管理，做好中国黄（渤）海候鸟栖息地申遗工作。

（三）全面加强林草资源管护

组织开展新一轮林地保护利用规划编制工作，加强林地用途管制，大力推行节约集约利用林地，实行占用林地总量控制。持续开展森林督查，强化森林督查制度化、规范化。按照全面保护、公益林和天然林管护并轨、划定重点保护区域、分区分类管理等原则，保护所有天然林和生态公益林，将天然林和生态公益林纳入统一管护体系。进一步强化草原管护，大力实施退化草原生态修复、退牧还草等工程，增强草原生态功能。加强辽西北草原沙化治理工程区管护。完成草原生态修复7万公顷，退牧还草3万公顷，草原有害生物防治56万公顷。加强湿地保护与管理，实现湿地生态功能增强、生物多样性增加，湿地资源全面保护。开展重要湿地生态系统保护与修复，完成退化湿地修复4000公顷。实施湿地重大生态修复工程和湿地生态效益补偿，落实国家湿地生态效益补偿政策。新建省级湿地监测中心1个，重点湿地监测站点8个。改善东北红豆杉、红松、水曲柳等国家重点保护野生植物的生存环境，开展东北红豆杉种源繁育和野外回归试验。提高白鹤、丹顶鹤、黑鹳、东方白鹳、大鸨、黑嘴鸥、中华秋沙鸭等珍稀濒危物种的栖息地质量。开展重点保护野生动植物调查监测和濒危物种监测。设立巡护监测站点20处，补充建立野生动物救护站10处，增设2处国家级野生动物疫源疫病监测站。森林草原火灾防控治理体系和治理能力显著提升，森林火灾受害率稳定控制在0.9‰以下。全面提升林业草原有害生物监测预警、检疫执法、综合防控能力，林业有害生物成灾率控制在8‰以下，草原有害生物防治效果达到85%以上。全面打好松材线虫病疫情防控攻坚战。完成有害生物灾害综合治理168.66万公顷次。建设辽宁省智慧林草管理平台，提升林草智慧化、现代化管理水平。

（四）扎实推进林草产业发展

开展特色经济林标准化示范园建设，促进特色经济林产业发展，发展特色经济林产业基地1万公顷。鼓励和支持各类林业经营主体利用林地资源，采取立体综合开发模式，发展林下经济开发项目。重点发展林下参和刺五加等森林中药材基地、刺龙芽等山野菜基地、黑木耳等林地食用菌基地。新发展林下经济开发面积0.67万公顷。重点发展经济林、森林中药材、森林食品等非木质林产品精深加工业，加快推进木质地板、木家具等木材精深加工业发展。积极扶持省级林业龙头企业和国家级林业重点龙头企业发展，培育省级以上龙头企业5家。加强品牌创建，引导和鼓励企业和专业合作社开展"绿色有机地理标志"及森林认证，培育品牌。加快森林康养产业发展，培育省级以上森林康养产业基地5个，完善1~2处森林旅游精品路线。

（五）着力提升林草生态文化

紧紧抓住新型城镇化、乡村振兴战略的发展机遇，全面推进国家森林城市、省级森林城市建设；加强古树名木保护，推进古树名木管理信息化；完善生态网络，推动绿色生态空间共享，改善人居环境；充分利用新媒体，积极展示辽宁林草生态建设成效。

（六）积极深化林草制度改革

全面推行林长制，建立省、市、县、乡、村五级林长体系，进一步压实地方各级党委政府保护发展森林草原资源的主体责任。通过建立林长会议制度、信息公开制度、部门协作制度、督查制度、巡林制度和考核机制，研究解决全省森林草原资源保护发展中的重大问题。持续深化国有林场改革，完善国有林场改革发展的政策支持体系，加强国有森林资源管护，强化国有森林资源经营工作，加大国有林场产业发展力度，大力发展森林旅游、森林康养等新业态，探索开展创建现代国有林场试点工作。不断深化集体林权制度改革，进一步规范林地承包经营，探索完善"三权分置"运行机制，做好林权管理社会化服务，推动新型林业经营主体规范发展。培育提质提效示范新型林业经营主体100

个。完善资源流转制度，创新林业投融资机制，完善林权抵（质）押贷款制度，探索建立林权收储机制。进一步推进草原权属和承包经营制度改革。

（七）加强基础保障能力建设

完善林木种苗、林业草原人才、科技、基础设施、基层能力、信息化体系建设，夯实林草发展基础，全面提升支撑保障能力，为林业草原高质量发展提供坚实基础。

辽宁省"十四五"林草保护发展主要指标

序号	指标名称	2020年	2025年	指标属性
1	森林覆盖率（%）	42	42.5	约束性
2	森林蓄积量（亿立方米）	3.47	3.81	约束性
3	草原综合植被盖度（%）	≥64	64.5	预期性
4	湿地保护率（%）	40.3	40.8	预期性
5	治理沙化土地面积（万公顷）	26.26	10.5	预期性
6	自然保护地面积（万公顷）	205.96	210	预期性
7	国家重点保护野生动物种数保护率（%）	73	75	预期性
8	国家重点保护野生植物种数保护率（%）	66	80	预期性
9	森林火灾受害率（‰）	≤0.9	≤0.9	预期性
10	林业有害生物成灾率（‰）	≤4.5	≤8	预期性
11	草原有害生物防治效果（%）	≥85	≥85	预期性
12	林草产业总产值（亿元）	883.2	900	预期性
13	森林生态系统服务价值（亿元）	5213.5	5800	预期性
14	湿地生态系统服务价值（亿元）	1966.03	2075	预期性
15	草地生态系统服务价值（亿元）	165.72	175	预期性
16	森林生态系统年固碳量（万吨）	1938.5	2080	预期性

第七章

吉林省林业和草原保护发展"十四五"规划概要

一、发展目标

到2025年,全省自然资源保护能力持续加强,自然生态系统稳定性进一步提升。以国家公园为主体的自然保护地体系初步建成,珍稀濒危野生动植物及其栖息地得到更加有效保护。林草经济实现快速增长,森林碳汇能力明显增强,林草治理能力全面提升,保障支撑体系更加健全。

吉林省"十四五"林草保护发展主要指标

序号	指标名称	2020年	2025年	指标属性
1	森林覆盖率(%)	45.04	45.8	约束性
2	森林蓄积量(亿立方米)	10.96	11.02	约束性
3	乔木林单位面积蓄积量(立方米/公顷)	129.99	131.56	预期性
4	草原综合植被盖度(%)	72	72.3	预期性
5	湿地保护率(%)	47	50	预期性
6	国家公园等自然保护地面积占比(%)	16.69	16.75	预期性
7	治理沙化土地面积(万亩)	—	72.5	预期性
8	国家重点保护野生动/植物种数保护率(%)	95/95	≥95/≥95	预期性
9	森林火灾受害率(‰)	≤0.1	≤0.1	预期性
9	草原火灾受害率(‰)	≤0.3	≤0.3	预期性
10	林业有害生物成灾率(‰)	≤2.9	≤2.9	预期性
10	草原有害生物成灾率(%)	≤1.46	≤1.36	预期性

（续表）

序号	指标名称	2020年	2025年	指标属性
11	林草产业总产值（亿元）	859.8	1500	预期性
12	森林和湿地生态系统服务价值（亿元）	11649.5	13000	预期性

二、总体布局

着力构建"三区四屏三廊一网"为主体的林草生态布局和"三大转型区三大支柱产业"为架构的林草产业布局。

（一）"三区四屏三廊一网"为主体的林草生态格局

1. 东中西三大生态主体功能区

（1）东部高功能生态屏障区。包括吉林市全部、通化市全部、白山市全部、延边朝鲜族自治州全部和梅河口市。本区域以生态保育为主，全面恢复长白山地带性森林植被顶级群落，保障东部森林带生态安全，打造全省生态高地。

（2）中部环长生态协同防护区。包括长春市全部、四平市全部及辽源市全部。本区域以生态建设为主，扩大环境容量和生态空间，构建区域协同发展的绿色生态屏障，形成吉林中部共建共享生态新格局。

（3）西部重要生态恢复区。包括白城市全部及松原市全部。本区域以生态恢复为主，补齐生态脆弱短板，恢复林草湿荒生态功能，打造更加和谐、更有活力的西部生态经济区。

2. 四大生态安全屏障

（1）长白山森林生态屏障。包括长白山林区及其向中部平原过渡地带。重点恢复长白山地带性森林植被，促进天然林向顶级群落演替，全面提升森林生态功能。

（2）黑土地保护生态屏障。包括大黑山以西、科尔沁沙地以东、京哈铁路两侧黑土区。重点保护黑土地，完善中西部农田防护林网，实施草原和重要湿地保护修复，保障粮食安全。

（3）科尔沁防风固沙生态屏障。包括向—乌沙带、松花江右岸沙带和嫩江沙地等。重点治理风沙危害和水土流失，因地制宜推动沙化土地治理，整体提高西部生态系统稳定性。

（4）松嫩湿地保护修复生态屏障。包括第二松花江下游、嫩江、洮儿河流域等区域湿地。重点加强重要湿地和生物多样性保护，区域生态环境得到根本改善。

3. **公路、铁路、江河绿色通道**

（1）公路绿色通道。优化形成以"三横五纵"为骨架的综合性防护林带、绿化景观带和生物多样性通道，打造"车在林中行，人在画中游"的生态美景。

（2）铁路绿色通道。加强铁路沿线山体造林绿化和森林质量精准提升，积极实施沿线铁路站点和村庄绿化美化，打造更多的最美铁路。

（3）江河绿色通道。着力构建以"十河"为重点的江河绿色通道，逐步打造岸青水绿、绿随水流的大尺度绿色通道。

4. **自然保护地体系一大网络**

以东北虎豹国家公园为主体，全面构建科学合理的自然保护地体系，形成东有虎豹、中有绿心、西有白鹤的自然保护地大格局。

（二）"三大转型区三大支柱产业"为架构的林草产业格局

1. **三大转型区**

（1）中部农林草湿复合经济创新发展示范区。大力发展绿化苗木花卉、经济林产业，做大做强特色经济动物养殖业，创新发展特色保健食品等新兴产业，使中部地区成为全省林草产业创新、产品创新、模式创新的新高地。

（2）东部重点林区绿色经济高质量发展集中区。打造全国北方木材战略储备基地、道地药材供应基地、绿色菌菜生产基地、木本油料保障基地、长白山天然矿泉水生产基地、红松果材兼用林产业化基地。建设长白山全国旅游避暑、健康养生、运动休闲胜地。

（3）西部草原湿地生态经济统筹发展核心区。促进生态修复治理与林草特色经济发展相结合，打造西部新的经济亮点。

2. **三大支柱产业**

（1）林下经济和特色经济林产业。在全省建设红松果林、特色经济林、绿化苗木、林源药材以及绿色菌菜等林业特色产业基地。

（2）林特资源产品精深加工产业。以龙头企业带动产业基地建设，构建林草产业园，逐步形成以龙头企业为主导的产业集群。

（3）生态旅游康养休闲服务产业。扎实走好"保护生态与发展生态旅游相得益彰"道路，推动中医药康养、避暑休闲、森林康养与旅居养老融合发展。

三、建设任务

（一）建设高质量的修复体系

科学推进国土绿化，完成营造林480.7万亩，新增城乡绿化面积3.85万亩，改善提升城乡绿化面积5.31万亩。加强森林生态修复，完成长白山森林植被恢复824.23万亩，修复改造农田防护林77.58万亩，修复改造其他防护林114.8万亩，实施森林质量精准提升1169.38万亩。加强草原生态修复，完成退化草原修复107万亩，草原综合植被盖度力争达到72.3%。加强湿地生态修复，开展保护与恢复退化湿地15万亩，生态补水6亿立方米。加强沙化土地治理，完成防风固沙任务238.19万亩。

（二）建设高质量的保护体系

强化森林保护，森林覆盖率达45.8%，森林蓄积量达11.02亿立方米，乔木林单位面积蓄积量达到131.56立方米/公顷。强化草原保护，建设草原自然公园2处，草原综合植被盖度达72.3%。草原鼠虫害短期预报准确率达到92%以上，鼠虫害生物防治比例提高到87%。强化湿地保护，认定省级重要湿地20处，申报晋升国家重要湿地6处，完善8处湿地类型自然保护区、15处省级湿地公园基础设施建设。新建省级湿地公园4处，湿地保护率达到50%。强化自然保护地建设，实现国家公园等自然保护地总面积占全省总面积的16.75%。强化野生动植物保护，实现国家重点保护野生动物和植物种数保护率均达到95%以上。

（三）建设高质量的发展体系

巩固扩大国有林场改革成果，充分释放国有林场改革活力，推进现代林场建设，促进欠发达国有林场绿色发展。继续深化新型国有林区管理体制、创新森林资源监管体制、完善资源管护方式和政策体系，深入推动国有林区改革。完善集体林权制度，盘活集体林地资源，拓展林地经营权能，推进集体林权制度改革。保障改善民生，加大现代化基础设施和装备建设，加快林区民生和公共服务建设。合理利用林草资源，大力发展绿色富民产业，筑牢发展新根基，促进林草产业转型发展。打造好吉林的"林海、粮仓、肉库、渔乡"，促进林草保护发展和乡村振兴深度融合。

（四）建设高质量的治理体系

全面建立林长制，制订出台《吉林省全面推行林长制实施方案》和相关配套政策，建设具有吉林特色的省、市、县、乡、村五级林长架构。持续加强林草碳汇能力建设，完善林草碳汇制度建设，探索构建全省林草碳汇评估和交易平台，发挥碳中和林草效能。完善林草治理制度，加强林草法治建设，强化依法管理。展示林草新形象，弘扬林草生态文化，为林草事业聚力。

（五）建设高质量的支撑体系

健全森林草原火灾预防、扑救、保障三大体系，力争实现森林火灾受害率控制在0.1‰以下，草原火灾受害率控制在0.3‰以下。构建网络完善、布局合理、运行高效的监测预警、检疫御灾和防治（应急）减灾三大体系，实现林业有害生物成灾率控制在2.9‰以下，草原有害生物成灾率控制在1.36%以下。加强林草种质资源保护，新建3～5处国家种质资源保存库、2～3处林草种基地，收集保存常见草种240种以上。深入实施创新驱动战略，取得省级以上林草科技成果150项，推广转化林草实用技术成果50个以上。以全面推进林草治理现代化为目标，构建"互联网+智慧林草"新格局，构建以"一张图、两中心、三个网"为核心的吉林林草"生态大脑"。

第八章
黑龙江省林业和草原保护发展"十四五"规划概要

一、建设目标

力争到2025年，生态建设进一步加强，北方生态安全屏障功能进一步提升，生态环境更加优良，建成生态强省；全方位推进林场（所）振兴，巩固生态脱贫成果；转变经济增长方式，林草现代产业体系初步形成；继续深化林草改革，全面推行林长制。森林覆盖率达到47.32%，比"十三五"期末增加0.02%；森林蓄积量达到25.4亿立方米，比"十三五"期末增加3亿立方米；"十四五"期间，草原综合植被盖度稳定在75%以上，可治理沙化土地治理率达到89.8%，湿地保护率达到50%；珍稀候鸟和旗舰物种生境得到有效恢复；以国家公园为主体的自然保护地体系初步建成。

到2035年，全省森林、草原、湿地等自然生态系统状况实现根本好转，生态系统质量明显改善，稳定性明显增强，生态服务功能显著提高，生态安全屏障发挥更大作用，自然生态环境质量总体处于全国领先地位，初步实现现代化生态强省。优质生态产品实现全方位供给，生态公共服务更为完善，生态经济结构更加合理、体系更加完善，规模、质量、效益大幅度提高。林草基本实现治理体系和治理能力现代化，生态环境更加优良，人民生活更加美好，建成全国生态文明示范省，实现美丽龙江建设目标。

二、总体布局

黑龙江省林草所属区域地处东北森林带的核心部位，是"三山两原"的主要承载区，分属五个生态保护修复区，即：大兴安岭东部生态保育区、小兴安岭生态保育区、长白山北部生态保育区、三江平原重要湿地保护恢复区、松嫩平原重要湿地保护恢复区。

结合黑龙江省是我国位置最北、纬度最高的边境省份，处于我国的重要区位，设立边境生态防护带。

（一）大兴安岭东部生态保育区

该区位于黑龙江省西北部。范围包括大兴安岭地区的呼玛县、塔河县、漠河市，黑龙江大兴安岭林业集团所辖加格达奇、松岭、新林、韩家园、十八站、塔河、图强、阿木尔、西林吉、呼中林业局。该区域属生态脆弱区，自然生态系统十分脆弱，稳定性差。该区域林草业建设主要方向是全面保护寒温带天然针叶林和自然湿地；加大过伐林和次生林抚育力度，加强后备资源培育，进一步扭转逆向演替趋势；加快恢复地带性森林群落，促进冻土发育，恢复冻土生态环境。

（二）小兴安岭生态保育区

该区纵贯黑龙江省中北部。范围包括佳木斯市汤原县；鹤岗市市区及萝北县；黑河市北安市、五大连池市、爱辉区、嫩江市、孙吴县、逊克县；绥化市绥棱县（含林管局）、海伦市（含林管局）、庆安县（含林管局）；伊春市大箐山县、丰林县、金林区、南岔县、汤旺县、嘉荫县、铁力市、乌翠区、伊美区、友好区；伊春森工集团红星、带岭、桃山、新青、汤旺河、上甘岭、铁力、五营、金山屯、翠峦、友好、朗乡、双丰、美溪、乌马河、南岔、乌伊岭林业局；龙江森工集团绥棱、通北、沾河、鹤北、鹤立林业局。该区域林草业建设主要方向是严格保护中温带天然针阔混交林，全面加强中幼龄林抚育，着力培育后备资源，显著提高森林质量，加快恢复以红松为主的地带性针阔混交林。

（三）长白山北部生态保育区

该区位于我国东北部边境，与朝鲜、俄罗斯接壤。范围包括牡丹江市宁安市、穆棱市、东宁市、海林市、林口县等；龙江森工集团大海林、柴河、东京城、穆棱、绥阳、海林、林口、八面通、山河屯、苇河、亚布力、方正林业局。该区域属生态亚脆弱区。该区域林草业建设主要方向是严格保护中温带天然针阔混交林，推进次生阔叶林修复提质，全面恢复地带性红松阔叶混交林，加强东北虎豹等旗舰物种栖息地保护恢复，连通物种迁徙生态廊道，保护生物多样性。

（四）三江平原重要湿地保护恢复区

该区位于黑龙江东部边疆，为受黑龙江、乌苏里江和松花江及挠力河作用形成的低平原，北以黑龙江为界，东为乌苏里江国界，南与俄罗斯兴凯湖国家自然保护区相接。范围包括哈尔滨市依兰县；佳木斯市市区、汤原县、桦南县、桦川县、抚远市、富锦市、同江市；鸡西市市区、鸡东县、密山市、虎林市；鹤岗市萝北县、绥滨县；双鸭山市市区、集贤县、宝清县、饶河县、友谊县；七台河市市区、勃利县等；龙江森工集团桦南、双鸭山、东方红、迎春林业局。该区域属生态亚脆弱区。该区域林草业建设主要方向是对集中连片、破碎化严重、功能退化的自然湿地实施保护修复，恢复苔草沼泽湿地植被和珍稀水禽重要栖息地；以平原范围内各主要流域等为重点区域，开展退耕还湿、退化湿地修复、流域综合治理，恢复和改善区域湿地生态环境。

（五）松嫩平原重要湿地保护恢复区

该区位于大小兴安岭与长白山脉及松辽分水岭之间的松辽盆地中部区域。范围包括哈尔滨市道里区、松北区、道外区、阿城区、呼兰区、双城区、五常市、宾县、巴彦县、木兰县、通河县、延寿县、方正县、尚志市；齐齐哈尔市市区、昂昂溪区、铁锋区、龙江县、甘南县、泰来县、讷河市、依安县、富裕县、克山县、克东县、拜泉县；大庆市市区、肇源县、肇州县、林甸县、杜尔伯特蒙古族自治县；绥化市北林区、安达市、肇东市、望奎县、兰西县、青冈县、明水县；黑河市五大连池市（含景区）、北安市、嫩江市等；龙江森工集团兴隆、清河林业局。该区域属生态亚稳定区。该区域林草业建设主要方向是实施退耕还湿、退养还滩、地形改造、水系连通、湿地植被重建等措施，恢复重要自然湿地功能。

（六）边境生态防护带

该带位于我国东北部及东部边境，与俄罗斯、朝鲜接壤。范围包括牡丹江市东宁市、绥芬河市、穆棱市；佳木斯市同江市、抚远市；鸡西市鸡东县、虎林市、密山市；鹤岗市萝北县、绥滨县；双鸭山市饶河县；伊春市嘉荫县；黑河市爱辉区、孙吴县、逊克县；大兴安岭地区漠河县、塔河县、呼玛县等。该区域林草业建设主要方向是封禁性保护、退化林带修复、湿地保护和恢复等生物措施与护堤护岸水利工程措施相结合。

三、建设任务

（一）科学规划国土绿化

加强森林保育和质量精准提升，对全省1817万公顷天然林实施全面保护，规划森林抚育150万公顷；科学实施造林绿化；加快城市乡村美化绿化，建成省级村庄绿化示范村200个，全省村庄绿化覆盖率达到18%以上；合理优化防护林体系；强化沙化土地治理。规划共完成三北防护林工程建设任务8.87万公顷，人工造林5.35万公顷，退化林修复3.52万公顷。

（二）推进自然保护地体系建设

加大国家公园建设力度，协助推进东北虎豹国家公园进一步实施建设；提升自然保护区保护水平，全面提升自然保护区保护管理能力，确保重要生态系统等主要保护对象安全；增强自然公园生态服务能力，强化自然教育与生态体验。

（三）加大草原保护修复力度

加大草原保护力度，实施草原生态监测工程；科学修复退化草原；实施草畜平衡制度，使草原得到休养生息，逐步恢复生态功能。到2025年，治理草原面积6.67万公顷。

（四）稳步推进湿地保护修复

加大湿地保护力度，提升湿地生态环境；修复退化湿地生态功能，实施湿地生态补水；完善湿地生态监测体系；进行湿地生态效益补偿。

（五）加强野生动植物保护

全面保护珍稀濒危野生动植物。提高野生动植物资源监测与救护水平，全面开展珍稀濒危野生植物保护和种质资源保存，加强珍稀濒危野生动物野外放（回）归、生态廊道建设、栖息地恢复；保护生物多样性。持续加大对野生动物资源的保护力度，加强外来物种管控。启动2条国际生态廊道、2条国内廊道连通工程建设。

（六）发展林草现代化产业

构建生态优势产业新格局；推动林草区域产业协同发展；培育林草高端产

业链；提高中俄林业经济合作水平；巩固生态脱贫成果同乡村振兴有效衔接。国家储备林建设总规模6.67万公顷。食用菌产业形成100亿袋生产规模。对野生山野菜实行保护性采集，加快建设刺嫩芽种苗和改培基地6个。大力发展浆果产业，30余家龙头企业实施品牌战略。重点打造大庆1.33万公顷板蓝根、汤旺河0.67万公顷关苍术、肇源0.33万公顷芡实等大型中药材种植产业基地。全省苗木产业形成年产苗3亿株的生产能力。新增生猪年出栏量700万头、肉牛年出栏量20万头、肉羊年出栏量50万头、家禽年出栏量3000万只等。

（七）强化林草资源监管

全面推行林长制，进一步压实地方各级党委和政府保护发展林草资源的主体责任；创新林草资源监管体制，严格执行森林、草原、湿地、各类保护地资源保护政策；提高生态综合监测评价能力，为林草治理体系和治理能力现代化提供更加科学精准翔实的决策依据。

（八）提高林草灾害防控现代化水平

提高森林草原火灾防控能力。健全预防体系，加强早期火情处理，提升保障能力；加强林草有害生物防治，力争到2025年林业有害生物成灾率下降到2.7‰以下，草原鼠害防治比例达到90%、虫害防治比例达到80%。

（九）全面深化林草改革

巩固扩大国有林区改革成效，推进森工企业机制创新；继续深化国有林场改革，推进国有林场高质量发展；统筹推进集体林权制度改革，促进集体林地经营权合理流转和生产要素有效配置；大力推动草原管理改革，稳步推进草原生态系统保护与修复工作。

（十）加强支撑体系建设

建立生态产品价值实现机制；强化林草科技创新；完善政策支撑体系；建设生态网络感知系统；强化林草种质资源保护与良种繁育；加强人才队伍建设。进行全省林草种质资源普查，对全省144个普查单位的区域开展林草种质资源普查。新建国家级和省级林木种质资源库6处，省级草种质资源库1处。在哈尔滨、牡丹江建设林草种子储备库1~3处。建设40处保障性苗圃。

黑龙江省"十四五"林草保护发展主要指标

序号	指标名称	2020年	2025年	指标属性
	生态安全			
1	森林覆盖率（%）	47.3	47.32	约束性
2	森林蓄积量（亿立方米）	22.4	25.4	约束性
3	草原综合植被盖度（%）	76.9	≥75	预期性
4	天然林保有量（万公顷）	1817	1817	预期性
5	湿地保护率（%）	48.90	50	预期性
6	可治理沙化土地治理率（%）	85.7	89.8	预期性
	生态宜居			
7	国家森林城市（个）	1	3	预期性
8	村庄绿化覆盖率（%）	17.7	18	预期性
9	国家森林康养基地（个）	5	8	预期性
10	国家森林步道里程（千米）	1464	3064	预期性
	生态产业			
11	林草产业年总产值（亿元）	2000	2433	预期性
12	国家储备林面积（万公顷）	7.08	13.75	预期性
13	经济林面积（万公顷）	1.33	4	预期性
	支撑保障			
14	林草科技贡献率（%）	38	40	预期性
15	林木良种使用率（%）	65	75	预期性
16	林业有害生物成灾率（‰）	<2.7	<2.7	预期性

第九章
上海市林业保护发展"十四五"规划概要

一、规划目标

以建设"韧性生态之城"为目标，以"确保增量、控制减量、提升质量、科学计量、增加力量"为抓手，坚持林地、湿地与自然保护地协作共建和融合，形成复合型近自然经营管理新模式，全面提升上海特色生态空间结构体系、自然保护地体系的生态质量和功能，"森林城市"和"湿地城市"生态空间基础初步形成，多层次、成网络、功能复合的生态体系发挥整体效益。加快林业、野生动植物管理法治建设，全面推行林长制，初步形成上海特色的林业管理和服务体系，基本实现林业治理体系和治理能力现代化。

净增森林面积24万亩以上、森林覆盖率达到19.5%以上；农田林网控制率达到95%以上；森林生态服务功能年价值量在180亿元以上。创建国家森林城市1～2个，完成森林乡村评价认定100个以上；完成森林抚育15万亩以上，单位面积森林蓄积量达75立方米/公顷以上；建成百亩以上开放休闲林地50个以上，推进市级森林公园5个以上。湿地总量保持稳定，湿地保护率维持在50%以上；新建6个野生动物栖息地，城市生物多样性指数（鸟类）达到0.6以上。

二、总体布局

根据上海自然地理条件、森林资源、湿地资源、社会经济等因素，按照《上海市城市总体规划（2017—2035）》《上海市生态空间专项规划（2021—2035）》，以"双环、九廊、十区"为生态空间基本结构，构建"多层次、成网络、功能复合"的市域生态格局以及"江海交汇、水绿交融、文韵相承"的长三角一体化生态网络。

结合国家森林城市创建、市级森林公园建设和森林乡村评定，围绕城市风廊，以及沿海沿江、杭州湾、黄浦江两岸和西部环沪地区防护林带体系构建，重点实施大型生态核心林、开放休闲林地建设。以创建国际湿地城市为目标，围绕长江口国家公园规划建设以及现状自然保护区的功能升级，重点建设市级湿地公园和野生动植物栖息地，形成自然保护地体系。

三、主要任务

（一）拓展林业生态建设空间

1. 推进重点地区大型生态核心林建设

在东部沿海地区、南部杭州湾地区、西部环沪地区，以及北部崇明岛等重点地区，集中连片推进大型生态核心林建设；其中营造整块型、单个规模在2500亩以上的大型核心林10个；通过填充式营造几百亩乃至千亩以上不等的大型核心林40个。推进五个新城环城森林带的建设。同时，积极采用近自然森林的群落配置和造林模式，精准提升生态廊道野生动物栖息地及移动通道的主导功能，推进林地与湿地协调共建，逐步构建上海地标性生物群落，形成显著生态优势与示范效应。

2. 维持湿地总量稳定

加强自然生态保护，保护长江河口自然生态系统的完整性，维护青西淀山湖区湿地生态本底，协调平衡南汇新城发展与南汇东滩湿地保护关系，提升杭州湾北岸边滩湿地生态品质，恢复"一江一河"河流湿地空间。推动重点区域编制湿地保护修复专项规划，衔接国土"三调"，压实湿地保护主体责任。结合双环、九廊、十片等重点生态空间，因地制宜开展湿地恢复修复，通过退化湿地、小微湿地修复和滨海湿地生物促淤等手段扩大湿地面积。着力构建责任明晰、保障有力的湿地总量管控制度体系，确保湿地总量不减少。

3. 着力强化自然保护地体系建设

编制自然保护地发展规划，完成自然保护地整合优化和勘界定标。合并崇明东滩和中华鲟2个保护区，整合优化佘山森林公园和西沙湿地公园，新建1处自然保护地，逐步构建以国家公园为主体、自然保护区为基础、各类自然公园为补充的自然保护地分类系统。完成黄（渤）海候鸟栖息地（第二期）世界自然遗产申报。创新保护形式，提升湿地保护率。

4. 推进乡村振兴示范村绿化美化建设

以乡村振兴示范村为重点，依托一般农用地实施景观林，道路、河道与农田等防护林，以及房前屋后绿化建设；建立由开放休闲林地、农田林网、"四旁林"和庭院绿化等共同构成的"森林乡村"模式，构建点上造林成景、线上绿化成荫、面上连片成网的林地体系。

5. 推进"四化"种质资源与苗木基地建设

引进、繁育和推广以乡土植物为主体的"四化"森林林木树种和种质资源20个；建成规模化、专业化、标准化的"四化"森林保障性苗圃5个，完善国家级林木良种基地1个，保障造林绿化和经济果林种苗的有效供给。

（二）推进林业生态产品提质

1. 聚焦公益林抚育

结合长三角绿色生态示范区、杭州湾地区、黄浦江水源涵养林和崇明世界级生态岛等重点发展区域，选择人口较为聚集（18万以上）的街镇周边，利用现有百亩、千亩以上大型公益林，按照休憩型森林经营目标，实施精准化质量提升抚育经营措施。遵循近自然森林经营理念，调整和补植以乡土植物为主体的"四化"树种，构建异龄—复层常绿落叶近自然混交林，培育建成"四化"示范森林10万亩，形成上海地标性森林生态斑块，精准提升其作为区域生物多样性信息源地的生态服务品质。

2. 提高湿地生态质量

推进崇明北沿、九段沙、南汇东滩等重大湿地生态修复项目方案研究，协同推动蓝色珠链建设，探索构建长三角一体化湿地保护修复示范区。积极推进崇明北湖（东）林水复合生态修复、临港南汇嘴生态园等建设。依托杨浦滨江、共青森林公园边滩、梦清园等黄浦江、苏州河沿岸适宜节点，探索开展城市湿地系统修复。推进以湿地为生态底色，有湿地生态功能的公园绿地建设，建设立体化、多层次、高品质的湿地保护小区。组织实施湿地或野生动物重要栖息地修复项目。

(三) 建立林业监督管理机制

1. 强化森林资源管理

积极推进林长制，开展公益林区划落界，明确并压实各级党委、政府和管理部门保护与发展森林资源的责任，实行党政领导干部森林资源资产离任审计，加强资源减量的监督管理和执法，守护好存量资源。推进公益林市场化养护，落实公益林和经济果林生态补偿政策，确保公益林管护和基础设施建设所需资金。

2. 加强自然保护地管理

编制全市自然保护地规划和各自然保护地总体规划，强化国家级自然保护区和自然公园设施设备建设和管理能力提升。建立野生动植物和自然保护地研究中心，强化野生动物资源监测和科学研究。通过优先选择本土植物，营造适宜生境，丰富生物多样性，加强生物多样性保护宣传与监测，维护生态安全和公共卫生安全。

3. 严格规范野生动物繁育与利用

制定本市野生动物人工繁育管理办法、地方重点保护野生动物名录、市级重要栖息地保护名录、陆生野生动物收容救护管理办法、陆生野生动物疫源疫病应急预案等配套管理制度。从严规范本市科研、医药、公众展示展演等野生动物人工繁育和利用活动，严禁野生动物食用行为及以食用为目的的人工繁育活动，限制以商业利用为目的的野生动物人工繁育活动。进一步加强野生动物收容救护制度建设，研究设立野生动物收容救护专门场所，规范野生动物收容行为，提升收容救护能力。

4. 制定湿地生态修复和野生动物栖息地恢复技术标准

根据监测数据，确定上海野生动物和生态系统优先保护对象，研究野生动物重引入项目的适宜物种、适宜栖息地。结合栖息地项目评估结果，对工程中生境改造、引入种群管理、日常巡护监测等方面加以规范，编制相关建设、维护和管理标准导则。

(四) 增强林业灾害防控能力

1. 完善林业有害生物预警防控体系

健全林业有害生物监测网络体系，建成110个三级测报点，全市测报覆盖率达90%以上。加强林业有害生物传播扩散源头管理，加大检疫执法力度。完善突发林业有害生物灾害的应急预案，形成重大外来林业有害生物快速反应机制。开展省际、区域、部门间的联防联治联检工作。

2. 完善森林防火监测预防体系

建设智能监测网络，新增火情监测点80个；在佘山、海湾和东平3个国家级森林公园新建智能监控室3个；在重点公益林和乡镇，建立微型消防站50个，并完善林火阻隔系统等森林防火基础设施；切实加强森林防火队伍建设，提高预防和早期火灾处置能力。

3. 完善疫源疫病监测体系

压实重大动物疫情应急管理职责，加强重大野生动物疫情应急预案体系建设。研究组建全市野生动物疫源疫病应急处置队伍，组织各成员部门做好野生动物疫源疫病监测管理工作，完善应急管理体系。健全监测考核评估制度，实行分级分类管理，建立监测站工作奖惩机制。进一步优化监测站布局。扩大野生动物疫源疫病主动预警防控范围，扩展主动采样的区域、时间和物种范围。拓展现有野生动物疫源疫病数据库，完善预警模式、提升检测方法，有效提升新发突发野生动物疫源疫病主动预警和溯源跟踪能力。

（五）优化林业资源监测体系

1. 完善上海市森林资源"一体化"监测体系

运用国土三调成果，以及现有生态资源分布状况、管理因子等基础数据，将造林项目与资源管理有机结合，实现森林资源数据"一张图"向管理"一张图"转变。建立上海市森林资源智慧监测和森林感知平台，实现林业资源全过程动态数据同步，完善林业碳汇计量监测体系、森林生态服务功能监测体系。加强动态监测数据的评估分析和成果应用。

2. 建立自然保护地"天地空一体化"监测评价网络

在全市自然保护地和重要湿地区域范围内，建设10个生态定位监测点，建立监测标准体系，开展鸟类、两栖类、爬行类以及兽类等野生动物资源和生物多样性调查监测，完善本底数据，定期发布监测评估分析报告。

（六）促进林业绿色产业发展

1. 提升经济果林能级

扩大规模化、标准化经济果林生产，提高造林中经济林的应用比例，丰富林业"四化"内涵；提高新建果园建园标准，积极推进机械化、信息化、人工智能技术的集成应用，建成一批规模化、标准化高质量示范园，推进安全优质信得过果园建设；加大老果园更新改造力度，稳定果园面积，促进农民增收。

2. 推进林地复合经营

运用龙头企业（合作社）加农户的产业模式，建成一批技术成熟、市场前景好的林下种植生产基地，大力推进集生产、销售、休闲服务于一体的林下复合经营。充分利用林地空间发展绿色经济，促进农民增收。进一步提高林地养护质量，实现经济效益、社会效益、生态效益的良性循环。

（七）提升生态空间服务价值

1. 开展国际湿地城市创建

积极参与长三角生态绿色一体化发展战略，整合跨省市、跨地区的湿地保护力量，探索构建"长三角湿地保护一体化示范区"，推动蓝色珠链湿地修复工程。探索国际湿地城市发展模式与建设标准，以产城融合、湿地入城为目标，鼓励和指导崇明、青浦申报创建国际湿地城市。

2. 开展国家森林城市建设

启动崇明区森林城市创建工作，崇明区率先建成国家森林城市；其他各区对照指标，有条件达标的区可先行创建达标，逐步推进。

3. 开展国家森林乡村评价认定

根据国家森林乡村评价认定办法，明确评价认定具体程序，组织各区进行综合评价，推荐符合条件的行政村作为国家森林乡村候选村。

4. 开展开放休闲林地建设

以现有林地为基础，以林相改造为重点，完善服务设施配套，建成50个适度规模、布局合理、特色明显的开放休闲林地，形成森林公园雏形；同时，结合美丽乡村建设，改建小微开放休闲林地200个。

（八）夯实林业服务队伍基础

1. 完善执法能力培训和监督考核制度

进一步明确镇（乡、街道）林业工作的职责、人员配备与机构设置，组织镇（乡、街道）林业工作人员参加林业专业知识、业务技能和新《森林法》等法律法规培训，提升基层林业工作人员能力和水平。强化各级林业站资源保护管理职能，形成统一指挥、统一监督、全面高效的林业执法监管体系。推进执法询问场所、涉案物品保存场所、监控指挥中心建设，不断加大执法装备投入力度，提升执法智能化监管水平。对标现代化、标准化、专业化、信息化要求，配置服务基础设施设备。

2. 稳步推进重点区域监控网络建设

以野生动物栖息地和自然保护地等为对象，推进"巡护机制、查处机制、督查（办）机制、考核机制、部门协作机制""行政执法三项制度"和相关配套制度建设，提升依法处置涉林违法案件水平，建立全区域覆盖、全过程监督、全链条打击的野生动物保护监管模式。

上海市"十四五"生态空间建设和市容环境优化主要指标

类别	序号	指标名称	2020年情况	2025年目标	指标属性
建设指标	1	森林覆盖率（%）	18.49	>19.5	约束性
	2	单位面积森林蓄积量（立方米/公顷）	65	>9.5	约束性
	3	人均公园绿地面积（平方米）	8.5	>1000（>500）	约束性
	4	公园数量（座）	406	100	约束性
	5	绿道新建量（其中骨干绿道）（公里）	1000	>45	约束性
	6	生活垃圾无害化处理率（%）	100	>45	约束性
	7	生活垃圾回收利用率（%）	38	>50	约束性
	8	"美丽街区"覆盖率（%）	20	>45	预期性
管理指标	9	湿地保护率（%）	维持50	>50	预期性
	10	城市生物多样性指数（鸟类）	0.57	>0.6	预期性
	11	道路机械化清扫率（%）	92	100	约束性

第十章
江苏省林业保护发展"十四五"规划概要

一、规划目标

生态环境治理体系和治理能力现代化取得重要突破，绿色发展活力持续增强，生态安全屏障更加牢固，生态环境质量明显改善，生态产品供给稳步提高，绿美江苏建设的空间布局基本形成，建设初见成效。

（一）生态资源，突出"精"

全省林木覆盖率达到24.1%。全省完成造林绿化6.67万公顷，新建绿美村庄1600个，森林抚育13.33万公顷，乔木林单位面积蓄积量达56立方米/公顷。

（二）生态保护，突出"严"

自然保护地占省陆域面积8%，自然湿地保护率提高到60%；主要有害生物成灾率控制在1.8‰以下，无公害防治率达到88%；森林火灾受害率控制在0.3‰以内，确保不发生重大森林火灾及人员群死群伤事故。

（三）生态文化，突出"彩"

全面推进绿色家园建设，推进森林城市、湿地城市建设；提升中国黄（渤）海候鸟栖息地自然遗产保护水平与知名度；加强古树名木保护，挂牌保护率达到98%。

（四）生态产业，突出"强"

林业年产值稳定在5100亿元以上，林业一、二、三产结构进一步优化；林业科技进步贡献率达到63%；产业进一步融合，林下经济和木本油料产业稳步发展。

二、总体布局

依据《江苏省国土空间规划（2020—2035）》，在全省"十三五"林业发展的基础上，结合江苏林业发展的特点和现实需求，重点构建"四廊、四片、四网、四地"的林业发展空间布局。

"四廊"：以长江生态景观廊道、淮河生态防护廊道、滨海生态防护廊道、大运河生态景观廊道为主的森林生态景观保护与修复建设。

"四片"：以环太湖、宁镇扬、徐州、连云港为主的丘陵岗地生态公益林建设和生物多样性保护。

"四网"：以农田林网、水系林网、公路林网、铁路林网为主的高标准林网建设。

"四地"：以林地、绿地、湿地、自然保护地为主的同建同保。

三、重点建设工程

重点实施林业资源保护、生态屏障建设、质量精准提升、绿色家园构建、林业产业发展和林业基础支撑六大林业工程。

（一）林业资源保护工程

1. 森林资源保护

全面推行林长制，强化对林木覆盖率、乔木林单位面积蓄积量、省级以上重点公益林面积等指标的考核。坚持和完善林地分类分级管理制度，实行林地用途管制和定额管理，严格林木采伐限额管理，健全林地保护利用规划体系，严格限制重点区域的林地转为建设用地，确保林地不减少。

2. 湿地保护修复

加强湿地资源全面保护，保持湿地资源总量稳定，提升自然湿地保护质量。建立较为完善的湿地保护和科研监测体系，自然湿地保护率提高到60%。

3. 自然保护地保护管理

完成全省自然保护地整合优化，完善自然保护地政策法规、建设管理、监督考核制度，理顺管理体制，提升自然生态空间承载力，逐步建成科学有序的自然保护地体系，全面提升自然保护地建设管理水平，自然保护地占陆域面积的8%。

4. 野生动植物保护

加强野生动植物资源保护，推进极小种群野生植物保护，开展珍稀濒危野生动植物种群动态监测。加强野生动植物自然栖息地和珍稀濒危种群保护与恢复。建设野生动物疫源疫病监测体系和救护体系。

5. 林业有害生物防控

主要有害生物成灾率控制在1.8‰以下，无公害防治率达88%，测报准确率达90%以上；松材线虫病疫情保持持续下降态势，美国白蛾疫情扩散趋势得到遏制，杨树舟蛾类食叶害虫大面积为害可控。

6. 森林火灾防控

强化森林火灾防控、处置、保障3个体系建设，确保全省无重大森林火灾及人员群死群伤事故发生，森林火灾受害率控制在0.3‰以下。

（二）生态屏障建设工程

1. 长江生态保护与修复

围绕到2025年基本建成岸绿景美生态带的总体要求，认真实施省政府办公厅印发的《长江（江苏段）两岸造林绿化工程总体规划》，在前期大规模增绿、抢救性复绿的基础上，继续深挖潜力，因地制宜见缝插绿，提档升级。

2. 海岸带生态保护与修复

加强沿海基干林带和纵深防护林体系建设，逐步开展碳汇林建设工作，重点将海岸线打造成一条串联海岸基干林带、国有林场、新建林场、森林自然公园、自然保护区和镇村绿化等沿海生态安全屏障。

3. 淮河生态廊道生态修复与保护

大力推进淮河生态经济带江苏段生态建设，加强淮河流域沿线新造林和现有林带更新改造等建设投入，完善淮河重点流域防护林体系建设，提升水源涵养林建设水平。

4. 运河风光带生态系统保护与修复

推进大运河生态环境保护修复，通过新造林、退化林改造等手段完善京杭大运河流域防护林体系建设，实现能绿尽绿、宜栽尽栽，使流域内河道林带连网成片。

5. 重要湖泊湿地景观修复

加强太湖、洪泽湖、高邮湖、骆马湖等重点湖河流域防护林建设，提升湖渠荡水源涵养林和景观防护林建设水平，共筑绿色生态屏障。

（三）质量精准提升工程

1. 森林珍贵化彩色化工程

以"绿水青山就是金山银山"理念为指引，以绿色化与珍贵化、彩色化、效益化相统一为目标，以发展材质优良、效益显著、前景广阔的珍贵彩色乡土树种资源为重点，以科技创新为支撑，深挖造林潜力，强化工程推动，加快产业发展，实现"蓄宝于林，藏富于民"。

2. 森林抚育及退化林低效林修复改造

重点加强丘陵山区次生林、绿色通道和淮北杨树速生丰产中幼龄林抚育，全面提高单位面积蓄积量和综合效益，实现全省森林由面积扩张向量质并重转变，规划实施森林抚育13.33万公顷。

（四）绿色家园构建工程

1. 森林城市建设

到2025年，力争全省85%以上设区市建成国家森林城市，基本形成符合省情、类型丰富、特色鲜明的森林城市发展格局，城乡生态面貌明显改善，人居环境质量明显提高，居民生态意识明显提升，全民共享森林城市建设的生态福祉。

2. 村庄绿化

继续深入开展"千村示范、万村行动"绿美村庄建设活动，提升村庄绿化水平，缩小城乡绿化差距。苏南、苏中地区着力增加村庄整体绿量、强化林网建设，苏北地区着力调优树种结构、提升四季绿化景观。

（五）林业产业发展工程

1. 木竹精深加工产业

"十四五"期末，人造板年产量稳定在5500万立方米，木竹地板年产量稳定在3.2亿平方米。

2. 种苗产业

全面提升林木种苗科技创新、市场竞争、供种保障、示范带动和市场监管能力，实现由林木种苗大省向种苗强省的跨越。

3. 林下经济产业

大力推动林木种苗和林下经济千亿级特色产业工程建设，推进林下经济产业基地扩面、提质、增效。创建省级以上示范基地,力争全省发展林下经济面积达到53.33万公顷。

4. 生态旅游产业

推动各类自然保护地积极开展科普活动,大力发展生态旅游,引导人民崇尚自然、回归自然、享受自然。实现青山常秀、绿水常清、景观常变、空气常新,促进生态旅游地与周边环境、农村产业、乡村建设统筹发展。

(六)林业基础支撑工程

1. 科技创新支撑

围绕生态建设和产业发展需求,以"新品种、新技术、新标准、新模式、新产业"为重点,选育林草优良品种100个以上,突破一批制约林业发展的关键技术,建立10处省级以上林业科技示范基地。

2. 智慧林业平台

通过制定统一的技术标准及管理服务规范,形成数字化、互动化、一体化、智能化的运行模式;促进林业资源管理、生态系统构建、绿色产业发展等协同推进,实现生态、经济、社会综合效益最大化。

江苏省"十四五"林业保护发展主要指标

序号	指标名称	2020年	2025年	指标属性
1	林木覆盖率(%)	24.0	24.1	约束性
2	乔木林单位面积蓄积量(立方米/公顷)	55.0	56.0	约束性
3	自然湿地保护率(%)	58.9	60.0	约束性
4	自然保护地面积占省陆域面积比例(%)	—	8.0	约束性
5	林业有害生物成灾控制率(‰)	2.0	1.8以下	约束性
6	森林火灾受害控制率(‰)	0.3	0.3以下	约束性
7	古树名木挂牌保护率(%)	95.0	98.0	预期性
8	林业总产值(亿元)	5000	5100	预期性
9	林业科技进步贡献率(%)	60.0	63.0	预期性

第十一章
浙江省林业保护发展"十四五"规划概要

一、发展战略

浙江省林业"十四五"发展战略为"1235",即:

明确"一个目标":指建设高质量森林浙江,打造林业现代化重要窗口。

激发"双重动力":指深化林业综合改革、坚持强化创新驱动。

坚持"三大定位":指打造全国林业现代化先行区、打造全国林业践行"绿水青山就是金山银山"理念示范区、打造全国林业高质量发展标杆区。

实施"五高建设":高标准实施资源保护、高水平推进生态修复、高效益发展富民产业、高品位弘扬森林文化、高效能提升智治能力。

二、建设目标

到2025年,全省国土绿化美化水平不断提高,自然资源保护持续加强,自然保护地体系基本建成,林业富民能力显著增强,生态文化建设达到新高度,林业基础设施更加完备,森林碳汇能力明显提升,林长制全面实施,高质量建成森林浙江。全省森林覆盖率达到61.50%,林地保有量稳定在1亿亩以上,森林蓄积量达到4.45亿立方米,省级以上公益林面积稳定在4500万亩以上,天然乔木林面积保有量达到4400万亩以上,森林植被碳储量达到3.4亿吨,湿地保有量达1665万亩,湿地保护率达到52%以上,自然保护地面积占全省陆域面积9.8%以上、海域占比达到9.0%以上,森林火灾受害控制率稳定在0.8‰以下。

"十四五"各地林业草原保护发展规划概要

浙江省"十四五"林业保护发展主要指标

序号	指标	2020年	2025年	指标属性
1	森林覆盖率（%）	61.17*	61.50	约束性
2	森林蓄积量（亿立方米）	3.78*	4.45	约束性
3	乔木林单位面积蓄积量（立方米/公顷）	87.14*	100.0	约束性
4	天然乔木林面积（万亩）	4400	4400以上	约束性
5	公益林面积（万亩）	4500	4500以上	约束性
6	湿地保有量/湿地保护率（万亩/%）	1665/52	1665/52以上	约束性
7	自然保护地面积陆域/海域占比（%）	9.6/8.7	9.8/9.0	约束性
8	年林业行业总产值（亿元）	6100*	10000	预期性
9	森林植被碳储量（亿吨）	2.9*	3.4	预期性
10	森林康养和生态旅游人次（亿次）	3.9*	5.0	预期性

注：标*的指标为2020年预期值。湿地保有量/湿地保护率指标遵循现行的湿地标准，如果国家对湿地标准进行调整，则规划指标进行相应调整。

三、空间布局

构建"一地两屏三区多群"的全省林业发展空间布局。

"一地"：浙西南生态高地。指由丽水、衢州东部和温州西部组成的区域，主要发展方向是加强资源保护保育。

"两屏"：钱塘江山水生态屏是指由杭州、衢州西部和湖州西部组成的区域，主要发展方向是提升森林涵养水源功能；浙东沿海生态屏是指以舟山地区及宁波、台州和温州的沿海地区组成的区域，主要发展方向是加强沿海森林和湿地保护修复。

"三区"：环杭州湾平原林业发展区指以湖州和嘉兴地区以及杭州、绍兴、宁波北部等组成的区域，主要发展方向是提升城乡绿化水平；加强湿地保护修复；金衢盆地林业发展区指以金华、衢州的盆地和周边丘陵地区等组成的区域，主要发展方向是提升林业产业发展水平；浙中东丘陵林业发展区指以金华东部、绍兴、台州等组成的区域，主要发展方向是建设名山公园。

"多群"：指围绕产业优势区域，打造木本粮油产业集群、竹木加工产业集群、林下中药材产业集群、花卉苗木产业集群和森林康养产业集群等。

四、建设任务

（一）高标准实施资源保护

1. 构建高效的林地和森林资源保护体系

全面推行林长制，加强森林资源保护，提高林地保护利用效率，强化公益林建设和天然林保护，确保全省森林覆盖率达到61.50%、森林蓄积量达到4.45亿立方米。

2. 维护湿地生态系统稳定和安全

完善湿地资源保护体系，强化湿地资源监督管理，加强红树林保护修复。

3. 推进自然保护地体系建设

推进自然保护地整合优化和勘界立标。加快推进钱江源—百山祖国家公园创建，强化自然保护区建设和自然公园建设，加强风景名胜区监督管理，推动名山公园发展。

4. 加强野生动植物资源保护

实施珍稀濒危野生动植物抢救性保护，加强珍稀濒危野生动植物人工繁育技术研究，加强设区市野生动物收容救护中心建设，加强野生动植物资源调查监测。

（二）高水平推进生态修复

1. 精准提升森林质量

加强战略储备林建设，推进森林抚育。建设美丽生态廊道，构建山水林田湖海一体化的生态廊道网络体系。推进健康森林建设。

2. 实施全域绿化美化

持续推进新增百万亩国土绿化行动，积极参与国家长三角森林城市群建设，加快推进金义都市区森林城市群建设试点，加快嘉善长三角生态绿色一体化发展示范区建设。加强乡村绿化美化。

3. 推进湿地生态建设

加强重要湿地修复，推进杭州、温州等地区创建国际湿地城市，启动小微湿地建设。

（三）高效益发展富民产业

1. 推进主导产业转型升级

强化木本粮油供给保障，加快森林康养产业发展，持续推广"一亩山万元钱"林下经济模式。加快竹木产业转型发展，推进竹产业三产融合发展。优化花卉苗木产业发展。

2. 完善林业产业现代化体系

壮大林业龙头企业，鼓励和引导工商资本发展林业产业。加强林业特色品牌培育，打造现代林业产业营销平台。打造法治化营商环境，建立重点林产品市场监测预警体系。

3. 加强现代林业经济示范

加快林业数字经济发展，促进新一代信息技术与林业一、二、三产全面深度融合应用。加强现代林业经济示范园区建设，探索林业小微园区建设模式。

（四）高品位弘扬森林文化

1. 加大森林文化宣传力度

推进森林文化传承发展，开展具有浙江特色的森林文化资源体系研究。加大森林文化宣传力度，加快推动媒体深度融合发展。开展全民义务植树活动，开展"互联网+全民义务植树"基地创建。

2. 提升人文林业服务水平

推进生态文化基地建设，深化"全国生态文化村"创建活动。加强古树名木全面保护，推动科普宣教设施建设，打造生态文化教育平台。

3. 构建全民普惠共享森林

推进森林步道网建设，全面实施森林古道保护修复，建设森林步道网络体系。开展自然教育活动，推进自然教育机构交流平台建设。营造共享美丽森林空间，打造一批"森林氧吧""森林客厅""森林花园"。

（五）高效能提升智治能力

1. 加强林业数字应用建设

加快构建林业"一张图"，推进"数字林业系统"研建工作。开展"天空地"一体化监测,开展森林防火、林业有害生物防治的实时监测。加快林业新型基础设施建设,开展重点林区"天网"系统提升建设。

2. 提升灾害防控能力

加强松材线虫病防治,加强疫点疫木除治,加强松材线虫病疫情调查监测。加强美国白蛾等重大林业有害生物防控。提升森林火灾防控能力,提升"引水灭火"建设水平。

3. 夯实林业发展基础

全面推进依法治林,加强法治宣传教育。加强人才建设和中介机构培育,加大林业队伍高层次人才引进,加强基层队伍建设。完善林区公共基础设施建设,加大林区基础设施建设投入。

(六)持续深化综合改革

1. 深化林业体制机制改革

全面建立林长制,加快数字化改革,打造一批代表性应用场景。深化林业经营体制改革,推进地役权制度改革。

2. 完善林业金融与生态产品价值实现机制

推进林业金融改革创新,扩展普惠金融服务,推动林业保险高质量发展。完善多元化生态补偿制度,探索自然保护地分级分类补偿制度,落实森林质量财政奖惩制度。完善林业生态产品价值实现机制。

3. 推进国有林场高质量发展

理顺国有林场管理体制,创新国有林场管理方式。加快建立国有森林资源监管体系,严格执行森林资源保护政策。持续开展现代国有林场建设,推动国有林场高质量发展。

(七)坚持强化创新驱动

1. 加强林业科技创新

积极推进科技创新平台建设,完善林业标准体系建设。加快林业科技推广,启动万名林技推广主体培训工程,加快推广新品种、新技术、新工艺、新机械。推进国家林草装备科技创新园建设。

2. 全面发挥碳中和林业效能

增加森林蓄积量，增强森林植被和森林土壤碳汇能力。推进林业碳汇计量监测体系建设，探索将林业碳汇纳入生态保护补偿范畴。推动省域森林碳汇交易与碳排放权交易机制建立。

3. 推动林业种业创新发展

开展种质资源普查与保护，建成省级种质资源保存库（区、地）30处以上。加强品种创新和示范推广，开展优新品种测试中心建设，探索良种选育推广协同推进机制。健全公益性种苗保障体系。

五、重点建设工程

（一）百万亩国土绿化美化工程

①百万亩国土绿化行动。实施山地、坡地、城市、乡村、通道和沿海"六大森林"建设。②森林城市（群）建设。创建嘉兴国家森林城市，新建县级国家森林城市5个以上。推进金义都市区森林城市群建设试点，启动宁波森林城市群建设。③"一村万树"乡村绿化美化。创建示范村1000个以上。

（二）千万亩森林质量精准提升工程

①战略储备林建设。建设250万亩。②美丽生态廊道建设。建设150万亩。③健康森林建设。建设600万亩，其中实施松林主动改造100万亩。④天然林保护修复。编制全省天然林保护修复规划，实施天然林生态修复。

（三）名山公园发展工程

①十大名山公园提升行动。打造10条高质量风景大道，建设智慧名山。②名山公园培育。扩大名山公园数量和规模。③名山公园融合发展。打造20个自然保护地融合发展示范村、镇。

（四）珍稀濒危野生动植物抢救性保护工程

①珍稀濒危野生动植物抢救性保护。重点对朱鹮、百山祖冷杉、普陀鹅耳枥等珍稀濒危野生动植物开展抢救性保护。②珍稀濒危野生动植物基因库建设。加强珍稀濒危野生植物活体库建设，建设野生动植物基因库。③资源调查监测和疫源疫病防控。开展县级野生动植物资源本底调查试点工作，推进沿海区域迁徙水鸟同步调查和鸟类环志。新建15个野生动物疫源疫病监测站

（点），升级5个监测站为标准站，提升28个监测站（点）。

（五）自然保护地体系建设工程

①钱江源—百山祖国家公园建设。实施主要保护对象的生境（栖息地）保护修复2万亩，建立保护管理站点54个，新建和提升巡护道路180公里。②自然保护区能力提升。实施自然保护区重点物种和生物多样性保护，提升自然保护区监测水平，加强基础设施和科研宣教设施建设。③自然公园生态服务功能提升。新建自然公园10处以上，建成接待服务等设施200处以上。

（六）重要湿地保护修复工程

①重要湿地生态修复。重点开展2处国家重要湿地和80处省级重要湿地生态保护修复。②湿地公园提质增效。完成10处以上湿地公园提质增效。③红树林保护修复。新植红树林3000亩以上，修复红树林3000亩以上。

（七）森林灾害防控保障工程

①森林防灭火能力提升。实现"森林智眼"覆盖林区县和森林火灾高风险区共55个，累计完成森林防火应急道路1000公里和林火阻隔网1万公里。提升"引水灭火"建设水平，新增火情早期处理队伍100支，新建消防水池（桶）2万个，铺设消防管网10公里。②森林火灾风险普查。完成2532个标准地和253大样地调查。③松材线虫病综合防治。实施松材线虫病防控5年攻坚行动，每年清除病死树500万株以上，每年打孔注药保护大松树、古松树200万株。④林业有害生物防治能力提升。开展林业有害生物普查，实施"云森防"工程。

（八）绿色富民产业增效工程

①木本粮油保供增效。建设一批高效生态示范基地，全省木本粮油种植面积达500万亩以上，年产木本食用油11万吨以上。②森林康养产业发展。累计建成森林休闲养生城市、森林康养名镇、省级森林康养基地100个，森林人家500个。③林下经济"消薄"增收。继续推广"一亩山万元钱"林下经济模式，认定林下道地中药材种植基地50个以上，林下经济利用林地总面积达到1000万亩以上。④竹木产业转型升级。推进竹产业三产深度融合发展，力争建成5个竹产业特色示范县。⑤高标准林区道路建设。累计建成林区道路1万公里。

（九）数字林业及现代装备建设工程

①林业"一张图"建设。完善森林资源"一张图"建设，加快数据融合，建立全省林业标准化数据库。②"天空地"一体化监测。开展监测试点建设，精准掌握全省林业发展动态数据。开展森林、湿地生态系统生产总值（GEP）核算和动态监测技术研究。建成5处国家生态定位站、改造提升13处省级生态定位站。③国家林草装备科技创新园建设。制定省级及以上标准15项，引进研发机构10家以上，引进和培养高层次人才50人，培养高新技术企业20家。④现代国有林场建设。创建现代国有林场20个以上。

（十）共享森林全民普惠工程

①森林古道保护修复。累计保护修复森林古道2000公里以上，打造一批森林古道"耀眼明珠"。②古树名木保护。继续实施古树专项救助保护，救助保护古树5000株，建设古树名木公园200处。③自然教育发展。建立自然教育学校（基地）50个。④生态文化基地建设。创建省级生态文化基地150个。

第十二章
安徽省林业保护发展"十四五"规划概要

一、建设目标

到2025年,全面建成全国林长制改革示范区,省、市、县、乡、村五级林长目标责任体系更加完善,护绿增绿管绿用绿活绿"五绿"协同推进的体制机制更加健全。形成森林草原湿地自然保护地融合发展新格局,山水林田湖草沙系统治理机制基本建立,以国家公园为主体的自然保护地体系初步建成。完成造林绿化40万公顷,森林覆盖率不低于31%,森林蓄积量达到2.9亿立方米,湿地保护率达到53%,自然保护地占全省面积比例达到8%以上。

二、总体布局

按照"十四五"安徽林业生态保护发展的基本思路,谋划安徽林业保护发展总体布局为"四廊、一圈、两屏、两区"。

(一)"四廊"

即在安徽省境内的长江、淮河、江淮运河、新安江等骨干河流两侧15公里范围内的生态廊道。长江生态廊道包括沿江的马鞍山市、芜湖市、铜陵市全境,滁州市来安县,池州市贵池市部分县区,安庆市部分县区,六安市舒城县等,建设主要方向是强化长江流域生态保护修复,加强生物多样性保护;淮河生态廊道包括沿淮蚌埠市、淮南市全境和阜阳市部分县区,滁州市部分县区,六安市霍邱县等,建设主要方向是加强沿淮两岸防护林建设、河湖生态修复和生物多样性保护,保障淮河生态经济带的健康发展;江淮运河生态廊道包括合肥市、六安市、淮南市、安庆市、铜陵市、芜湖市、阜阳市、亳州市8个市的26个县(市、区),建设主要方向是开展生态林带建设、生态系统保护和生态文化发掘，打造美丽江淮运河航运生态文化旅游经济带；新安江生态廊道包括黄山市部分县区，宣城市绩溪县，建设主要方向是开展新安江—千岛湖生态补偿试验区建设，探索绿水青山转化成"金山银山"的有效途径。

（二）"一圈"

即环巢湖生态圈，包括合肥市全境，马鞍山市部分县区，芜湖市无为市。建设主要方向是强化巢湖治理的流域化、生态化和系统化，打造环巢湖生态旅游圈。

（三）"两屏"

即着力构建皖西大别山区、皖南山区两大生态安全屏障。皖西大别山区生态屏障包括六安市及安庆市的大别山区，建设主要方向是科学实施森林经营，提升森林质量和森林生态功能，打造皖西大别山区水资源保护绿色生态屏障；皖南山区生态屏障包括黄山市、宣城市和池州市的山地丘陵地区，建设主要方向是发展生态经济，打造皖南山区生物多样性保护绿色生态屏障。

（四）"两区"

淮北平原农田防护生态功能区包括亳州市、阜阳市、宿州市、淮北市、淮南市、蚌埠市全境和霍邱县、定远县、凤阳县、明光市，建设主要方向是以城乡绿化和高标准农田防护林建设为抓手，构筑淮北地区平原林业和乡村振兴的绿化美化景观；江淮丘陵生态系统修复生态功能区包括合肥市、滁州市全境和六安市部分县区，建设主要方向是加强森林抚育经营，提高森林涵养水源和水土保持能力，改善生态环境。

三、建设任务及重点工程

（一）生态保护工程

一是自然保护地建设项目。持续开展自然保护地整合优化，力争到2025年，使自然保护地占全省面积比例由目前的6.17%提高到8%以上。二是野生动植物保护项目。保持国家重点保护野生动植物种群稳定，改善地方重点保护野生动植物种的生存状况。力争到2025年，使国家重点保护野生动植物种保护率提高到95%以上。三是林地保护项目。全面保护林地，到2025年，全省重点公益林保有量稳定在166.67万公顷左右。四是欧投行项目。包括欧投行大别山安徽片生物多样性保护与近自然森林经营项目和欧投行长江经济带珍稀树种保护与发展项目等。增加营造林面积6.21万公顷；长江经济带珍稀树种项目增加乡土珍稀树种用材林面积1.38万公顷，近自然森林经营3.85万公顷。

（二）生态修复工程

一是湿地保护修复项目。积极开展湿地保护修复，到2025年，湿地保护率达53%以上。二是天然林保护修复项目。全面停止天然林商业性采伐，完善天然林保护制度，稳定现有106.67万公顷天然林总规模。三是农田林网修复项目。"十四五"期间，基本解决现有农田林网"线断、网破、树种景观化和灌木化"等问题，农田林网控制率提高到85%以上。四是大别山—黄山地区水土保持与生态修复项目。以减少大别山、黄山地区水土流失、提升水源涵养能力、保护生物多样性等为主要目标，提高区域生态系统服务功能。

（三）生态建设工程

一是国土绿化项目。按照全省"十四五"森林覆盖率提升任务，规划全省"十四五"期间造林绿化总任务40万公顷，全省森林覆盖率不低于31%。二是森林质量提升项目。根据全省森林质量提升能力，规划"十四五"期间全省森林质量提升工程建设总任务为90万公顷，森林蓄积量达到2.9亿立方米。三是中央财政支持国土绿化试点示范项目。为贯彻落实党中央、国务院关于开展国土绿化行动的决策部署，实施中央财政支持开展国土绿化试点示范项目，以提升碳汇能力。

（四）富民产业工程

一是国家储备林基地建设项目。通过国家储备林建设，大幅提高林地生产力、精准提升森林质量、切实保障木材安全、有效增加森林碳汇、持续助力乡村振兴。二是富民林业产业提质增效项目。按照"生态优先、产业升级、兴林富民、和谐发展"的方针，做强一产、做优二产、做活三产，力争到2025年林业总产值突破7000亿元。

（五）监测监管体系工程

一是林业信息化建设项目。以信息化手段，提升全省林业现代化治理水平和治理能力，建设全省一体化、系统化、协同化的林业信息化体系。二是林业生态监测体系建设项目。加强森林、湿地、自然保护地、野生动植物、森林碳储量及森林生态服务价值等资源调查和监测，形成较为完善的全省林业监测体系。三是森林防火能力提升项目。建设较为完善的森林防灭火体系，大幅提高森林防火装备水平，24小时森林火灾扑灭率达到95%以上，森林火灾受害率稳定控制在0.5‰以内。四是林业有害生物防控项目。全面加强全省林业有害生物灾害治理能力和治理体系建设。到2025年，松材线虫病扩散蔓延态势得到有效遏制，美国白蛾等主要林业有害生物发生面积和危害程度逐步下降。

（六）基础保障工程

一是林木种苗保障项目。到2025年，全省主要造林树种良种使用率达到85%以上，商品林造林用苗全部实现良种化。二是人才教育保障项目。以围绕建设忠诚干净担当的高素质专业化林业人才队伍为目标，到2025年，大专以上学历干部职工占比达到55%以上。三是林业科技创新与示范推广项目。加快建设林业科技创新体系，鼓励在林业生态共保联治、科技创新等方面与沪苏浙林业部门和科研院所开展合作交流，实现全省林业科技保障能力显著提升。四是国有林场升级改造项目。全面巩固扩大国有林场改革成果，以建设安徽省示范国有林场为抓手，进一步完善基础设施，新建、维修改造林区道路2800公里，加快推进国有林场高质量发展。

安徽省"十四五"林业保护发展主要指标

序号	指标名称	2020年现状值	2025年目标值	指标属性
1	森林覆盖率（%）	30.22	≥31	约束性
2	森林蓄积量（亿立方米）	2.7	2.9	约束性
3	林地保有量（万公顷）	449	450	预期性
4	天然林保有量（万公顷）	106.67	>106.67	预期性
5	重点公益林保有量（万公顷）	166.67	>166.67	预期性
6	湿地保护率（%）	51	≥53	预期性
7	国家公园等自然保护地面积占比（%）	6.17	>8*	预期性

（续表）

序号	指标名称	2020年现状值	2025年目标值	指标属性
8	重点野生动植物种数保护率（%）	95	>95	预期性
9	村庄绿化覆盖率（%）	48.5	50	预期性
10	森林火灾受害率（‰）	<0.5	<0.5	预期性
11	林业有害生物成灾率（‰）	<5.4	<5.4	预期性
12	林业产业产值（亿元）	4705	>7000	预期性
13	森林植被储碳量（万吨）	12800	14100	预期性
14	森林生态服务价值（亿元）	5180	6300	预期性

注：标*数据包含风景名胜区面积占比。

安徽省"十三五"林业发展主要指标完成情况

序号	指标名称	规划值	完成值	综合评估结论	指标属性
1	森林覆盖率（%）	>30	30.22	完成	约束性
2	林木绿化率（%）	35	35.2	完成	约束性
3	林地保有量（万公顷）	443	449	完成	约束性
4	森林面积（万公顷）	415	417.53	完成	约束性
5	林木总蓄积量（亿立方米）	3.1	3.1	完成	约束性
6	森林蓄积量（亿立方米）	2.7	2.7	完成	约束性
7	湿地保有量（万公顷）	104.18	104.18	完成	约束性
8	濒危动植物种保护率（%）	95	95	完成	约束性
9	森林火灾受害率（‰）	<0.5	<0.5	完成	约束性
10	林业有害生物成灾率（‰）	<6	<6	完成	约束性

第十三章
福建省林业保护发展"十四五"规划概要

一、发展目标

到2035年,全省森林覆盖率达67.30%,森林蓄积量达到8.29亿立方米,林分结构更加科学合理,森林质量全面提升,森林生态系统功能进一步提升,资源科学利用水平、人民群众生态福祉明显提升,初步实现林业治理体系和治理能力现代化。

"十四五"时期主要目标是:全省森林覆盖率达67.00%,森林蓄积量达到7.79亿立方米,林分结构进一步优化,森林质量和生态系统功能得到明显提升,优质生态和林产品供给能力显著增强,森林、湿地、草原资源保护发展体制机制更加完善,集体林权制度改革力争实现新的突破,初步建成以国家公园为主体的自然保护地体系,稳步推进林业治理体系和治理能力现代化。

林业生态高颜值。强化森林资源培育和保护,促进森林质量提升、乡村绿化美化,到2025年森林覆盖率继续保持全国首位,森林、湿地等生态系统更加稳定,初步建成自然保护地体系,实现绿美八闽,更好地满足人民群众日益增长的优美生态环境需要。

林业产业高素质。推动绿色产业优化升级,加快林业一、二、三产融合发展与林业供给侧结构性改革。提升企业科技创新能力,促进各类创新要素向企业集聚,培育一批龙头企业和名牌产品,巩固壮大林业实体经济根基。至2025年,全省林业产业总产值达8500亿元。

林区群众高收入。实现好、维护好、发展好广大林区群众根本利益,大力推进绿化美化、打造乡村宜居环境的同时,持续创新体制机制,拓宽绿水青山向"金山银山"转换通道,加快绿色富民产业发展,实现林区群众收入有较大幅度增长,增进民生福祉,增强林区群众获得感、幸福感。

二、总体布局

(一)林业生态安全布局

在全省主体功能区和生态安全战略框架下,综合考虑林业发展条件、森林生态系统安全现状与森林生态功能发挥能力等因素,按照山水林田湖草系统治理的要求,以森林为主体,系统配置森林、湿地、野生动植物栖息地等生态空间,着力构建以"一带、两屏、三线、多点"为主体的林业生态安全格局。

"一带":是指从福鼎市至诏安县的海岸带,包括三沙湾、罗源湾、兴化湾、泉州湾、厦门湾、东山湾等重点海湾河口湿地、红树林等生态保护修复,湄洲岛、崳山岛、大练岛等10个乡镇级海岛的绿化提升和生态保护,沿海33个县(市、区)的防护林体系建设。

"两屏":是指闽西北武夷山—闽西玳瑁山生态防护屏障与闽东鹫峰山—闽中戴云山—闽南博平岭生态屏障。重点加强两大山脉的重要生态区位和生态脆弱区域的森林生态系统保护修复与生态功能提升。

"三线":是指江河沿线、道路沿线、环城沿线,包括"六江两溪"(闽江、九龙江、汀江、晋江、龙江、敖江、木兰溪、交溪)干流、一级支流,高速公路、铁路、国省干道两侧,以及环城市与城市周边一重山重要区域生态治理与修复。

"多点":是指国家公园、自然保护区、自然公园、重要饮用水源保护区、重要水源涵养区、重点水土流失区、重要水库周边一重山等生态安全点和重点区位的生态保护与治理。

(二)林业生态产品布局

发展休闲林业、城市林业,重点打造让广大人民群众亲近森林、感知森林与享受森林的"点、线、面"生态产品布局。

"点":是指能够提供最核心、最优质、最丰富生态产品的各类型自然保护地。

"线":是指福建省境内武夷山国家森林步道和戴云山、鹫峰山、博平岭3

条省级森林步道沿线的生态景观廊道，以及城乡森林景观绿道。

"面"：是指森林城市和森林县城，以及森林城镇与森林村庄。

（三）绿色产业发展布局

重点培育"五大千亿"产业，即：闽东南林纸、林板、家具加工产业，闽西北林竹产业，漳州、龙岩、三明为主产区的花卉苗木产业，福建全域的生态旅游产业，全省范围的林下经济及非木质资源利用产业。

三、重大工程

（一）国土绿化美化工程

持续推进山上造林更新，山下绿化美化，深入实施百城千村、百园千道、

	专栏1　国土绿化美化工程建设重点
1	**百城千村** 巩固森林城市创建成果，实施国家森林城市、省级森林城市（县城）质量提升。大力推进乡村绿化美化，传承乡村自然生态景观风貌，努力建设以森林为主体的生态宜居乡村。到2025年，新建省级森林乡镇100个，省级森林村庄1000个。
2	**百园千道** 以自然公园（森林公园）及武夷山国家森林步道、省级森林步道沿线生态景观林相改造为重点，对周边环境实施绿化美化彩化，加快现有森林步道的修复和连接，串连邻近古村落、著名历史遗迹、自然公园等著名山脉和典型森林群落。到2025年，改造提升100个自然公园（森林公园），建成1000公里森林步道。
3	**百区千带** 打造各具特色、树种多样、异龄复层的珍贵树种造林示范区，推进"三沿一环"（沿路、沿江、沿海和环城）森林质量提升景观带和"两带一窗口"绿美景观示范项目建设。到2025年，建成珍贵树种造林示范区100个，实施珍贵树种造林3.33万公顷，实施景观提升面积1.67万公顷。
4	**海岛绿化提升** 对福鼎市嵛山岛、霞浦县西洋岛、蕉城区三都岛、马尾区琅岐岛、秀屿区南日岛和湄洲岛以及平潭综合实验区屿头岛、大练岛、东庠岛、草屿岛等10个乡镇级海岛，开展无林地造林、林分修复、疏林地补植及农田林网、道路、河渠、村镇绿化等建设。到2025年，实施海岛绿化提升3267.00公顷。
5	**古树名木保护** 继续开展古树名木的调查建档、动态监测，强化日常管护，科学合理利用资源，鼓励建设古树名木公园，对重点古树名木实施重点保护，开展古树名木抢救复壮。

百区千带等重点工程，在乡镇级海岛进行绿化提升，加强古树名木保护，建设生态宜居环境。到2025年，完成植树造林26.67万公顷。

（二）林业生态系统保护与修复工程

加大生态保护红线内的森林生态系统保护及修复力度，大力实施天然林与生态公益林保护修复、沿海防护林体系建设、松林与桉树改造提升，加强武夷山脉、戴云山脉森林生态系统保护和修复，继续推进重点生态区位商品林赎买等重点工程，全面提升全省生态屏障质量，提高区域生态承载力，促进生态系统良性循环。

	专栏2　林业生态系统保护与修复工程建设重点
1	**松林改造提升** 采取择（间）伐抚育改造提升、带状采伐改造提升、皆伐改造提升等措施，优先推进马尾松树种占8成以上的林分改造提升，优先安排在"两沿一重点"（"两沿"是指沿主要交通干线和省际交界线；"一重点"是指环城一重山、保护地及重要饮用水源地周边等一系列点状分布的重点区域）和生物防火林带规划建设区域，维护森林生态安全、筑牢生态安全屏障。到2025年，全省规划实施总面积66.67万公顷。
2	**桉树纯林改造** 加大生态公益林中的桉树林乡土化改造提升力度，加快商品林中的桉树林混交改造提升步伐。通过调整树种结构，形成多树种、多层次、多功能的混交复层林，促进生物多样性，改善树种结构和景观效果，提高桉树林的综合生态效益。到2025年，全省实施生态公益林中桉树林乡土化改造3333公顷，实施桉树低产林改造和大径级复层异龄林培育6667公顷。
3	**武夷山脉森林生态系统保护和修复** 实施范围为南平市的光泽县、建瓯市、建阳区、浦城县、邵武市、顺昌县、松溪县、武夷山市、政和县，宁德市的古田县、屏南县、寿宁县、周宁县以及三明市的建宁县、将乐县、明溪县、宁化县、泰宁县等18个县（市、区），加强天然林保护、封山育林、荒山造林、水土流失综合治理、河流和湿地保护恢复、矿山生态修复等建设，提高武夷山脉亚热带山地森林生态系统完整性和稳定性，增强水源涵养和水土保持功能，筑牢闽江流域生态安全屏障。到2025年，营造防护林1.11万公顷，封山育林21.86万公顷，建设国家储备林3.70万公顷，森林抚育11.49万公顷，低效林改造1.32万公顷，退化林修复18.50万公顷，湿地恢复0.19万公顷，重要物种栖息地、生境恢复6.78万公顷，生态廊道建设0.37万公顷。

4	**龙岩森林生态系统保护和修复** 项目范围涉及新罗、永定、漳平、上杭、武平、长汀、连城7个县（市、区），营造防护林1.07万公顷，封山育林1.05万公顷，建设国家储备林0.46万公顷，森林抚育7.53万公顷，低效林改造1.23万公顷，退化林修复2.93万公顷。
5	**天然林与生态公益林保护修复** 加强天然林保护修复，全面提升天然林管护能力。强化天然中幼林抚育，开展退化次生林修复，因地制宜培育异龄复层林，精准提升天然林质量。坚持自然恢复为主，人工修复为辅，加大重点生态区位生态公益林的低质低效林分、竹林、经济林等改造和补植。到2025年，天然林面积保持稳定，省级以上生态公益林地面积保持在286.33万公顷以上。
6	**沿海防护林体系建设** 推进灾损基干林带修复、老化基干林带更新、困难立地基干林带造林、基干林带区位退塘造林和纵深防护林的林分修复、封山育林等。到2025年，建设沿海防护林4.87万公顷，其中：沿海基干林带0.97万公顷、纵深防护林3.90万公顷。
7	**重点生态区位商品林赎买** 继续推进重点生态区位商品林赎买等改革，优先赎买饮用水源保护区、国家公园、自然保护区等重点生态区位商品林。到2025年，赎买森林面积1.67万公顷。

（三）自然保护地建设及野生动植物保护工程

完成自然保护地整合优化，开展勘界立标和本底资源调查，科学划定自然保护地功能分区，建设"天空地"一体化监测网络体系，完善自然保护地管理制度，逐步建立统一的分类分级管理体制。加强野生动植物及其栖息地（生境）保护修复，维护生物多样性。

专栏3　自然保护地建设及野生动植物保护工程建设重点

1	**国家公园建设** 开展自然生态系统的原真性保护、受损自然生态系统修复、生态廊道建设、重要栖息地恢复和废弃地修复。强化管控标识、管护网络、野外管护站点、防灾减灾等保护管理设施建设，促进保护管理系统化和规范化。利用现代高科技手段和装备，整合提升管护巡护、科研监测、公众教育和支撑能力，构建全覆盖、智慧化的立体保护网络，稳步推进创建精品特色国家公园。

（续）

2	自然保护区建设	加强自然保护区建设，整合优化自然保护区和保护小区等，连通生态廊道，完善基础设施建设，提升资源管护、科研监测、自然教育、应急防灾等能力，充分利用视频监控、遥感、红外监测和无人机等技术手段，实现省级以上自然保护区常态监管。到2025年，力争提升完善40个省级以上自然保护区。
3	自然公园建设	加强自然公园自然生态系统、自然遗迹、自然景观保护，实施生态保护和修复工程、保护管理能力提升工程。加强自然公园保护管理和监管能力建设，在重要地段、重要部位设立标识牌，开展自然植被恢复和林相改造，构建生物多样性监测体系。到2025年，力争完成190个省级以上自然公园整合优化及确界立标。
4	野生动植物保护	加强华南虎、黑脸琵鹭、中华凤头燕鸥、桫椤、苏铁、水松、长序榆等珍稀濒危野生动植物及其栖息地保护，通过实施就地保护、迁地保护、近地保护、种质资源保存、人工繁育、野外回归等保护措施，促进种群恢复增长。加大宣传教育投入，组织科研院校、广大志愿者参与保护工作。到2025年，组织实施珍稀濒危野生动植物保护项目30个以上，提升野生动植物保护科普宣教基地建设20个以上，发展野生动植物保护志愿者3000人以上。
5	自然教育基地建设	依托国家公园、自然保护区、自然公园等各类自然保护地和学校，开展自然教育、生态体验等活动，建设宣教场馆、解说系统、自然教育、生态体验和便民服务等设施，加强科普宣教队伍建设。到2025年，全省建成自然教育基地（学校）100处，其中省级自然教育示范基地（学校）10处，培育自然教育特色品牌15个。
6	生态文化宣教	推进长汀水土流失治理等13个践行习近平生态文明思想示范基地建设，编辑一系列生态文化宣教文化丛书、宣传册，举办一系列科普活动，弘扬"谷文昌精神""洋林精神"，推进生态文化教育进校园，开展生态文化作品原生创作，打造生态文化宣教高地。大力弘扬生态文明理念，广泛宣传先进典型，讲好林业故事。

（四）森林质量精准提升工程

强化森林经营和基础设施建设，大力实施国家储备林、丰产竹林、木本油料林以及速生丰产林、乡土、珍稀树种和大径级用材林基地建设，加快新品种新技术研发推广，精准提升森林质量。

	专栏4　森林质量精准提升工程建设重点
1	**森林经营管理与质量精准提升** 重点加强森林抚育、封山育林和退化林分修复，优化林种结构、树种结构、龄级结构、林相结构，继续推进新型林业经营主体标准化建设，推动森林认证，有效提高林地生产力和森林资源质量。到2025年，全省实施森林抚育面积100万公顷，封山育林面积33.33万公顷，森林质量精准提升6.67万公顷。
2	**国家储备林基地建设** 重点培育闽楠、福建柏、南方红豆杉、木荷等珍贵树种用材林，杉木、相思树等速生丰产用材林和大径级用材林。到2025年，建设国家储备林3.33万公顷。
3	**丰产竹林基地建设** 大力实施竹山机耕道、竹林喷（滴）灌等基础设施建设，推广笋竹培育新技术、笋竹采运新工艺新设备，广泛开展竹林抚育、配方施肥、竹阔混交林经营等。到2025年，新建丰产竹林基地5万公顷，开设竹山便道5000公里。
4	**木本油料基地建设** 大力推广闽优家系、湘林系列、长林系列等福建适生油茶良种，加大优质、丰产油茶林基地建设，持续推进现有低产低效油茶林改造提升，积极建设山脚田边油茶生物防火林带。到2025年，建设油茶基地2.33万公顷，其中：新造0.63万公顷、改造1.7万公顷。

（五）湿地保护与修复工程

全面推进湿地保护恢复，维护湿地生态系统健康稳定，科学建立湿地监测评价体系。加强红树林保护修复，加大人工营造红树林力度，扩大红树林面积，改善提高红树林质量，增强红树林抵御风暴海啸等自然灾害的能力。

	专栏5　湿地保护与修复工程建设重点
1	**重要湿地生态保护修复** 实施湿地公园等重要湿地生态功能区的湿地保护恢复、科研监测、基础设施建设，推动闽江河口湿地申报国际重要湿地，对湿地公园、重要湿地和湿地名录内的湿地实施湿地恢复、生态修复和景观提升项目，开展湿地生态效益补偿项目。到2025年，改造提升省级以上湿地公园10个，新建省级湿地公园2个，实施重要湿地保护修复30处。
2	**海岸带生态保护修复** 推进兴化湾、厦门湾、泉州湾、东山湾等半封闭海湾的修复，重点在闽江河口、漳江口、泉州湾、兴化湾、福清湾、罗源湾、三都湾、沙埕港、九龙江口实施红树林保护修复，通过自然保护地内互花米草等外来物种入侵治理，红树林等乡土植被恢复，退养还湿、河流生态驳岸改造等项目建设。到2025年，新造红树林675公顷，修复现有红树林550公顷。

（六）绿色产业惠民工程

大力推进木材加工、竹业、花卉苗木、生态旅游、林下经济及非木质利用等惠民产业，加大品牌培育力度，壮大龙头企业和产业集群，加快构建生态产业化、产业生态化的林业生态经济体系。

	专栏6　绿色产业惠民工程建设重点
1	**木材加工** 通过项目带动、品牌升级、技术改造，加大科技创新，提高产品质量和附加值，增强产品核心竞争力，更好地实现森林资源优势转变为经济优势。到2025年，做大做强林板家具、木竹浆纸一体化，全省实现木材加工全产业链总产值达到3550亿元。
2	**竹业** 实施现代竹业生产发展项目，抓好笋、竹精深加工示范，通过政策引导、品牌创建、龙头企业带动、专业园区建设、新兴产业培育等举措，结合"互联网+竹业"行动，做好产业上下游整合与衔接，促进一、二、三产融合发展。到2025年，全省实现竹业全产业链总产值超过1000亿元。
3	**花卉苗木** 做大做强特色优势花卉苗木产业集群，支持发展花卉精深加工，引导培育大型花卉苗木市场，健全花卉保鲜、包装、冷链运输、检测、配送等基础设施和服务体系，大力发展"互联网+"花卉苗木交易，推动花卉苗木产业与休闲康养、观光旅游、科普教育、文创产业等融合发展。到2025年，全省花卉苗木全产业链总产值达到1380亿元。

（续）

4	**生态旅游** 培育"生态+"旅游新业态，建立生态旅游、森林康养的标准和服务体系，建设优质的生态旅游目的地，搭建生态旅游公共服务平台，丰富森林康养、森林人家等生态旅游产品。到2025年，评定省级森林养生城市20个、省级森林康养小镇50个、省级以上森林康养基地100个，打造5条精品生态旅游线路，全省年接待生态休闲游憩人数达3亿人次，生态旅游产值达到1500亿元。
5	**林下经济及非木质利用** 重点发展金线莲、铁皮石斛、黄精、灵芝、七叶一枝花、巴戟天、三叶青、太子参、黄栀子等道地中草药，引导发展蜂、梅花鹿、麝等药用特种动物的养殖管理，有序开展红菇、竹荪、灵芝、梨菇等食用菌和竹笋的采集加工，扶持林下经济产品产地初加工和精深加工，加强产业联盟、产业集聚和品牌建设，支持生物质能源、生物制药等产业发展。到2025年，林下经济利用面积达200万公顷，产值达到1000亿元。

（七）林业灾害防控工程

全面提升生态安全、生物安全防控能力，完善森林火灾、林业有害生物、野生动物疫源疫病防治等生态灾害预防和管理机制，继续推进林业保险，增强生态系统抗风险能力。

专栏7　林业灾害防控工程建设重点	
1	**林业有害生物防治** 开展主要林业有害生物综合治理，着力推进松材线虫病疫情除治，强化监测预警，完善应急处置机制，组建应急防治队伍，规范社会化防治服务，加强基础设施建设，推广应用防治先进技术，提升林业有害生物防治能力。到2025年，松材线虫病防治和预防面积累计达70万公顷，其他主要林业有害生物预防和综合治理面积累计达90万公顷。
2	**森林防火能力建设** 加强林火瞭望监测系统、林火阻隔系统等建设，补充配备通讯装备、巡护装备、检查站（岗）等设备设施，建设生物防火林带，开展巡护监测，实行网格化管理，提升森林火灾预警和监测能力。到2025年，建设林火巡护队伍100支。

（续）

3	**野生动物疫源疫病防控**	加强野生动物疫源疫病监测，做好与人畜共患传染病有关的动物传染病的防治管理。加强重点疫源物种本底调查，开展主动监测，建立资源数据库，及时收集分析有关信息数据，对野生动物疫病的发生及其传播的可能性、范围和危害程度做出预测预报。全面加强野生动物疫源疫病监测站基础设施建设，完善应急预案，加强应急演练，提升应急处置能力。到2025年，建立野生动物疫源疫病监测示范站10个。

（八）现代种业创新与提升工程

加强种质资源保护和利用，科学建立林木种质资源保育体系。开展种源"卡脖子"技术攻关，强化种质创新和繁育，推进林木花卉品种自主创新，提高林业种业基地建设管理水平和良种优苗生产供应能力。

专栏8	现代种业创新与提升工程建设重点	
1	**种质资源保护**	完善提升普查数据信息系统，整理审核并出版普查成果。实施国家和省级林木种质资源库质量提升，启动建设一批种质资源保存库，加大主要造林树种及珍稀、濒危、特有乡土树种种质资源收集保存力度。到2025年，新建扩建特色优势林木花卉种质资源库（圃）20个，新增各类种质资源1000份以上。
2	**品种自主创新**	持续开展林木种苗科技攻关，组织实施种业创新与产业化项目，选育一批速生、丰产、高效、抗逆性强的突破性新品种，显著提升全省林业种业自主创新水平。到2025年，获得国家植物新品种权100个，通过省级以上审（认）定林木良种100个。
3	**种业基地建设提升**	实施国家和省级重点林木良种基地质量提升，确定10处珍贵或乡土阔叶树种省级重点种子基地，进一步优化种子基地树种结构。到2025年，抚育管理国家和省级重点林木良种基地作业面积3.33万公顷、一般良种基地2000公顷、珍贵树种和乡土阔叶速生优质树种采种基地2333公顷，新建林木种子基地667公顷。

（续）

4	**良种优苗繁育示范**	
	加强省级保障性苗圃建设，推动轻基质容器苗木培育，大力培育珍贵树种和优良乡土阔叶树种苗木，加快速生、优质、高效、抗逆的林木良种示范推广。到2025年，建成省级保障性苗圃16处，培育优良苗木1亿株，建立提质增效示范林600公顷。	

（九）基础支撑保障工程

加快构建智慧林业监测监管信息平台，强化科技创新推广，开展林业基础科学研究和关键技术研发，加大重点实验室、生态定位研究站、科研基地等建设。补齐林区林场基础设施短板，持续加强林业基层站所建设。

专栏9　基础支撑保障工程建设重点

1	**智慧林业**	
	加大云计算、大数据、物联网、人工智能、移动互联网和区块链等新一代信息技术在林业上的应用，建立"天空地"一体化的林业资源立体感知体系，增强林业资源动态监测和态势感知能力。建立以林业"一张图"为基础的林业大数据中心，提升信息资源协同、共享和开放能力。完善涵盖技术服务、业务服务和数据服务等服务的智慧林业共享平台，为资源监测监管、决策分析等提供技术支撑和应用支撑。开展"互联网+"自然保护地、林业灾害防治、国有林场等业务系统建设，提升林业资源监管、林业资源保护、林业经营管理和社会公众服务等领域的智慧应用，实现林业核心业务协同共享。	
2	**科技创新和推广**	
	加大林业科技投入，加强林业科技自主创新和成果转化，深化产学研合作，提高科技支撑能力。强化科技服务，加强林业科技推广示范园、示范基地、示范点建设，提升科技推广力度。到2025年，组织实施100个重点科研项目，集成和推广先进成熟的实用技术100项以上，新建各类创新平台20个。	
3	**林区基础设施建设**	
	统筹推进国有林场、保护区、林区、森林康养基地等的道路、水电、通信等民生设施和管理用房建设，重点建设通往林场延伸工区以及国有林场、森林康养基地的主干道路。实施林区森林管护用房、道路、水网、电网改造升级，实施林业站服务能力提升和标准化建设。到2025年，新建或改建森林管护用房18万平方米，建设国有林场林区道路1200公里。	

福建省"十四五"林业保护发展主要指标

序号	指标	2020年基期值	2025年目标值	指标属性
1	森林覆盖率（%）	66.80	67.00	约束性
2	森林蓄积量（亿立方米）	7.29	7.79	约束性
3	湿地保护率（%）	20.4	22	约束性
4	以国家公园为主体的自然保护地面积占陆域国土面积比例（%）	5.63	5.79	约束性
5	重点野生动植物种数保护率（%）	80	80	约束性
6	森林火灾受害率（‰）	<0.8	<0.8	约束性
7	林业有害生物成灾率（‰）	<3	<3	约束性
8	林业产业总产值（亿元）	6660	8500	预期性
9	科技进步贡献率（%）	60	62	预期性
10	主要用材树种良种使用率（%）	85	87	预期性

福建省"十三五"林业发展规划主要目标指标完成情况

序号	指标名称	规划目标值	完成值	指标属性
1	森林覆盖率（%）	66.00	66.80	约束性
2	森林蓄积量（亿立方米）	6.53	7.29	约束性
3	林地保有量（万亩）	13680	13845	约束性
4	湿地保有量（万亩）	1305.8	1305.8	约束性
5	林业自然保护地面积（万亩）	1522.5	1522.5	约束性
6	天然林保有量（万亩）	6200.0	6219.9	预期性
7	其中：国有天然林保有量（万亩）	704.7	720.9	约束性
8	森林生态服务价值（亿元）	10050	12200	预期性

"十四五"各地林业草原保护发展规划概要

（续表）

序号	指标名称	规划目标值	完成值	指标属性
9	林业产业总产值（亿元）	5800	6660	预期性
10	科技进步贡献率（%）	60	60	预期性
11	主要造林树种良种使用率（%）	85	85	预期性
12	义务植树尽责率（%）	85	85	预期性

注：自然保护地面积，按照整合优化预案包括国家公园、自然保护区（森林、地质、海洋、湿地）、自然公园。

第十四章
江西省林业保护发展"十四五"规划概要

一、建设目标

到2025年，生态系统质量保持全国前列，全省森林覆盖率稳定在63.1%以上，活立木蓄积量达到8.0亿立方米，湿地保护率不低于62%；森林资源总量稳步提升，完成营造林任务1960万亩，培育珍贵阔叶树及大径材储备林100万亩，乔木林单位面积蓄积量达6.0立方米/亩；自然生态保护体系更加健全，设立国家公园1处，创建国家公园1处，天然林保护面积稳定在6600万亩以上、省级以上生态公益林总量稳定在5100万亩以上；优质生态产品供给能力增强，林业产业总产值突破8000亿元，创建国际湿地城市2个、国家森林城市10个，高产油茶基地面积达到1000万亩；创新支撑保障能力显著提高，主要林木良种使用率达到85%，森林火灾受害率控制在0.9‰以下，林业有害生物成灾率控制在20‰以下。

二、总体布局

根据全省地形地貌特点、资源分布格局和区域社会经济及林业发展现状，将全省划分为长江—鄱阳湖平原湿地生态区、赣中丘陵盆地森林生态区、南岭山地丘陵森林生态区、怀玉山—武夷山山地丘陵森林带、幕阜山—罗霄山山地丘陵森林带"三区两带"。

（一）长江—鄱阳湖平原湿地生态区

该区地处鄱阳湖冲积平原湖滨区，水域和农田多，林地相对较少，森林覆盖率较低，分布有鄱阳湖、鄱阳湖南矶国际重要湿地。重点实施长江江西段、鄱阳湖等湿地保护修复工程、岩溶地区石漠化综合治理工程，加强鄱阳湖湿地与候鸟保护，开展南昌、九江国际湿地城市创建。利用庐山文化、鄱阳湖湿地候鸟、庐山西海等优势资源,大力发展生态旅游。

(二)赣中丘陵盆地森林生态区

该区地处江西腹地,以丘陵和盆地为主,土壤肥沃。重点加强赣江沿岸森林植被保护,森林"四化"建设,严格保护天然林。推进森林药材、香料、速生丰产林培育和林下种植业发展,建设森林药材和林化产品加工基地。加强森林公园、湿地公园、乡村森林公园建设,开展生态休闲和乡村旅游,加快推进生态文化建设。

(三)南岭山地丘陵森林生态区

该区地处南岭山地、武夷山脉、罗霄山脉的交汇地带,为赣江和东江的源头,生物多样性丰富,森林覆盖率高,是我国南方重要生态安全屏障。重点实施南岭山地森林和生物多样性保护工程。开展南方红壤丘陵脆弱区生态修复。做强做优南康家具产业。以东江源、赣江源、中央苏区等为载体,开展生态文化旅游和康养游,打造粤港澳大湾区后花园。

(四)怀玉山—武夷山山地丘陵森林带

该区地理跨度较大,黄山余脉、怀玉山脉和武夷山脉共同组成赣东—赣东北山地森林生态屏障,是饶河、抚河和信江的发源地,区内武夷山主峰黄岗山为华东最高峰,分布有全球同纬度地区保护最好、物种最丰富的森林生态系统。重点推进武夷山国家公园(江西区域)建设;实施武夷山森林和生物多样性保护工程;大力发展油茶、笋用竹、森林药材等非木质资源产业,依托森林资源环境、地域文化等优势,构建怀玉山森林旅游圈和武夷山脉森林旅游带。

(五)幕阜山—罗霄山山地丘陵森林带

该区地处赣西、赣西北,罗霄山脉、九岭山脉和幕阜山脉绵延其中,组成赣西—赣西北山地森林生态屏障,是修河的发源地,分布有全球同纬度迄今保存最完整的亚热带常绿阔叶林。重点推进井冈山国家公园和武功山世界地质公园创建,建设国家储备林基地,打造全国重要闽楠集中产区、全省毛竹生产中心区、陈山红心杉主产区。加快古樟、楠木、鸟道等动植物文化建设,打造罗霄山旅游带和九岭山旅游圈。

三、建设任务

（一）科学推进国土绿化，筑牢绿色生态屏障

坚持因地制宜、适地适树，通过转变经营理念，创新种业发展等举措，大力推进科学绿化美化，精准提升森林质量，加大储备林建设，增加森林碳汇。新增造林面积250万亩、封山育林250万亩、退化林修复（低产低效林改造）800万亩、森林抚育660万亩。持续推进国家森林城市建设，建设省级森林乡村800个，新增乡村森林公园500处以上。新（续）建20个以上国家及省级重点林木良种基地、20个以上国家或省级林木种质资源库、20个示范保障性苗圃。

（二）推深做实林长制，构建资源保护发展长效机制

进一步完善林长制，建立健全"省市县三级总林长发令机制、林长巡林机制、部门协作机制、督查督办机制、林长对接机制"，加强"一长两员"队伍建设，推进林长制地方立法。加强森林、湿地、草地资源和野生动植物保护管理，强化天然林、公益林保护和湿地保护修复，加强古树名木保护。实施湿地恢复和综合治理工程2万公顷，新建小微湿地保护和利用示范点100处，新增国际重要湿地1处、国家重要湿地10处。加强森林防火，实施松材线虫病防控五年攻坚行动计划。加强陆生野生动物疫源疫病防控。

（三）加快国家公园建设，构建自然保护地体系

加快推进井冈山国家公园创建，完成武夷山国家公园（江西区域）设立。加强国家公园自然生态系统保护修复、重点珍稀濒危物种栖息地恢复、生态廊道建设，提升国家公园科研、教育、游憩等综合功能，探索建立国家公园社区共管机制。加强自然保护区管理，优化自然保护区空间布局和管控分区，推进自然保护区规范化、标准化、智慧化建设。加强自然公园建设，科学编制各类自然公园规划，加强自然教育与生态体验服务设施建设，建立自然教育场所300处以上。加强风景名胜区和世界自然遗产管理，开展风景名胜区整合优化，加强全省世界自然遗产、世界自然文化双遗产保护和可持续利用。建立林业生物多样性保护公报制度。

（四）建设现代林业产业示范省，助力乡村振兴

全面启动现代林业产业示范省建设，培育国家级林业重点龙头企业超80

家、国家林业产业示范园区超5个，打造"江西山茶油"等一批全国知名林产品品牌，林业产业在保障国家木材和粮油安全、巩固拓展脱贫攻坚成果同乡村振兴有效衔接等方面作用更加突显。实施油茶产业"三千工程"，打造油茶产业园和产业集群，培育壮大领军型龙头企业。实施竹产业"千亿工程"，建成5个竹产业集群和5个竹产业示范园区。大力发展家具产业，打造南康家具核心增长极，建成5个以木质林产品为主导产业的省级林业产业示范园区。建立一批国家、省级森林康养和森林药材精深加工基地以及特色香精香料产业园。加强林产品质量安全监管。

（五）繁荣生态文化，扩大林业品牌影响

做大做强江西优质林业生态文化品牌，满足人民群众对高质量生态文化产品的需求。举办鄱阳湖国际观鸟周、江西森林旅游节、江西林业产业博览会、中国（赣州）家具产业博览会等活动，推进南昌国际湿地城市、武功山世界地质公园、井冈山国家公园等创建，加快罗霄山、武夷山、天目山、南岭国家森林步道建设，大力推介"江西山茶油""南康家具"等生态产品，鼓励企业申请森林认证、地理标志、有机认证，打造一批"古树名木主题公园""乡村森林公园""森林氧吧"等生态共享空间。

（六）改革创新，夯实林业高质量发展基础

完善集体林权制度，创新林业金融服务模式，做强林业要素交易平台，支持抚州全国林业发展综合改革试点建设。创新国有林场管理模式，推动国有林场高质量发展。建立林业生态产品价值实现机制，推进碳中和林业行动。健全林业法治体系，加大普法执法力度，推进"放管服"改革。加强林业科研创新，推进新技术、新成果、新品种集成应用推广。加快人才队伍建设，培养林业高层次人才。推进智慧林业建设，加快构建林业"一张图"，开展"天空地"一体化监测。

江西省"十四五"林业保护发展主要指标

序号	指标名称	2020年	2025年	指标属性
1	森林覆盖率（%）	63.1	≥63.1	约束性
2	活立木总蓄积量（亿立方米）	6.85	8.0	约束性
3	天然林保护面积（万亩）	6600	6600	预期性
4	自然保护地面积占国土比例（%）	—	11.5	预期性
5	湿地保护率（%）	61.99	≥62	预期性
6	乔木林单位面积蓄积量（立方米/亩）	5.26	6.0	预期性
7	国家重点保护野生动植物物种保护率（%）	95	95	预期性
8	主要林木良种使用率（%）	75	85	预期性
9	森林火灾受害率（‰）	0.17	≤0.9	预期性
10	林业有害生物成灾率（‰）	27	≤20	预期性
11	林业产业总产值（亿元）	5307	8000	预期性
12	森林植被碳储量（亿吨）	3.4	4.0	预期性

第十五章
山东省林业保护发展"十四五"规划概要

一、发展目标

到2035年,林业治理体系和治理能力现代化基本实现,全面建成完备的森林生态安全体系、繁荣的生态文化体系和发达的林业产业体系,为美丽山东建设增绿添彩。

到2025年,全省林业保护发展的主要目标是:国土绿化美化水平明显提升,全省森林覆盖率完成国家下达任务。森林、湿地生态系统稳定性逐步提高,森林蓄积量稳定在9000万立方米以上,全省湿地保护率保持在60%以上。基本建立以黄河口等国家公园为主体的自然保护地体系,全省自然保护地总面积稳定在2400万亩以上,占全省面积8%以上。林业产业转型升级提质增效,林业经济效益实现可持续增长。基础保障能力日臻完善,基本形成比较完善的林业服务保障体系和防灾减灾体系。

山东省"十四五"林业保护发展主要指标

序号	指标名称	2020年	2025年	指标属性
1	森林覆盖率(%)	20.18	完成国家下达任务	约束性
2	自然保护地占国土面积比例(%)	≥8	≥8	约束性
3	森林蓄积量(万立方米)	—	9000	约束性
4	湿地保护率(%)	≥60	≥60	预期性
5	林业总产值(亿元)	6211	7000	预期性
6	森林火灾受害率(‰)	0.9以下	0.9以下	预期性

二、空间格局

将全省划分为四个林业保护发展区域。

（一）筑牢鲁东沿海防护林与滨海湿地交融一体的绿色屏障

该区位于胶莱河以东及沭河以东的沿海区域，包括青岛、威海、烟台、日照、临沂5市的31个县（市、区）。以丘陵为主，地形地势起伏变化较大，东西狭长，南北濒海，中部为胶莱平原。主攻方向是陆海统筹、一体谋划、整体提升。

（二）打造鲁中南山水林田湖草沙和谐共生的森林生态高地

该区位于胶济铁路以南、大运河以东、沭河以西的内陆区域，包括枣庄、泰安、济南、济宁、淄博、潍坊、临沂、滨州8市的57个县（市、区）。区内山地丘陵面积约占全省山地丘陵面积的3/4，地势及海拔变化较大，自然保护地数量多，树种资源丰富。主攻方向是山水林田湖草沙综合治理、系统修复，助力乡村振兴。

（三）完善鲁西平原布局科学疏透合理的农田防护林网

该区为黄河冲积平原，包括德州、聊城、菏泽、淄博、济南、济宁、滨州7市的36个县（市、区）。土地资源较为丰富，水网和路网发达，是保障农产品供给安全的重要区域、现代农业建设的示范区和全省重要的安全农产品生产基地。主攻方向是加大水系路网防护林带修复，改善区域粮食生产条件。

（四）建设鲁北黄河三角洲生物多样性丰富的湿地生态系统

该区位于渤海沿岸，包括东营、滨州、潍坊3市的13个县（市、区）。是全省生态环境最为脆弱的地区，是东北亚内陆和环西太平洋鸟类迁徙重要的"中转站"。主攻方向是开展黄河三角洲生物多样性保护，构筑渤海湾生态安全屏障。

三、主要任务

（一）深入实施黄河流域生态保护修复

全力创建黄河口国家公园，率先建成我国首个陆海统筹型国家公园，在黄河流域生态保护和高质量发展上走在前面，实现永续发展、世代共享。加强黄河三角洲生态保护修复，建设大循环水系，促进黄河与自然保护地之间、自然保护地内部湿地之间水系连通，加强黄河生物多样性保护和修复，做好黄渤海候鸟栖息地世界自然遗产申报工作。推进黄河流域生态廊道建设，高标准建设河、坝、路、林、草、沙有机融合的生态廊道，为让黄河成为造福人民的幸福河筑牢生态屏障。

（二）大力推进科学绿化试点示范省建设

坚持走科学、生态、节俭的绿化发展之路。科学布局国土绿化，大力实施国土绿化攻坚行动，完成造林50万亩、森林抚育100万亩。实施沂蒙山区域山水林田湖草沙一体化保护和修复、尼山区域国土绿化试点示范、国家特殊及珍稀林木培育、良种选育攻关等重点工程项目。完善科学绿化推进机制，加紧制定各项制度导则，进一步丰富义务植树尽责形式。

（三）建立以国家公园为主体的自然保护地体系

推动黄河口、长岛等国家公园创建，完成现有各类自然保护地整合优化，基本建成以国家公园为主体、自然保护区为基础、各类自然公园为补充的自然保护地体系，实现全省自然保护地分类科学、布局合理，功能明确、边界清晰，制度完善、机构健全，保护有力、管理有效。

（四）着力提升森林生态系统质量和稳定性

推动林长制走深走实，压实各级党政领导干部森林资源保护发展责任，形成责任明确、协调有序、监管严格、保障有力的保护管理新机制。加强森林资源保护，实行林地用途管制和定额管理，坚持公益林和商品林分类管理，加强林木采伐管理。着力提高林地生产力，实施森林经营方案制度，开展中幼林抚育、低效林改造、疏林地改建。积极发展碳汇林业，建立健全林业碳汇计量监测体系，积极开展碳汇造林、营林。

（五）着力增强湿地生态系统原真性和完整性

加强湿地生态保护，以国土三调成果为基础，科学确定湿地管控目标，合理划定纳入生态保护红线的湿地范围，严格规范工程项目占用审批。开展湿地生态修复，坚持自然恢复为主、与人工修复相结合的方式，通过生态补水、水生植被恢复、栖息地营造和外来入侵物种防控等手段，推进湿地生态功能恢复。健全管控体系，加快建立边界清晰、管理明确、事权清晰的国家重要湿地（含国际重要湿地）、省级重要湿地和一般湿地三级湿地管理体系，将省级以上湿地公园纳入全省"空天地"一体化自然资源监测监管体系。

（六）精准提升野生动植物保护能力

摸清重点保护野生动植物资源底数，完成山东省重点保护野生动物名录评估修订，开展山东省陆生野生动植物资源调查，建立珍稀濒危重要物种资源管理档案，搭建全省统一的陆生野生动物保护管理系统。提升野生动物收容救护和疫源疫病监测预警能力，探索制定符合山东省实际的野生动物收容救护技术规范，科学增设野生动物疫源疫病监测站点。建立野生动物致害补偿机制，推动开展补偿试点工作。强化野生动植物资源执法监管，依法打击破坏野生动植物资源的违法犯罪活动。

（七）深入实施林业改革创新突破工程

深入推进国有林场改革，加快构建保护生态和改善民生双赢的国有林场管理体制机制。持续深化集体林权制度改革，健全集体林地"三权"分置运行机制，探索建立林权收储制度，创新森林保险特色品种。推动林业科技创新突破，加强瘠薄山地、盐碱滩涂造林及古树复壮等技术研究，健全现代精准育种技术体系，深化林业科技人才体制改革。完善生态产品价值实现机制，健全资源有偿使用制度和生态补偿机制。做强木材加工、木本油料、林木种苗、花卉等特色优势产业，做优森林旅游、林下经济、林源药材等新兴产业，培育森林康养、碳汇林业、林业机械装备制造等新增长点。

（八）深入实施基础保障能力提升工程

深入实施林业数字赋能，发挥自然资源统一管理优势，实现全省自然资源"一张图"管理，严格实行造林计划任务、检查验收"落地上图"，构建集生态感知、资源保护、科学绿化、开发利用、护林防火等功能于一体的林业生态综合管理系统。提高森林火灾防控能力，完善森林火灾预防机制，"十四五"期间森林火灾受害率控制在0.9‰之内。提高林业有害生物防控能力，有效控制松材线虫病、美国白蛾等林业有害生物，保护森林资源和生态安全。加强林业基层队伍建设，筑牢林业资源保护"第一道防线"。

四、保障措施

加强组织领导，健全完善党委统一领导、政府负责、林业主管部门具体实施的组织领导工作机制。完善法治体系，积极做好山东省野生动物保护条例、山东省森林资源条例等立法储备，严厉打击破坏森林资源的违法违规行为。强化政策支持，积极争取各级财政资金支持力度，推广以工代赈方式，鼓励社会资本参与林业保护发展。健全推进机制，加强规划实施动态监测和总结评估，完善公众参与机制。

第十六章
河南省林业保护发展"十四五"规划概要

一、保护发展目标

到2025年，全省森林覆盖率达到26.09%，森林蓄积量达到22269万立方米，草地综合植被盖度达到85%，湿地保护率达到53.21%，自然保护地面积占全省陆域面积比例达到7.05%。生态系统质量和稳定性进一步提升，生态安全屏障更加牢固，优质生态产品供给能力显著增强。

展望2035年，河南森林、草地、湿地等自然生态系统状况根本好转，建成以国家公园为主体的自然保护地体系，在黄河流域率先实现生态系统健康稳定，绿色生产生活方式广泛形成，林草固碳减排贡献更加突出，生态经济优势彰显，生态服务功能明显提升，基本实现人与自然和谐共生的林业现代化。

河南省"十四五"林草保护发展主要指标

序号	指标名称	2020年	2025年	2035年远景展望	指标属性
1	森林覆盖率（%）	25.07	26.09	≥27	约束性
2	森林蓄积量（万立方米）	20719	22269	≥23000	约束性
3	草原综合植被盖度（%）	84.25	85	85.5	预期性
4	湿地保护率（%）	52.19	53.21	53.5	预期性
5	各类自然保护地面积占比（%）①	8.65	7.05	≥7.05	预期性
6	重点野生动植物种数保护率（%）	95	97	98	预期性
7	森林火灾受害控制率（‰）	<0.9	<0.9	<0.8	预期性

下 篇
"十四五"各地林业草原保护发展规划概要

（续表）

序号	指标名称	2020年	2025年	2035年远景展望	指标属性
8	林业有害生物成灾控制率（‰）	<3.8	<3.8	<3.5	预期性
9	新增沙化土地治理面积（万公顷）②	8.35	2.31	5.36	预期性
10	森林植被碳储量（万吨）	15595	16800	≥17500	预期性
11	森林生态服务价值（亿元）③	2840	3200	3500	预期性
12	林业产业总产值（亿元）	2200	3000	5000	预期性

注：① 2020年数据为整合优化前；② 治理沙化土地面积是指五年累计值；③ 森林生态系统服务价值，包括森林涵养水源、保育土壤、固碳释氧、林木养分固持、净化大气环境、农田防护与防风固沙、生物多样性保护、森林康养8类。

二、保护发展格局

在全省生态安全战略格局框架下，聚焦黄河流域生态保护和林业高质量发展，筑牢大河大山大平原生态安全屏障，构建"一带一区三屏四廊多点"林业保护发展格局。

（一）黄河流域生态保护和林业高质量发展带

涉及13个省辖市和济源示范区的119个县（市、区）。主攻方向是上下游联动、干支流统筹、左右岸协调推进山水林田湖草沙系统综合治理，提高区域生态承载能力。

（二）平原生态涵养区

涉及黄淮海平原及南阳盆地的16个省辖市90个县（市、区）。主攻方向是加强水田林路综合治理，推进农田防护林完善和提升，生态廊道提质，构建平原生态绿网。

（三）太行山、伏牛山、桐柏—大别山生态屏障

涉及12个省辖市和济源示范区的68个县（市、区）。主攻方向是全面加强森林资源保护，营造水源涵养林和水土保持林，加强以国家公园为主体的自然保护地体系建设，保护珍稀物种野外种群及栖息地。

（四）沿淮、南水北调中线水源地及干渠沿线、隋唐大运河及明清黄河故道、沙颍河生态保育廊道

沿淮生态保育廊道。涉及淮河干流沿线3个省辖市10个县（市、区）。主攻方向是强化森林水源涵养和水土保持功能，加强湿地资源的保护和恢复，提升淮河流域生态质量。

南水北调中线水源地及干渠沿线生态保育廊道。涉及10个省辖市34个县（市、区）。主攻方向是以保障饮水水质安全为核心，在水源地开展水源地造林，实施石漠化治理，建设水源涵养林、水土保护林和环境保护林，干渠沿线加强防护林带建设。

隋唐大运河及明清黄河故道生态保育廊道。包括隋唐大运河通济渠、永济渠、京杭大运河会通河三部分，涉及9个省辖市40个县（市、区）。主攻方向是对具备条件的大运河主河道（除城市建成区外）有水段两岸，集中连片植树造林，增加绿化植被，提升绿化质量。明清黄河故道涉及2个省辖市5个县（市、区）。主攻方向是加强沿线湿地保护修复和生态防护林建设，大力开展防沙治沙。

沙颍河生态保育廊道。涉及5个省辖市14个县（市、区）。主攻方向是上游水源区加强水源涵养和水土保持林建设，中下游结合美丽乡村建设，统筹做好生态景观建设，打造沙颍河"生态带"。

（五）多点

自然保护地、产业聚集区、五级创森、国家储备林、绿色廊道网络、国有林场国有苗圃质量精准提升、名特优新稀经济林、花卉、草业、人才队伍、行政执法队伍、林业基层站所、防灾减灾基础设施、感知林业等支点建设。

三、建设任务

（一）黄河流域生态保护和林业高质量发展

加强黄河三门峡灵宝至桃花峪段天然林保护和林草植被带建设；桃花峪至台前段滩区和蓄滞洪区因滩施策，加强防风固沙林、生态景观林、护岸固堤林建设，推进湿地生态保护修复，提升生态系统稳定性和多样性。干流堤内重点实施沿黄湿地保护与修复工程，堤外以沟河路渠林带为骨干，推进农田防护林

带建设，沿黄森林特色小镇、森林乡村创建。到2025年，建设森林特色小镇250个，森林乡村1500个。

（二）科学开展国土绿化

加快建设科学绿化试点示范省，推动全省国土绿化由规模速度型向质量功能型转变，全面提升科学绿化水平，增加林草碳汇。到2025年，完成造林（含更新）43.50万公顷，人工种草及草地改良9.54万公顷；新建省级森林城市50个，各级森林乡村5000个；良种使用率达到75%。

（三）精准提升森林质量

大力培育优质大径级木材资源、积极推进混交林培育、高质量实施森林抚育和科学开展退化防护林修复，到2025年，完成森林抚育66.87万公顷；国家储备林建设24.85万公顷，其中，新造林6.02万公顷，现有林改培5.47万公顷，抚育13.36万公顷；完成退化林修复面积5.85万公顷。

（四）科学推进沙化石漠化综合治理

因地制宜开展丹江口库区石漠化山水林田湖草一体化治理，黄泛区、隋唐大运河及明清黄河故道等区域沙化土地综合治理。石漠化综合治理6.06万公顷，其中，人工造林2.06万公顷，退化防护林修复2.36万公顷，封山育林1.64万公顷。到2025年，新增沙化土地综合治理2.31万公顷。

（五）构建科学合理的自然保护地体系

积极推进太行山国家公园设立和大别山、伏牛山2个候选国家公园创建工作。开展珍稀濒危物种栖息地（生境）为核心的生态保护修复。加强13个国家级自然保护区、16个省级自然保护区基础设施等建设。

（六）加强有害生物综合防治体系建设

加强重点区域松材线虫病防控，建立健全疫情联防联控机制，实施松材线虫病疫情防控攻坚行动和美国白蛾疫区联防联治行动。到2025年，松材线虫病疫区疫木得到有效控制，疫情发生面积和乡（镇）疫点数量实现双下降；美国白蛾疫情基本遏制，疫点得到有效控制，达到有虫不成灾的目标。

（七）构建森林草地防灭火一体化体系

加强森林火灾预警体系建设，提高森林火灾防控能力，森林火灾受害控制率稳定在0.9‰以下。到2025年，实现防火视频监控系统63个森林火灾高风险县（市、区）全覆盖；重点区域县级行政单位森林防火专业队伍配备率100%。

（八）加强野生动植物保护体系建设

加强野生动植物保护，提升野生动植物管理能力。实施豹、朱鹮、梅花鹿、林麝、中华秋沙鸭、大鸨、丹顶鹤、猎隼8种极度濒危野生动物及其栖息地抢救性保护。开展秦岭冷杉、大别山五针松极小种群野生植物抢救性保护。建立外来入侵物种监测站点100个。

（九）构建新时期森林资源保护监督管理体系

推行森林草地湿地休养生息、湿地面积总量管控，全面加强天然林公益林保护和森林经营，加强林业感知系统平台建设，开展生态系统保护成效监测评估，构建新时期森林资源保护监督管理体系。2021年底全面推行林长制。到2025年，实现林草湿重点领域动态监测、智慧监管和灾害预警。

（十）实施林业保护发展科技创新战略

建立重大科技攻关揭榜挂帅项目库，建立揭榜挂帅执行机制，深化科研领域"放管服"改革，加强科技创新平台建设。到2025年，力争新增国家级重点实验室1个、国家野外科学观测研究站1个、国家林草长期科研基地1个；新建2个省级工程技术研究中心，创建国家级林草科普基地3个；制修订林草行业标准和地方标准50项。

（十一）持续深化重点领域改革

深化国有林场改革，创新管理方式，打造不同类型的国有示范林场。深化集体林权制度改革，培育新型经营主体，推进适度规模经营，引导社会和金融资本进山入林。建立生态产品价值实现机制；持续推进国际合作与交流。

（十二）高质量发展绿色富民产业

发挥林草资源优势，做大做强优势特色产业，增强优质生态产品供给能力。到2025年，油茶种植面积达到10万公顷；木本油料种植面积达到33.33万公顷（不含油茶）；特色经济林面积达到85万公顷；新建花卉基地3.33万公顷。

（十三）积极推进森林文化建设

以新时代生态文明建设核心价值观为引领，大力弘扬森林文化，全面提升森林文化服务能力。到2025年，全面推行"互联网+"全民义务植树形式；建设古树名木主题公园100处、森林文化教育实践基地50处。

（十四）提升林业草地湿地碳汇能力

积极响应国家应对气候变化承诺的目标，提升林草湿碳汇能力。到2025年，森林面积净增17.03万公顷以上，森林蓄积量净增1550万立方米以上，森林植被碳储量由2020年的1.55亿吨增长到2025年的1.68亿吨。

第十七章
湖北省林业保护发展"十四五"规划概要

一、发展目标

（一）总体目标

高质量推进国土绿化、资源管护、湿地修复和绿色富民，稳存量、提增量。有效实施重要生态系统保护和修复等重大工程，不断扩"绿量"、守"绿线"、提"绿质"、增"绿效"、靓"颜值"，构建更加牢固的生态安全屏障，林业生态文明建设实现新进步。着力构建以国家公园为主体的自然保护地体系，全面推进林长制等制度体系建设，林业改革发展取得新进展。切实加强林业支撑保障和基础设施建设，补短板、强弱项，林业治理体系逐步完善，林业治理效能得到新提升。

（二）具体目标

到2025年，森林覆盖率达到42.5%，森林蓄积量达到4.9亿立方米，林地保有量不低于876.09万公顷，湿地保护率达到55%，自然保护地占全省面积的比例达到10.5%，林业产业总产值达到5500亿元，森林火灾受害率控制在0.9‰以下，林业有害生物成灾率控制在15‰以下。

二、总体布局

"十四五"时期，按照"四屏一系统"优化林业发展格局，围绕资源管护上强度、生态修复上精度、产业发展上质效、生态文化上精品、治理能力上水平等重点任务，明确各区域功能定位和建设重点，构建林业生态安全格局，维护生物多样性和生物安全，实现林业高质量发展。

(一)鄂西南武陵山森林生态屏障

范围包括恩施州、宜昌市的21个县(市、区)。建设重点是加强三峡库区和清江流域等重点生态区域森林资源及天然林、公益林保护管理,抓好以后河、星斗山等国家级自然保护区为重点的自然保护地建设与管理,拯救与保护猫科动物、林麝、水杉、小勾儿茶等珍稀濒危野生动植物种。积极推进水土流失和石漠化综合治理,科学开展天然次生林提质,精准实施森林抚育和退化林修复,加强咸丰二仙岩、宣恩七姊妹山等地亚高山泥炭藓沼泽湿地的保护和退化湿地的修复。大力发展特色经济林和林下经济,适度发展珍贵用材林和国家储备林,加快富硒绿色产业发展,着力培育壮大生态文化旅游。

(二)鄂西北秦巴山森林生态屏障

范围包括十堰市、襄阳市、随州市和神农架林区的21个县(市、区)。建设重点是严格保护天然林和公益林,加强森林、湿地资源管理,推进以神农架国家公园为主体的自然保护地体系建设,拯救与保护川金丝猴、庙台槭等珍稀濒危野生动植物种。大力开展水土流失治理,全面加强森林培育和退化林修复,科学开展天然次生林提质,加强神农架大九湖、丹江口库区等湿地生态保护和修复。大力发展国家储备林和速生丰产用材林,积极发展油茶、核桃等特色经济林,发展香菇、木耳等食用菌产品,推进生态旅游、森林康养、自然教育和生态文化建设。

(三)鄂东北大别山森林生态屏障

范围包括孝感市、黄冈市的17个县(市、区)。建设重点是加强森林湿地资源保护管理,加强龙感湖国家级自然保护区等自然保护地建设,拯救与保护安徽麝、大别山五针松、罗田玉兰、霍山石斛等珍稀濒危野生动植物种。开展水土流失综合治理,实施人工造林、封山育林和退化林修复,加强长江沿线退化湿地保护和修复,开展江河湖库水系连通。因地制宜发展壮大板栗、甜柿等特色经济产业和林药、林粮、林畜等林下经济,优化提升林纸、林板等林产加工,加强发展盆花盆景鲜切花,充分利用人文与自然资源优势发展红色旅游和生态旅游。

(四)鄂东南幕阜山森林生态屏障

范围包括咸宁市、鄂州市和黄石市的15个县(市、区)。建设重点是加强公益林和天然林保护，加强九宫山国家级自然保护区等自然保护地建设，拯救与保护中华穿山甲、白颈长尾雉、永瓣藤、花榈木等珍稀濒危野生动植物种。加大人工造林、封山育林、森林抚育和退化林修复力度，大力开展水土流失和石漠化综合治理，大力实施森林质量精准提升工程，加强湿地保护修复。大力发展木本油料、木本药材、森林康养和旅游，发展楠竹、油茶等特色经济林和林下经济。

（五）鄂中平原湿地生态系统

范围包括武汉市、荆门市、荆州市、天门市、仙桃市和潜江市的21个县（市、区）。建设重点是大力保护乡村原生植被、自然景观、古树名木等生态资源，推进平原地区杨树天牛和湿地有害生物防治，推进石首麋鹿、长江天鹅洲白鱀豚等自然保护区建设，加大长江沿线造林绿化力度，持续加强城镇、村庄和居民点周围集中连片环村林、"四旁"绿化和庭院绿化美化，高标准建设农田林网，建设沿江绿色生态廊道和城市生态屏障，开展退耕（垸、渔）还湿。大力发展湿地松、杨树等工业原料林速生丰产林，重点发展木材加工、珍贵盆景、高标准绿化苗木，把洪湖等重要湿地的生态红利、文化禀赋转变为发展红利，打造优质生态产品产业链和产业区。

三、重点任务

（一）推进林业重大生态工程建设

1. 科学推进国土绿化工程

（1）生态廊道体系建设工程。到2025年，完成造林更新33万公顷，其中人工造林8万公顷、封山育林25万公顷。

（2）森林城市建设工程。全省新建国家森林城市3个、省级森林城市13个。

（3）乡村绿化工程。全省每年建成15个森林城镇、100个森林乡村。

2. 全面推进生态资源保护工程

（1）重要生态系统保护和修复工程。实施秦巴山区生物多样性保护与生态修复工程、大别山区水土保持与生态修复工程、武陵山区生物多样性保护工程、幕阜山区岩溶地区石漠化综合治理工程。

（2）森林草场保护和管理工程。构建林草大数据管理应用基础平台，实现林草资源监督管理、预警预测、动态监测、综合评估等多种功能。严格林地定额管理和用途管制，严守森林资源消耗总量和强度红线，完善森林和草场资源监管机制。

（3）湿地资源保护工程。强化江河源头、中上游湿地和泥炭地整体保护，打造一批小微湿地典型，加强湿地保护管理站（点）、科普宣教、科研监测等保护工程建设。到2025年，全省计划支持100个湿地自然保护地建设。

（4）天然林和公益林保护工程。到2025年，全省天然林保护面积325.59万公顷、国家级公益林221.18万公顷和省级公益林92.01万公顷基本保持稳定。

（5）自然保护地和野生动植物保护工程。加强国家公园等自然保护地建设，加强野生动植物和生物多样性保护。

3. 统筹推进生态系统修复工程

（1）森林质量提升工程。实施森林抚育24万公顷，退化林修复3万公顷。

（2）退耕还林工程。加强对第一轮33.13万公顷和新一轮10.24万公顷退耕还林地的抚育管理工作，巩固退耕还林成果。重点做好长江两岸、自然保护区核心区、丹江口库区等重点生态功能区退耕还林还草工作。

（3）退化湿地修复工程。到2025年，完成退化湿地修复面积和退耕还湿面积0.67万公顷。

（4）重点生态脆弱区修复工程。"十四五"期间，完成石漠化综合治理5万公顷。

4. 着力推进林业生态文化工程

（1）林业生态文化宣传教育工程。推行古树名木社会认养工作，推动珍稀濒危动植物保护教育进校园、进社区、进企业，探索建立志愿者制度，建立健全青少年森林研学教育活动体系，组织开展各类教育实践活动。

（2）林业生态文化基础建设工程。到2025年，建成国有林场生态文化教育示范基地43个，其中国家级8个，省级35个。

（二）高质量提供绿色生态产品

1. 优化绿色发展模式

规模发展商品林基地，集约发展特色经济林，大力发展生态旅游康养，优化提升林产品加工。

2. 创新绿色发展机制

大力培育新型经营主体，加大政策支持力度，进一步优化营商环境。

3. 提升产品供给质量

实施绿色品牌建设，加强产品质量监督管理，打造现代物流供给平台。

4. 实施绿色富民工程

初步建立起林业一、二、三产业融合发展的机制，培育龙头企业和名牌产品，引导林业企业拓展市场。到2025年，全省林业总产值达到5500亿元。

5. 开展"绿水青山就是金山银山"示范基地建设工程

探索"两山"理论转化有效途径，深入开展"绿水青山就是金山银山"试点县建设工程，实现"生态美、产业兴、百姓富"。

6. 推进林业碳汇行动

加强林业碳汇计量监测，开发林业碳汇项目，推进林业碳汇项目交易，加强林业碳汇科技攻关。

7. 建立健全林业生态产品价值实现机制

林业生态产品价值实现的制度框架初步形成，比较科学的林业生态产品价值核算体系初步建立，生态优势转化为经济优势的能力明显增强。

（三）全面推进林业重大改革

1. 全面推行林长制

全面贯彻落实中共中央办公厅、国务院办公厅《关于全面推行林长制的意见》、湖北省《关于全面推行林长制的实施意见》和林长责任区域、林长责任制度、林长会议制度、信息公开制度、部门协调制度、督查考核制度，全面落实省、市、县、乡、村分级负责的林长制组织体系，全面落实工作任务。

2. 加快构建以国家公园为主体的自然保护地体系

整合优化各类自然保护地，基本形成以神农架国家公园为主体、自然保护区为基础、各类自然公园为补充的自然保护地体系，建立全省自然保护地"一张图"，分区分类开展受损自然生态系统修复，严格执法监管，加强机构队伍建设，加强自然保护地法律法规和生物多样性保护宣传教育与培训。到2025

年，全省自然保护地面积占国土面积比例达到10.5%。

3. 深入推进生态保护红线制度

科学划定生态保护红线并严格管控，强化生态保护红线法治能力、监测监管、责任追究。

（四）加强林业治理体系和治理能力建设

1. 加强森林火灾预防体系和早期处置能力建设

加强森林防火机构队伍建设、森林防火基础设施建设、森林防火监测预警体系建设和森林火灾早期处置能力建设。

2. 加强林业有害生物防治体系建设

实施全省松材线虫病除治攻坚5年行动，完善省、市、县三级林业有害生物防治机构，大力推广生物防治、生态调控等绿色防控技术，到"十四五"期末，全省林业有害生物成灾率控制在15‰以下，重大林业有害生物发生面积和病死树数量实现双下降，林业有害生物防控体系完备，检疫御灾能力明显增强。

3. 加强野生动物疫源疫病防控

全面提升野生动物疫病主动预警监测防控能力，建立和完善覆盖全省的野生动物疫源疫病监测防控体系，到2025年，建立起体系健全、功能齐备、运转高效的全省野生动物疫源疫病监测防控体系。

4. 加强林业信息化能力建设

丰富和完善全省林业信息化"一张网""一套数""一张图"，加快全省林业资源综合监测和林业管理数字化、网络化、智能化进程，建设技术先进、全省覆盖、高效协同的"天网、地网、林网、人网"一体化林业信息基础设施，整合统筹管理林业信息资源数据，为全省林业业务提供全面、共享、统一、实时、准确的数据服务和数字支撑。

5. 加强林木良种选育和种质资源保护利用

开展主要造林树种、珍贵乡土树种的良种选育，加强国家重点林木良种基地建设和保障性苗圃的规范管理，加强林木种质资源的保护和繁育利用，在全省17个市（州、林区）新建30个省级原地、异地保存库，申报5个国家级原地、异地保存库。

6. 推进国有林场建设

巩固提升国有林场改革成果，守住森林资源安全边界，加大森林抚育和退化林修复力度，推动林场资源提质增量。推进管护用房、道路、环境整治、信息化等基础设施建设，持续改善国有林场生产生活条件和现代化管理水平，大力发展绿色产业，完善内部管理和考核激励机制，加强人才队伍建设。

7. 加强林业科技创新和人才队伍建设

加强基础研究和科技攻关。力争新增国家级生态定位站、国家级科创联盟、国家级长期科研基地各1个。加强林业科技成果推广转化，实施"标准化+"现代林业行动，进一步加强食用林产品质量安全监管。

8. 加强法治林业建设

完善林业法规体系。研究制订《湖北省自然保护地管理条例》等法规和规章。提升林业行政执法能力，强化林业执法体系建设，加强林业普法教育。重点抓好《民法典》《森林法》等新出台、新修订法律法规宣传活动。

湖北省"十四五"林业保护发展主要指标

序号	指标名称	"十三五"期末值	"十四五"期末值	指标属性
1	森林覆盖率（%）	42	42.5	约束性
2	森林蓄积量（亿立方米）	4.2	4.9	约束性
3	林地保有量（万公顷）	876.09	≥876.09	预期性
4	湿地保护率（%）	52.62	55	预期性
5	自然保护地占全省面积的比例（%）	9.76	10.5	预期性
6	林业产业总产值（亿元）	3842	5500	预期性
7	森林火灾受害率（‰）	<0.9‰	<0.9‰	预期性
8	林业有害生物成灾率（‰）	<3.4‰	<15‰	预期性

第十八章
湖南省林业保护发展"十四五"规划概要

一、发展目标

（一）近期（2021—2025年）发展目标

到2025年，全省林业实现资源总量稳步增加，资源质量提升，资源结构优化，森林草原等生态系统稳定性明显增强，林业治理体系更加完善，治理能力明显提高。全省森林覆盖率（林木绿化率）稳定在59%以上，森林蓄积量不低于7.1亿立方米，草原综合植被盖度稳定在87%以上，湿地保护率稳定在72%以上，自然保护地面积占比稳定在11%左右，国家重点保护野生动植物种数保护率在85%以上，森林火灾受害率控制在0.9‰以内，林业有害生物成灾率控制在国家下达的指标之内。生态环境持续改善，生态安全屏障更加牢固，生态服务功能、生态承载力全面提升，林业科技自主创新能力显著提升，产业结构和布局更趋合理，积极保障优质生态产品，加快实现生态系统稳定、生态功能齐全、生态文化繁荣，既有"绿量"，又有"绿质"，不仅有数量上"大"，更有质量上"强"的生态强省建设目标。

（二）远期（2026—2035年）发展目标

到2035年，基本建成生态强省，基本实现现代化新湖南美好愿景，生态环境根本好转，森林草原等生态系统整体功能全面提高，稳定性全面增强，林业治理体系和治理能力现代化基本实现。全省森林覆盖率（林木绿化率）达60%，森林蓄积量不低于10亿立方米，草原综合植被盖度稳定在87%以上，湿地保护率达75%，自然保护地面积占比稳定在12%左右，国家重点保护野生动植物种数保护率在85%以上，森林火灾受害率控制在0.9‰以内，林业有害生物成灾率控制在国家下达的指标之内。森林资源得到有效保育，森林总量持续平稳增加、森林质量明显提高、森林效能显著增强。构建起完善的"一江一湖一心三山四水多廊"林业生态安全格局，森林、草地与湿地生态系统良性发展，基本满足湖南省生态保护、绿色经济高质量发展、优质生态产品和林农充分就业的需求。

二、林业生态安全格局

依据经济社会发展水平、人口资源环境状况、生态发展特点，基于湖南特有的地形地貌，以江、湖及山川、河流为骨架脉络，对接国家"三区四带"林草保护发展布局中"长江重点生态区（含川滇生态屏障）""南方丘陵山地带"生态安全战略格局和湖南省委省政府关于推进长株潭一体化及绿心中央公园的建设部署，优化筑牢全省"一江一湖三山四水"生态屏障，"四水"协同，"江湖"联动，推进形成（长）江、（洞庭）湖、（三）山、（四）水一体化的"一江一湖一心三山四水多廊"林业生态安全格局，为全面推进生态保护修复、生态惠民、生态服务的战略任务及重点工程项目奠定基础。

（一）"一江一湖三山四水"为根本

1. "一江"即湖南境内163公里的长江岸线

严格落实《中华人民共和国长江保护

发展目标

"十四五"目标

到2025年，全省林业资源总量稳步增加，资源质量提升、结构优化，森林草原等生态系统稳定性明显增强，林业治理体系更加完善，治理能力明显提高。

全省森林覆盖率（林木绿化率）稳定在59%以上，森林蓄积量不低于7.1亿立方米，草原综合植被盖度稳定在87%以上，湿地保护率稳定在72%以上，自然保护地面积占比稳定在11%左右，国家重点保护野生动植物种数保护率在85%以上，森林火灾受害率控制在0.9%以内，林业有害生物成灾率控制在国家下达的指标之内。

到2035年目标

基本建成生态强省，基本实现现代化新湖南美好愿景，生态环境根本好转，森林草原等生态系统整体功能全面提升，稳定性全面增强，林业治理体系和治理能力现代化基本实现，构建起"一江一湖一心三山四水多廊"林业生态安全格局。

全省森林覆盖率（林木绿化率）达60%，森林蓄积量不低于10亿立方米，草原综合植被盖度稳定在87%以上，湿地保护率达75%，自然保护地面积占比稳定在12%左右，国家重点保护野生动植物种数保护率在85%以上，森林火灾受害率控制在0.9%以内，林业有害生物成灾率控制在国家下达的指标之内。

法》，加大长江岸线保护修复力度，重塑绿色生态新长江岸线，构建江湖交汇、山湖交融、河山一体的生态网络，共同维护区域生态基底。实施长江岸线专项保护行动，加强长江生态廊道、湖滨生态保护带、河湖生态廊道等区域生态廊道的相互衔接，保护好一江碧水。

2. "一湖"即被称为"长江之肾"的洞庭湖

加强洞庭湖湖泊保护、生物多样性保护、动植物栖息地保护、湖滨绿色生态岸线保护，切实有效维护洞庭湖洲滩湿地及与之依存的国际重要湿地、国家重要湿地、自然保护区等基础性生态源地。实施河湖联通、水生态修复、已侵占破坏湿地修复，开展洞庭湖生物多样性与可持续发展利用项目，推进东、南洞庭湖国际重要湿地保护与恢复工程及三峡后续项目湿地保护修复工程，探索建立湿地生态效益补偿长效机制。

3. "三山"即武陵—雪峰、罗霄—幕阜、南岭3个山脉为构架的生态屏障区域

贯彻落实《全国重要生态系统保护和修复重大工程总体规划（2021—2035年）》《南方丘陵山地带生态保护和修复重大工程建设规划（2021—2035年）》中重点区域生态保护修复建设任务，实施武陵—雪峰山区生物多样性保护与水源涵养林建设、罗霄—幕阜山区生物多样性保护建设、南岭山地带生物多样性保护与水源涵养林建设等重大工程项目，强化区域生物多样性维护、水源涵养和水土保持主体功能。

4. "四水"即湘江、资江、沅江、澧水的水域和源头及其一、二级支流区域

加大对"四水"流域综合治理、森林质量精准提升的支持力度，实施水源涵养林建设、水土流失治理、石漠化治理等生态保护修复工程，构建全流域生态涵养带，推动流域岸线生态恢复，发挥"四水"流域的洪水调蓄、水源涵养、气候调节和生物多样性保护等生态功能。

（二）"一心"为样板

"一心"即长株潭城市群生态绿心地区，是全省绿色融合发展、生态系统品质提升的示范样板。

按照习近平总书记对长株潭城市群生态绿心地区建设重要指示，立足长株

潭一体化战略布局，准确认识绿心生态屏障的主要功能，全面贯彻落实《湖南省长株潭城市群生态绿心地区保护条例》，开展大尺度、网络化绿心生态提质行动，构筑绿心生态网络空间格局，加快建设世界级品质的城市生态绿心之地，不断完善绿心生态环境共保联治机制，着力打造长株潭城市群的"中央公园"。

（三）"多廊"为纽带

"多廊"即多条多级生态廊道，是将"一江一湖三山四水"连接成互连互通、有机联系、相辅相成的生态纽带。

全面推进省、市、县级生态廊道建设。以河道生态整治和河道外两岸造林绿化为重点，建设湘江、资江、沅江、澧水等河流生态廊道，打造湘江千里滨水走廊示范项目。着眼于重点生态功能区和自然保护地之间，围绕山系、水系、衡邵干旱走廊以及重要交通主干道、民用机场周边一定范围内的生态功能区域，建设一批结构稳定、功能完备的省、市、县级生态廊道。以此为纽带，形成全省完整的生态系统和生物多样性保护网络体系。

三、重点任务安排

围绕生态保护修复、生态惠民服务、治理体系现代化3个方面，合理安排15项重点建设任务，加强山水林田湖草沙系统治理，推进科学绿化，构建以国家公园为主体的自

重点任务
严抓生态保护修复

自然保护地体系建设　01
推动国家公园和自然保护地法的立法和标准化进程，推进自然保护地整合优化，构建监测体系，加强评估考核，完善基础设施建设，科学推进湖南省国家公园设立工作，加强重要生态系统、重点物种和生物多样性的有效保护。

生物多样性保护　02
完善生物多样性调查与数据管理，加强珍稀濒危野生动植物及其栖息地生境保护，加强外来物种管控、生物多样性宣传教育，加强生物多样性法律法规和政策机制建设。

森林草原湿地保护修复　03
全面保护天然林，将天然林和公益林管理并轨，推进草原生态修复，促进草原合理利用，建立健全湿地分级管理体系，实行湿地面积总量管控。

林业草原防灾减灾　04
强化森林火灾监测预警系统、通信和信息系统、队伍与装备能力、林火阻隔系统、应急道路等建设，大力构建林业有害生物的监测预警、检疫御灾、疫情防控等治理体系、防治减灾体系和服务保障体系。

科学绿化　05
推进大规模国土绿化，科学合理安排绿化用地，遏制耕地"非农化"、防止"非粮化"，深入实施全民义务植树活动，进一步推进木材战略储备林建设。

碳中和能力提升　06
建立林业碳汇计量监测模型和监测体系，逐步提高森林碳汇对碳中和的能力，推动建立省域范围森林碳汇增量横向补偿机制。

然保护地体系，持续进行生物多样性保护，扎实推进生态保护、生态提质、生态惠民，稳步提升林业治理体系和治理能力现代化水平。

（一）严抓生态保护修复

紧扣自然保护地体系建设、生物多样性保护、森林草原湿地保护修复、林业草原防灾减灾、科学绿化、碳中和能力提升6项任务，大力实施一系列重点生态保护和修复建设项目。

（二）实抓生态惠民服务

聚焦生态保护、绿色产业、科技服务、绿化美化4项任务，重点落实一批惠民服务建设任务。

（三）深抓治理体系现代化

涵盖完善制度体系、深化林业改革、常抓生态文化、完善法治建设、推动科技创新5项任务，不断推进林业治理体系和治理能力现代化进程。

四、重大工程布局

锚定"十四五"发展目标，聚焦生态保护与修复、生态产业建设、生态文化建设、生态发展支撑4个领域，谋划实施34项标志性示范工程及重点建设工程，引领全省林业高质量发展。

（一）生态保护与修复

对标生态保护修复任务，以维护和提高林业资源生态功能为根本出发点和落脚点，实施省级生态廊道建设示范、绿心地区生态保护与修复示范、国土绿化试点示范、国家储备林建设示范、重点区域生态保护和修复示范、欧洲投资银行贷款湖南森林提质增效示范、退耕

实抓生态惠民服务

生态保护惠民
积极推广林下特色资源培育技术、以工代赈方式的惠民项目，落实森林生态效益补偿、天然商品林管护补助和停伐补助、林业生产技能培训等措施，继续实施生态护林员精准落实到人。

绿色产业惠民
大力发展生态旅游和森林康养、油茶、竹木、林下经济、花卉苗木产业。

科技服务惠民
加快林草科技推广与示范，加大科技人才队伍建设，持续推进科技特派员帮扶行动。

绿化美化惠民
推进乡村振兴和森林乡村建设，与城市生态绿地系统建设紧密结合，推进农村型村庄绿化美化，保护乡村自然生态资源，优化城市森林生态系统。

还林还草、森林抚育建设、林业碳汇发展、自然保护地保护修复、生物多样性保护、天然林（公益林）保护修复、湿地保护修复、林草种质资源保护利用、古树名木保护15项工程，有效促进生态资源增量增质增效。

（二）生态产业建设

对标生态惠民服务任务，实施生态旅游和森林康养产业发展示范、油茶产业发展示范、竹木产业发展示范、林下经济产业发展示范、花卉苗木产业发展示范5项工程，形成产业发展生态化、生态建设产业化的良性循环。

（三）生态文化建设

对标治理体系现代化任务，实施植物科学馆建设示范、森林城市建设、乡村绿化美化建设、自然教育与生态文明教育基地建设4项工程，以点带面、示范引领，构建全省生态文化宣教体系。

（四）生态发展支撑

对标治理体系现代化任务，加强科技基础平台建设，实施"中国油茶科创谷"示范、林业草原科技攻关与创新建设、林业草原灾害防控、国有林场基础设施建设、基层林业站标准化建设和能力提升建设、优质种苗保障、林业再信息化建设、全省林业法治建设、家庭林场和林业合作社能力提升、林业基层人才培养10项工程，为全省林业高质量发展提供广泛支撑。

深抓治理体系现代化

01 完善制度体系

建立健全林长制、国土绿化、森林资源保护、草原保护、湿地保护修复、生物多样性保护、石漠化综合治理、自然保护地保护管理、国家公园保护管理、林草科技、林业规范性文件管理等制度。

02 深化林业改革

深化集体林权制度改革、国有林场改革，创新林业投融资机制、林业利益联结机制。

03 常抓生态文化

积极创作生态文化作品，加快建设生态文化品牌，深入挖掘生态文化内涵，着力打造林业融媒体宣传平台，有序推进林业科普场馆建设。

04 完善法治建设

完善林业法规体系，规范林业行政执法行为，强化执法和监督，加强行政执法能力、行政复议和行政应诉能力建设，加强法制队伍建设，深入推进林业普法、"放管服"改革。

05 推动科技创新

强化林草科技创新，推进林业再信息化，构建林草标准化体系，加强科技基础平台建设，提高科技管理水平，加强科学技术普及工作。

湖南省"十四五"林草保护发展主要指标

序号	指标名称	2020年	2025年	2035年	指标属性
1	森林覆盖率（林木绿化率）（%）	59.96	≥59	≥60	约束性
2	森林蓄积量（万立方米）	58811.19	≥71000	≥100000	约束性
3	乔木林单位面积蓄积量（立方米/公顷）	65.03	≥72	≥94	预期性
4	草原综合植被盖度（%）	87.04	≥87	≥87	预期性
5	湿地保护率（%）	75.77	≥72	≥75	预期性
6	自然保护地面积占比（%）	10.78	11左右	12左右	预期性
7	国家重点保护野生动/植物种数保护率（%）	95.81	≥85	≥85	预期性
8	森林火灾受害率（‰）	≤0.9	≤0.9	≤0.9	预期性
9	林业有害生物成灾率（‰）	控制在国家下达的指标之内			预期性
10	林业产业总产值（亿元）	5099	≥6500	≥9600	预期性
11	森林生态系统服务价值（亿元）	11763.22	≥10000	≥12000	预期性
12	林业科技进步贡献率（%）	55	63	68	预期性

第十九章
广东省林业保护发展"十四五"规划概要

一、"十四五"发展目标

全面实施绿美广东大行动，推动广东林业生态文明建设走在全国前列。到2025年，全省森林覆盖率58.9%，森林蓄积量6.2亿立方米，林业产业总产值达10000亿元以上，城乡绿化水平不断提高，森林碳汇能力不断提升，自然保护地体系初步建成，资源保护持续加强，生态富民产业更加兴旺，林业现代化治理能力显著提升。

二、发展格局

紧扣全省"一核一带一区"区域发展格局，衔接"一链两屏多廊道"国土空间保护格局，根据全省自然地理特征和林业发展需求，构建广东林业保护发展"一核一带一区"新格局。

（一）"一核"：珠三角森林城市群

珠三角国家森林城市群，引领全省城市生态林业发展的核心区。提升珠三角国家森林城市群建设水平，优化城市群内部"通山达海"生态空间，建设粤港澳大湾区世界级森林城市群。开展湾区生态湿地和红树林生态带建设，推动（国际）湿地城市创建，推动建设宜居宜业宜游生态湾区。

（二）"一带"：沿海生态带

沿海生态带，为新时代全省发展主战场保驾护航。加强红树林保护恢复和沿海防护林建设。加强山地森林生态修复，推进粤东、粤西诸河水源涵养林建设，推动雷州半岛热带季雨林生态修复。发展特色经济林，西翼重点培育商品林大径材。

（三）"一区"：北部生态发展区

北部生态发展区，全省重要的生态屏障。以国家公园建设为抓手，保护自然生态系统的原真性、完整性。提升自然保护区保护水平，加强野生动植物保护，维护生物多样性。建设北部环形山体生态屏障，加强森林保护，大力推进公益林大径材培育，积极实施石漠化地区植被恢复。激发生态富民潜力，助力乡村振兴。

三、建设任务

（一）大规模提升森林质量，促进碳达峰碳中和

通过强化森林经营提高森林固碳能力、科学造林增加森林碳储量、保护森林减少碳排放三个途径，实现增汇抵排。根据小区域林相特征，合理采取造林、低效林改造与抚育、大径材培育等精准经营措施，优化林分结构，加强森林保护，通过持续性的小区域森林质量精准提升，小片连大片，大规模提升全省森林质量，增强森林碳汇能力，为实现碳达峰碳中和目标作出积极贡献。"十四五"期间，全省规划建设16.67万公顷大径材基地（公益林大径材基地13.34万公顷，商品林大径材基地3.33万公顷），建设国家储备林总面积20万公顷，财政投资森林抚育面积25万公顷，社会投资森林抚育面积100万公顷，建设高质量水源林33.33万公顷，新建生物防火林带6500公里，维护提升生物防火林带15000公里，开展低效林改造11.0万公顷，建立林木种质资源库和良种基地各5处，总面积200公顷。

（二）构建以国家公园为主体的自然保护地体系，推动生态永续发展

高质量建设南岭国家公园，健全国家公园管理机制，推动丹霞山国家公园创建。推动整合优化预案落地，建立健全规划体系，加强基础设施建设，高水平建立自然保护地体系。高水平建设自然保护区，开展物种栖息地和关键生境、生态廊道、自然遗迹等的保护修复工作，提高自然保护区保护水平。提升生态功能，积极开展生态教育和自然体验，适度开展生态旅游，切实提升自然公园生态服务能力。建立完善管理制度、标准体系，建设智能感知监测体系，加强人员队伍建设，建立共建共治共享机制，健全发展机制，推动生态永续发展，推动自然保护地体系建设走在全国前列。

（三）开展林草保护修复，增强自然生态系统功能

坚持系统观念，加强森林、湿地、草地生态系统和沿海生态带、石漠化地区植被等保护和修复，注重综合治理、系统治理、源头治理，推动由"单个系统、单个要素"保护修复模式向"山水林田湖草沙"系统保护修复模式转变，加强公益林建设，推进雷州半岛和南粤古驿道森林生态修复，制订草地保护修复方案，增强自然生态系统功能，提升生态系统质量和稳定性，确保生态系统持续向好。到2025年，全省天然林保有量达240万公顷以上。将古驿道沿线区域建成生态修复综合治理示范区，区域森林覆盖率提高到52.5%；乔木林每公顷蓄积量达到65立方米；针叶混交林和阔叶混交林比例各增加3%。建设省级层面的湿地监测中心，在重要湿地建设湿地生态监测站10处以上，在全省重要湿地和国家湿地公园建设宣教基地30处以上，规划建设21处示范湿地公园，全省湿地保护率达52%以上。营造红树林5500公顷，修复现有红树林2500公顷。规划建设基干林带1.53万公顷，纵深防护林总面积4.74万公顷。

（四）加强野生动植物保护，提高生物多样性水平

摸清野生动植物资源本底，加强野生动植物保护，构建野生动植物保护和监管体系，提高生物多样性水平。全面提升野生动物疫病监测预警能力，重点建设国家林业和草原局穿山甲保护研究中心、华南植物物种鉴定中心、华南珍稀植物保育研究中心及中亚热带（南岭）、南亚热带（大湾区）和北热带（阳江）珍稀植物保育基地。加强国家重点保护野生动植物物种和世界自然保护联盟濒危物种红色名录物种的保护。加强外来物种和有害生物监测，建立外来入侵物种名录，提高对重要生态系统构成威胁的外来物种和有害生物治理水平。

（五）建设全域森林城市，提升城乡生态能级

加快推动具有岭南特色的森林城市建设，推进全域森林城市、森林城市群建设，统筹城乡绿化，拓展城乡生态空间，提升城市品质、提高生态承载力、改善人居环境，促进城乡生态能级升级换挡，推动全域森林城市建设走在全国前列。到2025年，全省21个地级以上市实现国家森林城市全覆盖，推动各地级以上市创建1个以上县级国家森林城市，全省推进40个县级国家森林城市建设。建设250个绿美古树乡村、250个红色乡村。

（六）建设一流生态湾区，服务"双区"战略

依托粤港澳大湾区北部绵延山体、南部海岸带、丰富的湿地等自然资源禀赋，抓住建设粤港澳大湾区和深圳中国特色社会主义先行示范区建设的战略机遇，建设世界级森林城市群、生态湿地、红树林生态带等，支持深圳市建设中国红树林博物馆，支持广州市建设国际湿地博物馆，全面推进水鸟生态廊道建设，推动建设国际一流生态湾区，为打造宜居宜业宜游国际一流湾区提供强有力生态支撑。到"十四五"期末，珠三角地区人均公园绿地面积达18平方米以上，生态廊道连通度达90%以上，20公顷以上成片森林面积达90%以上，各市建设具有世界级水平的生态文化科普场馆1处，建成独具特色的植物园（树木园）1个。修复湿地（不含红树林湿地）300公顷，优化湿地景观2000公顷以上，建设示范性湿地公园12处，营造红树林1085公顷，修复现有红树林769公顷。

（七）发展生态富民产业，推动乡村全面振兴

充分发挥林业资源优势，拓宽生态产品价值实现途径，巩固生态脱贫成果。全力扩大高质量生态产品有效供给，充分利用各行业发展相关政策，促进林业一、二、三产业融合发展，做强、做优林业产业，推动生态富民，助力乡村振兴，推动林业生态共建共享走在全国前列。到2025年，建设省级油茶产业发展基地10个，油茶种植面积达到21.33万公顷，省级自然教育基地100个。创建国家现代林业产业示范区5个。培育发展国家级、省级林下经济示范基地200个以上。"十四五"期末，国家级、省级森林康养基地达到100个，省级以上林业龙头企业累计达500家以上。

（八）加强森林资源保护，夯实生态安全基础

加强林地林木保护、森林火灾防控、林业有害生物防治和资源调查监测，提升资源精细化管护水平，加强森林资源保护，夯实生态安全基础。"十四五"期间，新造6500公里生物防火林带，维护提升15000公里生物防火林带；完成不少于100种主要有害生物人工智能识别基础数据库，每年实施林业有害生物防治面积36.67万公顷以上，将林业有害生物成灾率控制在8.2‰以下。

（九）强化林业改革创新，推进治理能力现代化

全面推行林长制，推进林业改革创新，创新体制机制，健全林业法治制

度，推进林业科技创新，建设智慧林业，开展目标责任制考核，推动林业现代化治理走在全国前列。力争到2021年底，全面建立省、市、县、镇、村五级林长体系。到2025年底，实现资源网格化管护率80%，积极创建10个省级镇村示范林场，建设3~5个区域性林业科技示范基地，省级以上林业科技示范县1~2个，力争获得省部级科技奖5~8项。

广东省"十三五"林业发展主要指标完成情况

序号	指标名称	2020年规划值	2020年现状值	完成情况	指标属性
1	林地保有量（万公顷）	1056.0	1057.12	完成	约束性
2	森林保有量（万公顷）	1052.50	1053.22	完成	约束性
3	森林覆盖率（%）	58.62	58.66	完成	约束性
4	森林蓄积量（亿立方米）	5.84	5.84	完成	约束性
5	湿地保有量（万公顷）	175.34	175.34	完成	约束性
6	自然保护区占国土面积比例（%）	7.0	7.61	完成	约束性
7	湿地保护率（%）	50.0	50.27	完成	约束性
8	生态公益林占林地面积比例（%）	45.0	45.0	完成	预期性
9	生态公益林一、二类林比例（%）	85.0	86.5	完成	预期性
10	林业总产值（亿元）	8000	8212	完成	预期性
11	森林生态效益（万亿元）	1.8	1.88	完成	预期性
12	森林公园面积占国土面积比例（%）	5.54	5.54	完成	预期性
13	全民义务植树尽责率（%）	82.0	92.2	完成	预期性
14	森林火灾受害率（‰）	≤1	0.06	完成	预期性
15	林业有害生物成灾率（‰）	≤4	2.3	完成	预期性

广东省"十四五"林业保护发展主要指标

序号	指标名称	2020年	2025年	指标属性
1	森林覆盖率（%）	58.66	58.90	约束性
2	森林蓄积量（亿立方米）	5.84	6.20	约束性
3	乔木林单位面积蓄积量（立方米/公顷）	66.13	70.20	预期性
4	湿地保护率（%）	50.27	52.0	预期性
5	国家公园等自然保护地面积占比（%）	11.89	13.0	预期性
6	国家重点保护野生动/植物种数保护率（%）	—	75/80	预期性
7	森林火灾受害率（‰）	0.06	≤0.9	预期性
8	林业有害生物成灾率（‰）	2.3	≤8.2	预期性
9	林业产业总产值（亿元）	8212	10000	预期性
10	森林生态系统服务价值（亿元）	—	10000	预期性
11	新增精准提升森林质量面积（万公顷）	—	78.7	预期性
12	资源网格化管护率（%）	—	80.0	预期性

第二十章
广西壮族自治区林业保护发展"十四五"规划概要

一、建设目标

到2025年，全区森林、草原、荒漠、湿地生态功能明显提升，生态系统碳汇能力显著提高，我国南方重要生态安全屏障更加坚实牢固，林业草原产业规模进一步扩大，一、二、三产业更加融合，优质林业草原产品供给更加充足，现代林业草原治理体系和治理能力全面提升，服务国家和自治区战略能力持续增强，奋力建成森林生态美、林业产业强、林区群众富、生态文化兴、治理能力优的新时代现代林业强区。林地保有量稳定在1580万公顷以上。森林覆盖率达到62.6%，森林蓄积量达10.5亿立方米，森林生态系统服务价值达到2万亿元，森林植被碳储量达到5.5亿吨。草原综合植被盖度达到83%。湿地保护率达到33%。自然保护地占全区陆域面积达到9%。林业草原产业总产值突破13000亿元。森林火灾受害率低于0.8‰，林业有害生物成灾率低于8%。

二、总体布局

以自然地理和林业草原资源为基础，加快建设"两带四区"壮美林业高质量发展新格局。

（一）北部湾沿海生态防护带

该区域内海岸湿地和红树林集中分布。主攻方向是加强北部湾滨海湿地、红树林等典型生态系统保护和修复，共建东南沿海红树林生物多样性保护重点生态功能区；开展岸线整治和生态景观恢复，建设以海岸基干林带为主体的纵深生态防护体系，加强沙化治理和退化林分（带）改造，推进广西北部湾森林城市群建设。

（二）珠江—西江生态涵养带

该区域内部分沿江森林生态功能受损、生物多样性降低，生态系统总体脆弱。主攻方向是加强防护林建设，重点开展两岸生态拦截带建设，推进森林抚育、退化林和退化草原修复，优化乔灌草复合生态系统结构，遏制水土流失，保护珠江—西江黄金水道生态安全。

（三）桂西北山原生态保育和珍贵用材林培育区

该区域内自然保护区和自然公园分布较密集，森林类型多样，生物多样性丰富。主攻方向是加快优化自然保护地体系，进一步突出对原生地带性植被、特有珍稀物种及其栖息地或原生境的保护；大力发展林业生态旅游和森林康养产业，建设国家木材战略资源储备示范区和木本粮油产业融合发展示范区。

（四）桂东北山地生态旅游和优质用材林发展区

该区域内自然保护区和自然公园分布较密集，生态旅游景点众多。主攻方向是构建生态保护格局，巩固提升自然生态系统稳定性；大力发展林业生态旅游和森林康养产业，建设林业特色产业协同发展示范区。

（五）桂中—桂西南岩溶生态修复和特色经济林培育区

该区域石漠化严重，自然保护区和自然公园分布较密集，物种极为丰富。主攻方向是精准提升森林质量，深入推进石漠化综合治理，加强重点物种跨境保护和边境地区生物廊道建设；建设木本粮油产业融合发展示范区和林产化工产业集约发展示范区。

（六）桂东南丘陵短周期用材林和产业集群发展区

该区域短轮伐期用材林、林产化工原料林及亚热带经济果木林大规模发展，人工纯林比重大，木竹精深加工、林产化工精深加工产业基础良好，产业集群度高。主攻方向是加强天然林和公益林保护，推进退化森林和退化草原修复，遏制水土流失；建设国家木材战略资源储备示范区、木竹材加工产业创新发展示范区及林产化工产业集约发展示范区。

三、建设任务

（一）切实筑牢南方重要生态屏障

着力提升森林生态系统质量和稳定性，全面保护修复湿地和红树林，建立科学合理的自然保护地体系，加强保护野生动植物，开展国土科学绿化行动，精准提高森林草原质量，科学推进石漠化和沙化综合治理，增强林业草原碳汇能力。完成人工造林6.67万公顷，森林抚育166.67万公顷，更新及退化林修复73.33万公顷，封山育林3.33万公顷，天然林和公益林面积均稳定在500万公顷左右，岩溶地区乔灌植被面积达到510万公顷以上；完成人工种草和改良草原1万公顷；新建湿地公园2处以上，新增认定自治区级以上重要湿地10处，营造红树林1000公顷，修复红树林3500公顷；新建自然保护地5处（不含湿地公园），完成84处自然保护地勘界立标。

（二）着力打造万亿元绿色产业

保障优质木材资源供给，新建国家储备林46.2万公顷，建设自治区直属国有林场高质量商品林基地66.67万公顷，进口优质木材数量达到1000万立方米。打造油茶等特色经济林优势产业，油茶种植面积达到66.67万公顷，改造八角、肉桂、核桃等特色经济林低产林10万公顷，产业综合产值达到2000亿元。提升木材加工和林浆纸产业，人造板产量达到6500万立方米，木（竹）浆产量达到350万吨。培育林业生态旅游与森林康养产业，年接待游客超过2.5亿人次，产值达到3000亿元。做优林产化工产业，产值达到400亿元，产业在全国乃至全球优势地位进一步巩固。优化林下经济和森林食品药品产业，产值达到2000亿元，其中林下经济产值达到1400亿元。培育壮大花卉产业，花卉生产面积增加到10万公顷。提升现代林业服务产业，产值达到600亿元，推动建设国家林业产业示范园区10个以上、自治区级林业产业示范园区20个以上，自治区级特色林业现代化示范区达到80处以上；建设林业乡村振兴村屯示范点200个，巩固拓展生态脱贫成果同乡村振兴有效衔接。

（三）持续深化改革开放

全面推行林长制，深化集体林权制度改革、国有林场改革、林业草原"放管服"改革，探索构建生态产品价值实现机制，加强对外开放合作，构建林业合作"南宁渠道"，力争建设林业改革集成开放合作示范区，助力建设更为开放包容的广西、更为文明法治的广西。林权抵押贷款余额达到200亿元，林权交易额达到100亿元。

（四）全面提升防灾减灾能力

深入实施林业草原防灾减灾工程，加强森林防火和林业草原有害生物防治，强化陆生野生动物疫源疫病监测防控，扩大森林保险覆盖面，稳步提升林业草原防灾减灾能力。新建、改造或抚育生物防火林带2000公里，新建、改建防火应急道路3000公里；建立森林病虫害综合防控示范区（点）；建成广西陆生野生动物疫病研究中心，建设完善陆生野生动物疫源疫病监测体系。

（五）大力推进科技创新

实施林业草原科技创新工程，提升科技创新能力，强化科技转换成果，探索重大科技项目"揭榜挂帅"制度，健全标准体系建设，组织实施林业重大科技攻关13项，建成省部级科技创新平台10个以上，新建、改扩建生态定位站25个，创建广西"两山"理论主题实践基地10个以上，转化林业科技成果100项以上，制修订各类标准50项以上，建设标准化示范基地10个以上。

（六）坚持夯实基础支撑

实施现代林业草原治理能力基础提升工程，筑牢种业安全根基，加强人才队伍建设，提升林业信息化水平，完善林业基础设施建设。提升林业信息化率达到80%，建设认定林草种质资源库30个，建设保障性苗圃50个，建设标准化乡（镇）林业工作站125个、一站式服务站200个。

（七）繁荣生态文化

大力开展生态文化建设行动，加强生态文明宣传教育，建设和完善生态文化载体，促进生态文学艺术创作，全面繁荣发展生态文化。建设古树名木公园10处以上、自然教育基地100个以上。

广西"十四五"林草保护发展主要指标

类别	序号	指标名称	2020年	2025年	指标属性
生态安全屏障	1	森林覆盖率（%）	62.5	62.6	约束性
	2	自然保护地占全区陆域面积（%）	—	9	约束性
	3	林地保有量（万公顷）	1600	1580	约束性

（续表）

类别	序号	指标名称	2020年	2025年	指标属性
生态安全屏障	4	湿地保护率（%）	31.9	33	预期性
	5	国家重点保护野生动/植物种数保护率（%）	90/89.4	92/90	预期性
	6	森林生态系统服务价值（万亿元）	1.58	2	预期性
	7	草原综合植被盖度（%）	82.76	83	预期性
	8	五年造林面积累计（含封山育林和更新及退化林修复）（万公顷）	115.89	83.33	预期性
	9	森林蓄积量（亿立方米）	9.49	10.5	约束性
	10	乔木林单位面积蓄积量（立方米/公顷）	84.5	90	预期性
	11	森林植被碳储量（亿吨）	5.1	5.5	预期性
产业发展	12	木材采伐蓄积量（万立方米）	4207	4500	预期性
	13	林业草原产业总产值（亿元）	7662	13000	预期性
	14	木材加工产业产值（亿元）	2599	5000	预期性
	15	林业生态旅游和森林康养产值（亿元）	1468	3000	预期性
	16	林下经济产值（亿元）	1235	1400	预期性
产业发展	17	油茶产业综合产值（亿元）	317	1000	预期性
基础支撑	18	林业科技进步贡献率（%）	55	60	预期性
	19	林业信息化率（%）	65	80	预期性
	20	主要造林树种林木良种使用率（%）	80	85	预期性
	21	森林火灾受害率（‰）	0.05	≤0.8	预期性
	22	林业有害生物成灾率（‰）	0.37	≤8	预期性

注：规划期主要指标随国土空间规划等上位规划及相关统计标准等变化进行相应调整。

第二十一章
海南省林业保护发展"十四五"规划概要

一、建设目标

(一) 总体目标

到2025年,持续稳定全省林地、湿地、生态公益林和森林面积,森林覆盖率不低于62.1%,陆域自然保护地面积占全省陆域面积比例在16.5%以上,森林火灾年均受灾率低于0.3‰,林业有害生物成灾率低于2.8‰。加强自然生态系统保护和修复,精心呵护好热带雨林资源;深入推进国土绿化,开展森林经营,确保森林资源增质、增效、增产;增强林业生态服务功能,丰富绿色生态产品,满足人民群众对优美自然环境的需求;提高林业现代治理能力,夯实林业支撑保障能力,推进林业高质量发展。

(二) 分项目标

1. 自然生态系统更加健康稳定

初步建成以海南热带雨林国家公园为主体的自然保护地体系,保护好热带雨林这一"命根子",确保重要自然生态系统、自然遗迹、自然景观和生物多样性得到系统性保护。全面保护好天然林、公益林、湿地等重点生态区位的自然资源,推进重点生态区域保护和修复,提升自然生态承载力,不断改善生态环境质量,维护自然生态系统健康稳定。

2. 国土绿化深入推进

深入开展国土绿化,进一步优化林分结构。通过开展森林经营和实施森林提质增效工程,推进沿海防护林提质改造、退化林修复、森林城市建设,提升森林质量和景观效果。稳定森林覆盖率，提高活立木蓄积量，确保林地和森林面积不减少。

3. 林业生态公共服务功能显著增强

以促进人与自然和谐发展为目标，以满足人民群众的生态文化需求为出发点和落脚点，大力实施生态文化建设行动。在保护的前提下，积极探索协调发展新模式、产业融合新态势、自然教育新理念、服务体系新举措和体制机制新思路，以自然保护地、美丽乡村等为载体，深入开展生态文化科普、教育、康养和旅游观光活动，建成高品质的生态旅游、体验、宣教等服务设施，建立较为完整的生态旅游产品体系框架，扩大客源市场，使海南热带雨林生态文化更加繁荣，生态价值观深入人心。

4. 绿色生态产品日益丰富

以绿色发展为主线，进一步优化林业产业结构，促进产业转型升级，发展生态产业化和产业生态化为主体的生态经济体系，助推乡村振兴。推进生态旅游、乡土珍稀树种、木本油料、花卉苗木、国家储备林、林下经济和林源中药、特色经济林、林产品精深加工等产业发展，丰富生态产品种类，提供更多优质的生态产品，不断提高企业和林农的收益，有效解决农村就业问题，巩固脱贫工作成效，不断提高林业产业总产值。

5. 林业现代化治理体系明显提高

强化林业治理能力建设，进一步完善林长制相关制度，构建权责明确、保障有力、监管严格、运行高效的森林资源保护发展机制。

6. 林业支撑保障体系全面提升

推进森林灾害防控体系信息化建设，提高森林灾害防控水平。加强林业科技创新和成果推广，提高良种选育技术。继续推进智慧林业建设，基本建成全覆盖的林业立体感知体系。加强林业干部队伍建设，培养新型人才。扩大对外交流合作，引进和借鉴先进理念和经验，完善林业体制机制改革和创新，高标准推进生态文明试验区建设。

（三）远景目标

到2035年，建成海南热带雨林国家公园为主体的自然保护地体系，拥有成熟且完善的管理体制、法律法规体系和运行机制。基本建成以热带雨林为特色，山水林田湖草为一体的环境优美、生态稳定、生活宜居的热带海岛生态系统，其自身调节和修复能力显著增强，生态功能和价值显著提升，生态系统完整性和连通性得到实现。"两山"理念转化途径基本形成，社区生态经济快速发展，自然保护和民生福祉齐头并进。林业治理能力现代化和林业建设信息化基本实现。初步建立起林业生态产业化和产业生态化的绿色发展格局。生态环境质量进一步提升，美丽海南建设目标基本实现。

二、总体布局

按照海南省建设自由贸易港和国家生态文明试验区总体思路，根据地形地貌、森林资源分布格局以及区域社会经济发展战略方向的差异性等特征，以森林生态网络体系中的山、水、林、田、湖、草为要素，深入践行"绿水青山就是金山银山"和"山水林田湖草"综合治理的发展理念，按照"最佳生态、四季花园"的战略布局，将森林生态以点、线、面、片、网相结合，以海南热带雨林国家公园为面，以自然保护区、自然公园、城镇、村庄为点，以沿海防护林为线，以热带经济林为片，以河流、道路为网，构建"一园两带多点"的规划布局，把全省建设成为一个"大公园、大花园"，打造林城相融、林水相依、林田纵横、山水相连的生态岛。

（一）一园：以海南热带雨林国家公园为主体的中部南部山区生态核心

该区域是海南热带雨林的核心，物种多样性丰富，孕育着多种热带特有、中国特有、海南特有的珍稀动植物种类，是热带雨林生物多样性和遗传资源的重要基因库。

规划方向：全面推进实施《海南热带雨林国家公园总体规划》及各专项规划，以热带雨林生态系统原真性和完整性保护为基础，以热带雨林资源的整体保护、系统修复和综合治理为重点，逐步恢复和扩大热带雨林等自然生态空间，更好发挥热带雨林的生态服务功能，为海南自由贸易港和生态文明试验区建设提供生态资源与环境保障。

区域范围东起万宁市南桥镇，西至东方市板桥镇，南至保亭县毛感乡，北至白沙县青松乡，主要包括五指山、琼中、白沙、东方、陵水、昌江、乐东、保亭、万宁等9个市（县），总面积4269平方公里。

（二）两带：环岛沿海防护林带、林业生态产业带

1. 环岛沿海防护林带

即沿海基干林带和红树林带，该区域是海南岛生态安全防护的第一道绿色屏障，也是全省实施生态保护修复的重点区域之一。

规划方向：立足海岸实际情况，以沿海防护林带提质增效为目标，以营造红树林和抗风性强、易存活的滨海适生树种为主，推进混交种植模式，逐步优化沿海防护林带林分结构和防护效能，提升森林质量和景观效果，增强防灾减灾能力，打造成生态功能强大、热带景观秀丽的滨海绿色长廊。

区域范围位于环岛沿海防护林带，主要包括海口、文昌、琼海、万宁、陵水、三亚、乐东、东方、昌江、儋州、临高、澄迈等12个市（县）。

2. 林业生态产业带

该区域位于中部南部生态核心与环岛沿海防护林带之间，是连接海南各生态功能区的重要环节，也是中部南部生态核心与环岛沿海防护林带的重要生态支撑。

规划方向：区域内以人工商品林为主，公益林较少，在保护生态和提升森林质量的基础上，是全省兼顾发展绿色生态产业经济的最佳区域，是实现生态产品多元化供给，进一步巩固脱贫攻坚成果，以及协调保护与发展并重的重点区域。

区域范围涉及全省18个市（县）及洋浦经济开发区。

（三）多点：自然保护区、自然公园、城镇和村庄

该区域位于海南热带雨林国家公园建设范围外，是实现生态建设"点、线、面、片、网"空间布局的重要补充，是生态安全屏障建设的重要组成部分，对连接和稳定区域生态系统，改善生态环境，充分发挥生态系统服务功能，以及维护生物多样性具有重要意义。

规划方向：坚持保护为主，生态为民，科学利用。严格保护重要自然生态系统、自然遗迹、自然景观、珍稀濒危物种及其生境。同时，践行"绿水青山就是金山银山"的发展理念，探索自然保护和资源利用新模式，结合森林城市

和乡村规划建设，提升城镇和村庄人居环境，实现生态产品价值转化，发展森林生态旅游和康养产业经济体系，不断满足人民群众对优美生态环境、优良生态产品、优质生态服务的需要。

区域范围涉及全省18个市（县）及洋浦经济开发区、25个自然保护区、47个自然公园。

三、重点建设任务

（一）构建以国家公园为主体的自然保护地体系

重点任务专栏1

1. 高质量建设海南热带雨林国家公园：创新模式推进海南热带雨林国家公园建设，建立统一规范高效的国家公园管理体制，统一行使全民所有的自然资源国家所有权，实行整体保护、系统修复、综合治理，基本建成大尺度、多层次保护体系，使热带雨林的完整性、原真性、多样性得到有效保护，逐步恢复和扩大热带雨林等自然生态空间，更好发挥热带雨林的生态服务功能，为海南自由贸易港建设提供生态资源与环境保障。基本建立以财政投入为主的多元化资金保障机制，初步形成国家公园法律法规规范标准体系，国家公园与社区协调发展，实现国家公园的国家所有、全民共享、世代传承，成为国家生态文明试验区（海南）的靓丽名片，争创全国国家公园体制建设的样板。推进实施国家公园各专项规划近期建设内容，逐步提升公园建设质量和水平。

2. 提升自然保护区及自然公园能力：加强自然保护地标准化建设，进一步优化空间布局和管控分区，设立自然保护地建设项目负面清单，探索建立管理机构与地方政府协调协作机制。完善机构管理队伍，加强保护管理能力建设，开展生态系统保护修复工程项目，提升自然生态系统质量。加强海洋自然保护区管理，提升海洋生物保护研究、科普宣教等能力建设，改善保护区基础设施，建立覆盖各层级自然保护区日常管理和保护效果的考核机制，强化保护区日常监督管理。

3. 加强旗舰物种和植物极小种群保护：实施海南长臂猿等珍稀濒危动物和植物极小种群保护与抢救工程，开展其重要栖息地和关键地带生态廊道建设。

（二）深入推进国土绿化

重点任务专栏2
1．持续推进造林绿化：在全省范围内充分挖掘生态用地潜力，以维护自然生态系统完整性为目标，以持续推进种植橡胶、椰子、槟榔等"三棵树"和花梨、沉香等乡土珍稀树种为主线，合理布局各类绿化空间，以市县和企业为主，各林区林场、保护区、乡村为辅，科学确定绿化功能目标和任务规模。
2．沿海防护林建设：开展沿海防护林基干林带改造修复，结合环岛旅游公路，调整林分结构，从以木麻黄为主向椰子、木麻黄等多树种混交转变，以乔木为主向乔、灌、花、草立体多层转变，建设沿海防护林，改造岛东林场示范区，充分发挥基干林带生态景观与功能需求的契合性，提升森林防护功能和景观质量，打造环岛带状公园。
3．创建森林城市：将森林有机融入城市空间，注重保护城市生态格局，依托城市基础设施、山体、水系、绿地、湿地等骨架单元布局，优化城市森林生态廊道，改善自然生态环境，构建城市生态安全屏障。坚持乡土树种为主，打造独具热带特色的城市森林景观，建成城乡一体、总量适宜、结构合理、分布均衡、功能完善的城市森林生态系统。

（三）推进红树林等重要湿地生态系统保护与恢复

重点任务专栏3
1．全面开展红树林生态系统保护与修复：推进红树林的科学保护和修复，恢复红树林湿地生境。增强红树林湿地保护能力建设，加强红树林生物多样性保护，建立红树林动态数据库及监测体系。健全完善红树林用途管理，探索开展湿地生态效益补偿。至2025年，计划新增红树林面积2.55万亩，修复退化红树林湿地4.8万亩；通过划定生态保护红线，进一步整合优化保护地范围，将连片天然红树林湿地划入生态保护红线实行严格保护，力争扩大天然红树林保护范围；加强红树林湿地科学研究，开展生态系统监测和评估，加强人员培训和科技人才的引进，构建科技支撑体系。
2．实施其他湿地生态系统保护与修复：坚持保护优先、科学恢复、合理利用、持续发展的方针，全面保护与恢复湿地，实施湿地保护与恢复重点工程，推进湿地可持续利用示范，加强湿地保护管理能力建设，健全湿地保护法律法规体系。

（四）加大资源保护力度和精准提升森林质量

重点任务专栏4

1. 加强野生动植物保护：服务国家生态安全战略，全面禁止非法交易和食用野生动物，系统保护野生动植物资源，完善野生动植物资源调查、保护、监测、管理和救护体系。加快建立健全野生动植物监管体系和野生动物疫源疫病监测防控体系。开展全省野生动植物本底调查，利用现代化科技手段，建立野生动植物监测管理平台。

2. 全面加强森林资源保护：加快建立全面保护、系统恢复、权责明确的热带天然林保护修复制度体系，实行天然林保护与公益林管理并轨，健全管护责任制，完善管护模式。利用现代数字化、信息化等科技手段，建立天然林和公益林保护、监测和利用信息平台，提升资源保护管理能力，有效保护热带森林。

3. 加强森林经营：建立健全森林经营规划和森林经营方案制度，加强森林经营标准化建设，完善分类经营制度，推进森林近自然经营，科学经营生态林，进一步放活商品林，强化创新，探索模式，有序推进全周期森林经营，提升森林质量，实现森林资源永续利用。结合国家储备林建设，科学开展退化林修复、珍稀乡土树种培育等一批森林质量精准提升工程。

4. 严格执行林地保护管理：编制新一轮全省林地保护利用规划，科学规划林地保护利用空间格局。严格执行国家、省有关林地保护利用法律法规，加强林地监督与检查工作。严格落实林地用途管制制度，禁止毁林开垦，严格限制林地转为其他农用地，严格控制林地转为建设用地。加强建设项目使用林地监管，结合每年森林督查，积极开展建设项目使用林地行政许可执行和违法违规使用林地情况的监督检查。

（五）推动绿色惠民产业发展与乡村振兴深度融合

重点任务专栏5

1. 大力发展生态产业：优化林业产业布局，调整产业发展方向，实现生态产业化、产业生态化发展模式，培育特色优势产业集群。加强生态旅游、乡土珍稀树种、木本油料、特色经济林、林下经济和林源中药、国家储备林、花卉苗木、产品深度研发加工、野生植物繁育利用、林业产业园区等一系列生态产业发展，丰富生态产品种类，提高产品质量，增强产品供给能力。

（续）

2. 持续巩固生态脱贫成果，推进乡村振兴：通过找短板、促发展，全力助推乡村振兴，坚持以优质和高效为核心，加快乡村林业一、二、三产业融合发展和转型升级，建立健全惠民制度，创新发展机制与模式，健全服务体系，巩固拓展脱贫成果。强化森林资源保护，实施乡村绿化美化，筑牢乡村生态基底，提高乡村绿化覆盖率。弘扬乡村生态文化，倡导文明乡风，挖掘乡愁文化。积极拓宽群众增收致富渠道，助力乡村生活富裕。

3. 完善产业发展服务体系：加强优势品牌建设，突出绿色主题，培育新形势下林产品品牌文化，建立林业产业标准体系，完善产品质量监管体系，保障产品质量安全。建立和完善林产品供销一体化服务平台，加强市场体系建设，利用"互联网+"现代科技手段，推行线上线下销售服务，提高市场营销体系建设，扩宽产品销售渠道。创新产业发展机制，落实产业发展福利，调整优化产业发展用地，针对性深化"放管服"改革，以龙头企业为引领，引导农村合作社、林农合作组织、个体等经营主体参与林业产业建设，构建产销和评估信息平台，掌握市场需求，调整产品生产和供销，以林业行业市场为基点，助力优化海南营商环境。

（六）增强生态公共服务功能

重点任务专栏6

1. 提升生态文化价值：根据不同类型自然保护地，了解掌握其所承载的景观文化价值，因地制宜、分区施策，通过开展森林植被恢复、林相改造、退化林修复等，营造优美的森林生态景观；通过保护现有自然森林植被，降低人为干扰，保持原有自然景观风貌，实现生态功能和景观价值的有效保护和提升。

2. 增强自然教育体验：建设多样化的生态文化教育示范基地和博物馆等生态文化系列工程，组织开展观鸟节、"爱鸟周"等多形式的生态教育活动。依托区域自然景观和历史文化，科学确定自然教育体验服务区域，合理设定生态承载人数，精心设计自然教育体验项目，加快推进自然教育场地设施、户外体验路线等生态服务设施建设。

3. 探索推进生态旅游转型升级：以自然保护区及自然公园为主体，协调产业融合新态势、自然教育新理念、服务体系新举措和体制机制新思路，构建分区分类、重点突出、特色鲜明的生态旅游开发格局，打造集运动、探险、康养、休闲等于一体的国际一流品牌森林游憩产品。

（七）健全林业现代治理体系

重点任务专栏7

1. "林长制"体制机制创新示范：一是按林地面积测算全省各级林长制办公室工作经费，包含宣传、竖牌、培训、林业基层组织建设等；二是开展"十四五"期间森林资源保护管理成效监测项目，对全省213万公顷的规划林地和14万公顷非规划林地实施森林资源保护管理年度监测，通过遥感判读区划结合现地核实验证的方法，监测省、市、县2021—2025年森林覆盖率、林地面积、森林面积、森林蓄积量、造林情况、采伐情况、使用林地情况、违法违规破坏森林资源情况等森林资源保护发展指标数据，利用年度监测数据构建全省"林长制"基础数据年度监测平台，为林长制体制机制创新决策提供数据支撑，为林长制年度考核提供数据支撑。

2. 健全完善自然资源资产管理制度：推进国有森林自然资源资产管理体制改革，建立归属清晰、权责明确、监管有效的产权制度。实行国有森林资源资产有偿使用制度，明确使用范围和方式，制订相关使用转让和出租办法。健全自然资源核算体系，完善自然资源资产账户的建立、存量及变动表、质量及变动表的编制。建立自然资源占补平衡制度，确保资源面积不减少、质量不降低。

3. 健全完善自然保护地管理制度：在全省自然保护地整合优化基础上，建立完善分级分类分区管理制度，严格执行差别化分区管控。推进国家公园和自然保护区自然资源资产统一管理，落实全民所有自然资源资产代行主体，对非全民所有自然资源资产实行协议管理。明确各类自然保护地发展目标和任务。建立健全国家公园特许经营制度，鼓励当地居民参与特许经营活动，探索建立收益分配制度。

（八）全面提升林业支撑保障体系

重点任务专栏8

1. 完善森林防火体系建设：理顺机构改革后森林防火工作职能，结合全国第一次森林火灾风险普查成果，编制"十四五"期间森林防火专项规划，完善森林火灾预防、预警监测、保障等体系建设，实现"人防、物防、技防"有机结合。到2025年，确保全省森林火灾受害率持续低于0.3‰。

（续）

2. **加强林业有害生物防治能力**：坚持突出重点、分类施策、分区治理的原则，加强林业有害生物灾害防控。到2025年，开展有害生物普查，重点开展椰心叶甲、椰子织蛾、薇甘菊、金钟藤、林地红火蚁等重大林业有害生物防治，外来有害生物入侵防范能力和可持续治理能力得到显著提升，确保成灾率控制在2.8‰以下，无公害防治率88%以上，测报准确率达到90%以上，种苗产地检疫率100%。

3. **强化科技支撑水平**：加强林业科技支撑体系建设，提高科技进步贡献率和科技成果转化率。加强生态保护修复、森林可持续经营、退化林修复、林木种苗和林业产业等领域的科学研究和关键技术攻关。深化科技体制改革，推进科技创新、评估、推广工作机制。建立科技人才培养机制，落实人才政策。

4. **加强林业干部队伍建设**：加大人才引进力度，不断优化干部队伍结构；加大教育培训力度，提高队伍专业化水平；建立正向激励机制。

5. **提升林业信息化能力建设**：按照智慧海南建设要求，着力解决林业"多张皮"、信息化薄弱、设备智能化水平低等问题。加强信息化建设，不断完善"一个中心、一个平台、三大体系"建设，构建全省森林资源管理一体化信息平台，建立"空天地"一体化遥感分析、地面调查、定位观测与物联网综合监测体系，基本实现林业信息实时感知、林业管理高效协同、林业经济繁荣发展，以及林业客体主体化、信息反馈全程化，最终智慧化的林业发展模式。

6. **提高林木良种良苗体系建设水平**：建设国家林木种质资源设施保存库海南分库，助推全球动植物种质资源引进中转基地建设。加强林木种质资源保护和利用，推进海南林木种质资源调查工作，加强对珍稀、濒危、重要乡土乔灌木树种、古树名木、藤本、野生花卉等林木种质资源的收集与保存。提升林木良种化水平，大力推进林木良种选育、审定和推广工作，国家投资或者国家投资为主的造林项目和国有林业单位造林，应当根据林业主管部门制订的计划使用林木良种。加快林木种苗信息化、生产良种化、标准化建设，提高良种生产供应能力，加强种质资源保护利用，全面提升林木种苗科技创新能力。

7. **加强民生工程和基础设施建设**：完善基层管护站所建设，以标准化、规范化为重点，进一步提高工作和生活条件，改造危旧管护站，更新必要工作装备、办公设备和交通工具，逐步解决林区"五网"工程建设，改善林区生产和生活。

下篇 "十四五"各地林业草原保护发展规划概要

（续）

8. 推进碳汇行动：根据全省应对气候变化"十四五"规划要求，在科学开展植树造林、森林保护与经营的基础上，加强与国际碳汇组织研究交流，建立全省林业碳汇计量体系，推进森林、湿地碳汇项目，开展碳汇和碳通量监测，完善森林、湿地等各类碳库现状及动态数据库，为全省做好碳达峰、碳中和各项工作作出贡献。

9. 深化国际交流合作：立足海南建设自由贸易港全面对外开放的契机，全面深化对外合作交流，逐步建立全方位、多领域的林业国际合作新格局，推动共建绿色"一带一路"。利用博鳌亚洲论坛等国际交流平台，推动海南与"一带一路"沿线国家和地区开展更加务实高效的合作与交流，建设21世纪海上丝绸之路重要战略支点。加强绿色产业经贸合作，重点开展动植物种质资源进出口、经济林高效栽培与精深加工、花卉等林木种苗培育与引进等领域的合作，优化林业对外贸易结构，创新现代林业服务贸易。加强人文与业务交流，重点开展长臂猿等珍稀濒危物种保护研究、森林可持续经营、湿地保护等领域的交流合作。

海南省"十四五"林业保护发展主要指标

序号	指标名称	2020年	2025年	指标属性
1	林地保有量（万亩）	3165	≥3165	约束性
2	森林覆盖率（%）	62.1	≥62.1	约束性
3	森林蓄积量（亿立方米）	1.60	>1.60	约束性
4	生态公益林面积（万亩）	1345	≥1266	约束性
5	陆域自然保护地面积占全省陆域面积比例（%）	16.04	≥16.5	约束性
6	湿地保有量（万亩）	480	≥181.77	约束性
7	湿地保护率（%）	37	以最终国家发布数据为准	预期性
8	红树林湿地面积（万亩）	9.04	≥11.59	预期性
9	林业产业总产值（亿元）	684.58	≥960	预期性
10	森林火灾年均受灾率（‰）	<0.3	<0.3	约束性
11	林业有害生物成灾率（‰）	≤2.8	≤2.8	约束性

注：1. "陆域自然保护地面积占全省陆域面积比例"目标值以自然保护地优化调整为准。2. "生态公益林面积"目标值以公益林区划落界成果为准。

海南省"十三五"林业发展主要规划指标完成情况

序号	主要指标	2015年	2020年
1	林地保有量（万亩）	≥3165	3165
2	森林保有量（万亩）	≥3199	3204
3	森林覆盖率（%）	≥62.0	62.1
4	森林蓄积量（亿立方米）	≥1.50	1.60
5	生态公益林（地）面积（万亩）	≥1266	1345
6	湿地保有量（万亩）	≥480	480
7	湿地保护率（%）	≥32	37
8	林业有害生物成灾率（‰）	≤3.0	≤2.8
9	森林火灾受害率（‰）	<0.3	<0.3

第二十二章
重庆市林业保护发展"十四五"规划概要

一、建设目标

到2025年,全市森林、草原、湿地等自然生态系统整体性、稳定性明显增强,生态质量明显改善,生态功能显著提升;自然保护地体系更加完善,生态安全屏障体系基本建成;现代林草绿色产业体系基本形成,林草生态文化功能充分彰显,优质生态产品供给能力不断增强;体制机制改革创新持续深化,政策法规体系更加健全,科技创新和信息化管理水平显著提升。

重庆市"十四五"林草保护发展主要指标

序号	目标内容	2020年	2025年	类型
1	森林覆盖率(%)	52.5	≥57	约束性
2	森林蓄积量(亿立方米)	2.41	≥2.8	约束性
3	创建国家森林城市(个)	2	7	预期性
4	自然保护地面积占全市面积比率(%)	15.4	≥15.4	预期性
5	森林火灾受害率(‰)	0.04	<0.3	预期性
6	林业有害生物成灾率(‰)	≤3.31	≤3	预期性
6	草原有害生物成灾率(%)	≤10.33	≤9.5	预期性
7	林业及相关产业增加值占全市GDP比重(%)	4.3	4.5	预期性

二、总体布局

构建以长江、嘉陵江、乌江三大水系生态涵养带和大巴山、巫山、武陵山、大娄山等山系生态屏障为主体，以平行岭谷、主要支流、交通廊道为补充，结合重庆市域城镇体系协调发展格局战略部署的"三带四屏多廊多点"林草生态空间格局。

"三带"即长江、嘉陵江、乌江及其支流三大水系生态涵养带。主要生态功能为水土保持。统筹推进"两岸青山·千里林带"、湿地保护与修复、森林防灭火、林业有害生物防治、智慧林业建设等工程，积极发展生态惠民产业。加强森林、湿地、河流生态系统以及保护物种栖息地建设，维护水源涵养功能，加强地质灾害防治和水土流失治理，维护水土保持功能，保障三峡库区水质安全。

"四屏"即大巴山、巫山、武陵山、大娄山山系生态屏障。主要生态功能为水源涵养和生物多样性维护，加强国土综合整治和山水林田湖草生态保护修复，增强生物多样性维护功能，构筑区域生态屏障。扛起生态旗帜，擦亮绿色本底，筑起"绿色长城"，积极开发生态旅游、森林康养特色品牌，在提升绿水青山颜值中做大"金山银山"价值。

"多廊"包括缙云山、中梁山、铜锣山、明月山、云雾山等平行山岭生态廊道，大宁河、涪江、阿蓬江等多条一级支流生态廊道以及重要的区域性基础设施通道。保护鱼类洄游通道和林麝、黑叶猴、川金丝猴等珍稀动物种群迁徙廊道，维育市域景观生态廊道，实现以线带面，保护森林、草地、湿地生态系统，保护物种栖息地。

"多点"包括由自然保护区、自然公园、风景名胜区、世界自然遗产地等组成的各类自然保护地，樵坪山、云篆山等重要独立山体及长寿湖、龙水湖等大中型水库湿地，共同发挥水土保持、水源涵养、生物多样性保护等生态功能。加强亚热带常绿阔叶林典型植被保护和退化森林、湿地生态系统修复，强化自然保护地管理能力建设，推动生态旅游、森林康养等高效生态惠民产业发展，使林草业成为推动经济增长方式转变和绿色循环发展的重要组成部分。

三、主要任务

（一）做好"四篇文章"

一是生态保护的文章。要坚持共抓大保护、不搞大开发的方针，强化全面

下 篇
"十四五"各地林业草原保护发展规划概要

保护、系统保护、区域保护、联合保护,严守森林、湿地、草原、自然保护地生态保护红线,实现从"被动应对"向"主动作为"转变。

二是生态修复的文章。要坚持存量增量并举、优化存量为主的思路,逐步实现从绿化到彩化美化,再到筑牢长江上游重要生态屏障,最后到建成山清水秀美丽之地,实现从"绿"到"美"转变。

三是生态惠民的文章。要坚持以人民为中心的发展思想,充分挖掘林业的多种功能和多重价值,巩固脱贫攻坚成果,助力乡村振兴战略,千方百计提升林业产业增加值,实现从"靠山吃山"向"靠山吃生态"转变。

四是能力提升的文章。要坚持缺什么补什么、差什么补什么,补齐能力建设短板,增强综合治理效能,不断提高推进林业高质量发展的能力和水平,实现从粗放向精细转变。

(二)实施"十大工程"

围绕把绿水青山的生态本底做大做优升价值和把"金山银山"的实现路径做通做实能变现这两大着力点,量质并重、以质为要,存量增量并举、优化存量为主,通过项目化、工程化手段推动林业各项工作落地落细。

一是"两岸青山·千里林带"建设工程。用10年时间实施营造林任务315万亩,总投资约100亿元,"十四五"实施200万亩任务。

二是国家储备林建设工程。从2019年起,用8年时间建设500万亩,总投资193亿元,"十四五"实施300万亩任务。

三是绿色生态屏障建设工程。持续推进全域国土绿化,重点服务成渝地区双城经济圈建设,"十四五"完成封山育林及营造林900万亩。

四是重大生物多样性保护工程。实施黑叶猴、林麝、中华秋沙鸭、川金丝猴、金雕及崖柏、银杉、荷叶铁线蕨、红豆杉、珙桐等珍稀濒危野生动植物抢救性保护,以及特色野生动植物种子、基因保存。

五是自然保护地体系建设工程。推进全市近200个自然保护地的整合优化和勘界立标,加强基础设施建设。

六是湿地保护与修复工程。实施国家湿地公园保护与修复、湿地生态效益补偿试点、小微湿地试点示范等项目建设。

七是森林草原防火能力与水平提升工程。2021年起，规划用10年左右时间，建设森林防火智能监控、智能防火卡口、林下红外线自动报警、林区"以水灭火"保障、林火阻隔五大系统。

八是重大林业有害生物防治工程。在三峡库区、秦巴山区、武陵山区等区（县）加大林业有害生物防治基础设施建设，构建重大林业有害生物一体化监测体系，提高松材线虫病防治能力。

九是生态惠民产业发展工程。依靠市场手段，重点发展林产品加工贸易、木本油料、笋竹、生态康养、林下经济、生态旅游六大产业，推进一、二、三产融合发展。

十是智慧林业建设工程。构建一个"云+感知"新型基础设施底座，一个大数据支撑平台和"资源一张图、感知一张网、监管一平台、服务一条链"四大智慧化应用体系。

（三）强化林草基础保障

一是加强林草资源管理与监测。严格林地使用审核审批管理；严格重点生态区域管控，严格控制林地转为非林地。严格保护公益林地。严格执行森林采伐限额制度和凭证采伐管理制度。持续开展"常态化、全覆盖"的森林督查。完善林业资源遥感监管平台。完善森林资源监督、森林资源破坏案件发现和执法机制。在全市范围内开展草原资源调查，建立草原资源管理数据库。建立以大数据等新技术应用研究为主的实验中心。组织开展林草资源专项调查与监测工作。

二是不断强化林草科技创新。加大重点领域的关键技术攻关与应用技术研究，集成示范与推广林业先进适用技术，优化林业科技平台，加强林草重点专项研究，健全林草高质量标准体系。加强成渝地区林草科技协同创新。林草科技贡献率达到63%以上，林草科技成果转化率达到70%。

三是做好林草种苗体系保障。加快推进全市林木良种基地升级改造和树种结构调整。持续强化保障性苗圃建设。探索建立种苗质量追溯体系，建设林木种苗质量监管信息管理平台，加快推进林木种苗规范化监管。

四是积极探索林草机制改革。全面推行林长制。持续推进"放管服"改革。建立健全生态保护的监管机制。建立健全生态修复的激励机制。鼓励社会各种主体参与生态修复。建立健全生态产品价值实现机制。依托重庆土交所、涪陵林交所等市场平台进行交易变现。

五是持续推进国有林场提档升级。加大国有林场基础设施建设力度，持续开展电力升级改造，加强管护站连接路、森林防火应急道路建设，开展消防水池、管网建设，大力实施国有林场管护用房建设项目，持续开展功能不齐全管护站的改造。推进信息网络建设，扩大"智慧林场"试点范围。

六是不断弘扬林草生态文化。建设以广阳岛生态文化示范基地、重庆市现代农业综合示范工程林业示范基地为引领，各类自然保护地为主体和其他载体为补充的一批生态文化载体，发挥生态文化龙头作用。加快生态文化场馆建设，同步配套完善自然保护地基础设施。积极组织开展生态文化活动，打造生态文化活动品牌。

第二十三章
四川省林业和草原保护发展"十四五"规划概要

一、建设目标

到2025年，围绕进一步筑牢长江黄河上游生态屏障，着力构建高质量发展的林草体系。推进生态保护修复，集中连片治理沙化、石漠化、干旱河谷、退化草地，完成营造林1000万亩，沙化土地治理48万亩，森林覆盖率41%，森林蓄积量21亿立方米，草原综合植被盖度86%。构建自然保护地体系，全面完成保护地整合优化，基本建成以国家公园为主体的自然保护地体系。助推林草产业提质增效，建设现代林草示范园区100个、3500万亩，林草产业总产值5000亿元。守住资源安全底线，森林火灾受害率低于0.9‰，草原火灾受害控制率低于2‰，林业有害生物成灾率低于8.2‰，草原有害生物成灾率低于9.5%，林地保有量3.54亿亩，草原保有量不低于1.45亿亩，湿地保有量2600万亩。夯实林草科技支撑，林草科技进步贡献率60%，主要树种良种使用率65%，草种良种使用率70%，林草信息化92%。

二、总体布局

综合自然地理、生态区位、资源禀赋、社会经济条件，立足生态修复、保护和产业发展3个方面，优化全省林草发展空间格局。

（一）"四区八带"生态修复格局

围绕重点生态功能区和大江大河生态修复，将全省分为川西北生态修复区、川滇生态修复区、秦巴生态修复区、大小凉山生态修复区四区，和金沙江生态修复带、雅砻江生态修复带、长江干流生态修复带、岷江—大渡河生态修复带、沱江生态修复带、涪江生态修复带、嘉陵江生态修复带、渠江生态修复带八带。

（二）"一轴五屏"自然保护格局

以各类自然保护地为依托，着力构建"一轴五屏"的自然保护格局，以岷山—邛崃山自然保护地为轴，五屏为黄河源自然保护屏障、川西高山峡谷自然保护屏障、大巴山自然保护屏障、乌蒙山自然保护屏障、龙泉山自然保护屏障。

（三）"五区协同、集群发展"林草产业发展格局

围绕四川省委、省政府经济发展总体布局，依托区域资源禀赋和发展基础，将全省分为成都平原林板家具产业集群、川东北特色经济林产业集群、川南竹产业集群、川西生态旅游产业集群、攀西林果康养产业集群五大林草产业集群。

三、建设任务

（一）加强生态保护修复，科学推进国土绿化

实施长江廊道绿化工程，实施长江干支流防护林改造，改造护堤护岸林30万亩，抚育提升50万亩，建设翠竹长廊（竹林大道）60条等。实施森林质量提升工程，在盆周山地区、盆地丘陵区、川西南山地区和川西高山峡谷区等区域，实施森林抚育750万亩，在主要江河流域、重要野生动物栖息地等区域实施退化防护林修复500万亩，在川西高原实施补植补造和封育管护300万亩，在盆周山地区、盆地丘陵区、川西南山地区，实施封育管护250万亩，建设森林质量精准提升示范样板基地50个。保护管理森林资源，继续全面停止天然林商业性采伐，分级编制新一轮林地保护利用规划，强化林木采伐管理和森林资源监测监管。保护修复草原生态，落实基本草原保护制度，修复治理草原生态，划区轮牧草原围栏570万亩，改良退化草原400万亩，人工种草125万亩，建设乡土草种基地5万亩，退化草原治理人工种草460万亩，天然草原改良1650万亩，建设国有草场2个。

（二）建立以国家公园为主体的自然保护地体系

全面建设大熊猫国家公园，实施自然资源资产调查确权及勘界标识，保护与修复大熊猫重要栖息地，建设黄土梁、王坝楚等10条关键生态廊道，加强大熊猫及同域物种保护，提升管理保护能力。创建管理若尔盖国家公园，明确保护范围和功能分区，核心保护区不低于国家公园总面积的50%，筹建若尔盖国家公园管理机构，合理设立各级生态保护站（点），着力开展重点区域生态保护修复1000万亩，加强现代技术应用，建设智慧若尔盖国家公园，设置生态管

护、社会服务及志愿服务岗位，引导社区参与国家公园的保护、建设和管理。优化自然保护区空间布局，重点布局在若尔盖、川滇、秦巴、大小凉山等四大重点生态功能区及川西北生态示范区、盆周山地和长江黄河干支流两岸。加强自然公园基础设施，提升管理水平。组织开展野生珍稀动植物资源调查和物种监测，完善野生动植物保护管理制度，健全野生动物救护收容体系。

（三）发展特色林草产业

实施林草特色生态产业、大众生态创业、稳定生态就业的生态"三业工程"。做强大熊猫生态旅游旗舰，推进建设研学教一体的大熊猫科技中心、大熊猫入口示范社区，高质量举办国际熊猫节、四川大熊猫国际文化周和系列论坛，规划建设环大熊猫国家公园国际生态旅游环线，建成"大熊猫+"生态旅游精品线路30条，培育和创建国内省内知名品牌生态旅游景区30个。做强竹产业、木本油料、中药材、木材、花卉苗木、林下经济、特色种养殖、森林康养、森林蔬菜、现代特色草产业十大林草特色产业。加快建设广元市朝天区、广元市利州区、南江县、盐源县核桃现代林业示范区及金堂县、开江县、冕宁县油橄榄现代林业示范区，建成省级以上园区40个（其中申报认定国家级园区10个）、市（州）级园区60个，全省林草园区综合产值突破500亿元。打造一批特色"川字号"林草品牌，培育做强"四川竹浆纸""四川竹笋""四川核桃""川产道地药材""四川森林康养"等林产品品牌，提升青神竹编、宜宾竹笋、蜀南竹海、朝天核桃、广元橄榄油等区域性公共品牌。调整完善生态护林（草）员政策，稳定生态护林（草）员人数。

（四）实施高品质生态宜居林草行动

建设成都平原、川南、川东北、攀西森林城市群，支持资阳、达州、南充、雅安、遂宁、江油、营山、荥经、天全、大竹、青川、青神、德昌、峨眉山等地创建国家森林城市。推进乡村绿化美化，制定美丽乡村绿化指标，编制乡村绿化指南，总结推广乡村绿化模式，加强乡村小微湿地、原生林草植被、自然景观等自然生境及野生动植物栖息地保护。加强古树名木保护，用好全省古树名木信息管理系统，发挥管理、展示、互动等功能，完善古树名木资源数据库。持续开展全民义务植树运动，组织各级党政军领导义务植树，落实全国三亿青少年进森林研学教育活动四川省行动方案。

（五）推进林草生态产品价值实现

以川东北、川西南、川西北、川南、川中为重点，构建"五大片"林草碳汇开发格局，全省林草碳汇项目总规模力争达到3000万元，启动林草碳汇试点，引导国有林草保护单位采取自主开发、合作开发等方式先行先试。以川东北、攀西、盆周山区、川南为重点区域建设国家储备林，谋划一批、包装一批、储备一批、开工一批国家储备林项目，支持成都龙泉山、德阳、绵阳、广元和达州等地储备林项目建设。探索完善多元化森林生态效益补偿机制，健全省级公益林补偿标准动态调整机制，组织开展野生动物危害补偿机制探索试点。

（六）维护森林草原资源安全

对全省175个有森林草原防火任务的县（市、区）开展森林火灾风险普查，排查火灾隐患，建设完善火险预警监测系统，35个高火险区、80个中火险区的县（市、区）配齐建强地方专业性扑火力量，分别组建不低于100人、50人的地方专业扑火队，配齐防火装备。防治林草有害生物，优化加强40个国家级、50个省级林业有害生物中心测报监测站（点）和15个草原区域监测中心测报点建设，实施松材线虫病防控五年攻坚行动，到2025年，全省疫情发生面积和疫点乡镇数量实现双下降，县级疫区数量控制在37个以下，疫点乡镇数量控制在221个以下，发生面积控制在74万亩以下。

（七）推进林草科技创新

建设"天空地人"一体化监测体系，推进新一代信息技术应用，整合应用信息资源，人防、技防、物防、联防有机结合，创新建立实时感知、精准监测、高效评估、智慧决策的"天空地人"一体化监测体系。建设省林草科技创新中心1处，建设10个省部级重点实验室、15个森林生态系统观测站、1个草原生态观测站和39个草原固定监测点。编制四川省林木种质资源普查报告1项、四川省林木种质资源目录1项，建设国家和省级林木种质资源库17个以上，开展良种选育，审（认）定林木良种35个以上，审（认）定草良种或登记草品种10个以上，建设国家和省级以种子园、采穗圃等为主的林木良种基地和乡土、珍稀树种采种基地30个以上。

（八）强化林草发展支撑保障

设立省、市、县、乡、村五级林长，分级明确林长职责，明确林长保护发展林草资源任务，完善林长制配套制度。加强林草法治建设，推动修订《四川省森林防火条例》《四川省〈中华人民共和国野生动物保护法〉实施办法》《四川省湿地保护条例》《四川省林木种子管理条例》，推动建立《四川省大熊猫国家公园管理条例》，推进林长制相关立法，加强基层林草行政执法队伍建设。推进集体林地草地"三权分置"改革，引导各种社会主体通过出租、入股、合作等形式参与林权流转，完善财政金融支持集体林业发展政策，推进以森林资源资产相关权利作为债权担保贷款。

四川省"十四五"林草保护发展主要指标

类别	序号	指标名称	2020年	2025年	指标属性
生态保护	1	森林覆盖率（%）	40.03	41	约束性
	2	森林蓄积量（亿立方米）	19.16	21	约束性
	3	草原综合植被盖度（%）	85.8	86	预期性
	4	治理沙化土地（5年累计，万亩）	—	48	预期性
	5	林地保有量（亿亩）	3.54	≥3.54	预期性
	6	草原保有量（亿亩）	1.45	≥1.45	预期性
	7	湿地保有量（万亩）	2600	≥2600	预期性
生态发展	8	林草产业总产值（亿元）	4000	5000	预期性
	9	现代林草示范园区（个）	68	100	预期性
	10	现代林业产业基地（万亩）	3200	3500	预期性
生态安全	11	森林火灾受害率（‰）	≤0.9	≤0.9	预期性
		草原火灾受害率（‰）	≤3	≤2	预期性
	12	林业有害生物成灾率（‰）	≤8.5	≤8.2	预期性
		草原有害生物成灾率（%）	≤10.33	≤9.5	预期性
生态科技	13	林草科技进步贡献率（%）	55	60	预期性
	14	主要树种种草良种使用率（%）	70	75	预期性
		主要草种种草良种使用率（%）	60	65	预期性
	15	林草信息化率	90	92	预期性

第二十四章
贵州省林业保护发展"十四五"规划概要

一、发展目标

全面构建林业草原高质量保护发展新格局，基本建立林草发展体系和现代化治理体系，"绿水青山就是金山银山"理念深入践行，山水林田湖草系统治理理念深入人心，资源培育由扩面向提质转变取得新进展，资源保护管理能力不断提升，资源利用更加集约高效，"两江"（长江、珠江）上游重要生态安全屏障更加牢固。到2025年，森林覆盖率达到64%，森林质量稳步提高，森林蓄积量达到7.0亿立方米，林草产业保持稳定增长，林业特色产业突出，林下经济大力发展，林草产业总产值达4500亿元以上，林草对经济社会发展的贡献显著提高。

二、总体布局

根据贵州省主体功能区和各县（市、区、特区）"三区三线"划定情况，以乌蒙山—苗岭、大娄山—武陵山生态屏障，乌江、南北盘江及红水河、赤水河及綦江、沅江、都柳江等生态保护带，即"两屏五带"为骨架，分区、分类明确林业资源培育、保护、利用的主导功能，构建生态保护与开发利用融合发展的"六区"空间布局。

（一）赤水河生态保护修复、竹资源利用区

包括遵义市赤水市、习水县、仁怀市、桐梓县、汇川区、播州区，毕节市七星关区、大方县、金沙县，共9个县（市、区）。地处贵州北部，峰丛、洼地、落水洞、暗河发育完整，河谷深切，石漠化问题较突出，水土流失较严重，林区基础设施建设滞后。生态建设方向是加强赤水河流域保护，改善流域

生态环境。林草资源开发利用方向是大力发展竹产业，加快推进国家储备林建设，建设花椒、天麻林下中药材、皂角产业基地，积极发展生态旅游、森林康养等产业。

（二）大娄山—武陵山生物多样性保护、经济林发展经营区

包括遵义市务川县、正安县、道真县、绥阳县，铜仁市印江县、江口县、德江县、沿河县、思南县，共9个县。地处贵州东北部深切割地带，地貌类型以中山峡谷为主，生物多样性丰富但生态廊道连通性差，森林生态功能不完善。生态建设方向是加强岩溶地区石漠化综合治理、自然保护区生物多样性保护、武陵山生态保护修复、林区道路等基础设施建设。林草资源开发利用方向是大力发展花椒、竹产业，加快推进国家储备林建设，大力发展生态旅游、森林康养等产业。

（三）乌蒙山生态保护修复、经济林提质经营区

包括毕节市织金县、纳雍县、威宁县、赫章县，六盘水市钟山区、水城区、六枝特区、盘州市，安顺市普定县，黔西南州普安县、晴隆县，共11个县（市、区、特区）。地处贵州西部，山高坡陡、河谷深切，喀斯特地貌发育充分，区域人口密度大，陡坡开垦造成水土流失、土地石漠化现象较为严重，现有森林覆盖率偏低，生态系统脆弱。生态建设方向是巩固退耕还林成果，大力实施石漠化综合治理，防治水土流失，加大困难立地造林力度，充分挖掘国土绿化潜力，扩大森林面积，大力实施国家储备林项目，通过现有林改培、中幼林抚育等措施提高森林质量；以草海湿地综合治理为重点，恢复和扩大湿地面积，保护江河发源地林草植被，增强湿地生态功能。林草资源开发利用方向是大力发展兼具生态治理功能和较好经济价值的核桃、刺梨、精品水果，发展皂角、花椒、油茶等特色林业产业。

（四）南北盘江—红水河生态保护修复、珍贵用材林培育区

包括黔西南州兴义市、兴仁市、安龙县、贞丰县、册亨县、望谟县，黔南州罗甸县、平塘县，安顺市紫云县，共9个县（市）。地处贵州南部、西南部，喀斯特地貌发育充分，涵盖南盘江、北盘江、红水河水系。生态建设方向是大力推进天然次生林、低产低效林改造，加快中幼龄林抚育，加大困难立地造林

力度，充分挖掘国土绿化潜力，提高森林覆盖率。林草资源开发利用方向是依托丰富的水热条件，在立地条件较好地区，大力实施国家储备林项目，发展楠木、南方红豆杉、香樟、降香黄檀、鹅掌楸、榉木、清香木、水青冈等大径级珍贵用材林。

（五）苗岭—乌江中游生态保护修复、城市森林景观提升区

包括贵阳市云岩区、南明区、花溪区、乌当区、白云区、观山湖区、清镇市、修文县、开阳县、息烽县，遵义市红花岗区、凤冈县、湄潭县、余庆县，毕节市黔西市，安顺市西秀区、平坝区、镇宁县、关岭县，黔南州瓮安县、贵定县、龙里县、福泉市、长顺县、惠水县，共25个县（市、区）和贵安新区。地处贵州省中部，地形地貌相对平缓，喀斯特地貌面积较大，乌江流经该区大部分区域。生态建设方向是加强岩溶地区石漠化综合治理，加大森林资源保护力度，巩固退耕还林成果，着力推进城乡绿化，加快环城林带、交通干线、河道、村寨绿化，在严格保育森林的同时，对人工纯林改培补植多彩、芳香阔叶树种，培育功能完善、季相丰富多彩的城市风景林，提升森林景观，为黔中经济区经济发展营造良好生态环境。林草资源开发利用方向是积极发展油茶、木质菌材、刺梨、精品水果、花卉苗木、林下中药材等林业产业。

（六）苗岭东段—沅江、都柳江生态保护、用材林油茶培育区

包括铜仁市松桃县、石阡县、碧江区、玉屏县、万山区，黔东南州凯里市、麻江县、黄平县、施秉县、镇远县、岑巩县、三穗县、天柱县、台江县、剑河县、雷山县、锦屏县、黎平县、从江县、榕江县、丹寨县，黔南州都匀市、三都县、独山县、荔波县，共25个县（市、区）。地处贵州省东部、东南部，涵盖沅江上游和都柳江水系。生态建设方向是加强茂兰、雷公山、佛顶山等国家级自然保护区珍稀动植物保护，保护生物多样性；大力实施中幼龄林抚育和低产低效林改造，营造乡土阔叶珍贵树种，调整优化森林资源结构，加大森林经营力度，提升森林质量，提高林地生产力，增强森林涵养水源生态功能。林草资源开发利用方向是围绕武陵山、清水江，在松桃、碧江、黎平、从江、榕江5个县（区）布局竹产业带；加快油茶低产林改造，大力实施国家储备林项目，选择珍贵树种对现有林进行改培，优化马尾松、杉木等人工纯林森林

结构，培育大径级用材林；充分利用林地空间发展林下经济，依托丰富的森林资源大力发展生态旅游、森林康养等产业。

三、建设任务

（一）林业草原资源培育

1. 科学开展国土绿化

①拓展绿化空间。精准落实绿化空间，科学确定绿化方式，科学配置林草植被，严禁违规占用耕地绿化。②巩固退耕还林成果。积极争取国家投资，力争巩固退耕还林成果专项资金项目，切实巩固补助到期退耕还林成果，依法将退耕还林地纳入森林资源管理，严禁毁林复垦和随意改变林地用途。③加强石漠化综合治理。到2025年，开展石漠化治理面积3550平方公里。④实施困难立地造林绿化。针对不同类型困难立地，科学设计整地方式，选择多种优良乡土乔木、灌木、藤本植物，提高困难地造林成活率，形成多种造林技术模式。强化困难立地造林科技支撑，启动林木抗性遗传育种、简便适用造林技术等研发课题。

2. 加快提升森林质量

①实施森林分类经营。实施公益林和商品林分类经营管理。②开展低产林改造。到2025年，完成低产林改造1000万亩。③加快退化林修复。到2025年，完成退化林修复500万亩。④加强森林抚育。到2025年，完成森林抚育300万亩。

3. 创新推进国家储备林建设

①构建森林资源储备体系。构建以木材储备为主，功能多样、效益综合的森林资源储备体系。实施国家储备林项目建设898万亩，到2025年，国家储备林建设面积达到1098万亩。②创新林草投融资模式。推广政府、社会资本和金融资本合作模式，与政策性金融机构开展深度合作，提高与商业性金融机构合作水平，加大林草投融资力度。

4. 夯实林木种苗基础

①加强种质资源保护利用。建立10处省级以上林木种质资源库。②加快良种基地建设和优良品种选育。审（认）定林草品种15个以上。巩固提升良种生产能力，新建和升级改造良种基地15个以上。到2025年，全省主要造林树种良

种和珍贵乡土树种使用率达75%以上。③加强苗木生产。建立和完善省级保障性苗圃管理体系，培育省级林业保障性苗圃40个以上。④加强种苗市场监管。持续开展林木种苗质量抽查、"双随机、一公开"执法检查。

（二）林业草原资源保护

1. 加强森林资源保护管理

①加强天然林保护修复。到2025年，完成退化天然林修复44万亩。②加强森林资源监管。推进全省森林资源管理"一张图"建设，强化公益林数据库和森林资源规划设计调查成果应用，实现国家、省、县森林资源"一张图"管理、"一个体系"监测、"一套数"评价。③强化林木采伐管理。严格凭证采伐和限额采伐，建立以森林经营方案为基础，总量与强度双控制的森林采伐管理制度。严格林地用途管理。

2. 加强草原资源保护管理

①推进草原监测。推动有代表性的草地固定监测点建设，提高固定监测科学性和合理性。加强草原保护。②开展人工种草、草地改良和围栏等草原建设。到2025年，完成草原生态修复100万亩，草畜平衡率达到70%，超载率降至5%，草原综合植被盖度达到90%左右。③强化草原监管。强化基本草原管理，确保基本草原质量不下降。

3. 加强湿地资源保护管理

①加强湿地全面保护和管理。以自然恢复为主、人工促进为辅，积极开展重点区域湿地保护和修复工作，治理和防范外来入侵物种，提升湿地生态功能。到2025年，湿地保护率稳定在55%以上。②健全湿地资源动态监测和科学评价体系。强化湿地公园监督管理，力争完成现有试点国家湿地公园验收，推动相关湿地公园做好中央环保督察、保护管理、国家验收和重要湿地资源动态监测等工作。

4. 加强野生动植物保护

①建立健全野生动植物资源监测体系。完善野生动植物监测防控体系，加强野生动植物及其重要栖息地（生境）监测，重点推进大型猫科动物监测防控。②健全陆生野生动物疫源疫病监测防控体系。形成以贵州省野生动物和森

林植物管理站为核心、9个市（州）级管理机构为网点的全省陆生野生动物疫源疫病监测防控管理体系。新建7个省级陆生野生动物疫源疫病监测站，加强现有15个国家级陆生野生动物疫源疫病监测站和贵阳市省级陆生野生动物疫源疫病监测站标准化建设。③实施珍稀濒危、极小种群野生动植物拯救保护工程。构建以植物园为主体，树木园和极小种群保育基地为补充的全省野生植物迁地保育体系，开展贵州金花茶、离蕊金花茶、小黄花茶、安龙油果樟、西畴青冈、滇桐、仓背木莲、银杉、梵净山冷杉等9种极度濒危物种的野外回归试验，促进种群复壮。④开展传统村落生物多样性调查，加强古树名木大树保护。对全省各地的12万多株古树名木大树开展保护工作，古树名木大树保护率达到100%。

5. 大力推进林业草原灾害防治

①加强森林草原防火。加强林下可燃物清理，完成重点敏感区域林下及周边可燃物清理15万亩，有效防范和化解森林火灾风险。在天然林保护重点区域，建立健全天然林防火监测预警体系，实现森林防火治理体系和治理能力现代化，森林火灾受害率控制在0.8‰以内。②加强林业草原有害生物防治。完善林业和草原有害生物监测预警、检疫御灾和防治减灾、服务保障体系，积极推进无公害化防治。林业草原有害生物成灾率控制在2‰以下，无公害防治率达到90%以上。

（三）自然保护地建设全面完成自然保护地整合优化

1. 整合交叉重叠的自然保护地

归并相邻相连的自然保护地，优化调整矛盾地块，清理整顿市县级自然保护地。推进各类市县级自然保护地清理整顿。支持具有重要价值的市县级保护地晋升为省级自然保护地或归并到省级或国家级自然保护地；对无法实际落地、无明确保护对象、无重要性的市县级自然保护地，科学有序地改变其性质或予以撤销；推进长期处于无边界范围、无机构人员、无实际管护、管理缺位问题严重的市县级自然保护地归并晋升、规划落地。

2. 构建自然保护地体系

①科学规划自然保护地体系。到2025年，力争全省自然保护地面积占比达到10%以上（暂定），初步构建起设置科学、规划合理、保护有力、管理有

效、特色明显的自然保护地体系。②夯实自然保护地基础，积极申报国家公园。成立梵净山国家公园和大苗山国家公园（暂定名）的创建工作专班，制订国家公园创建工作方案，完成两个国家公园的综合科学考察报告、科学符合性认定报告、社会影响评估报告、设立方案等系列技术材料和方案的编制工作，积极向国家林草局（国家公园管理局）申报。

3. 规范自然保护地管理

建立健全促进全省自然保护地高质量发展的机制体制，加强全省自然保护地能力建设。强化全省自然保护地基础设施、公共服务设施、管理用房、野外保护站点、巡护路网、巡护车辆、巡护装备设施、视频监控、科普宣教展示、访客中心、应急救灾、有害生物防治和疫源疫病防控等设施设备建设。

（四）林业草原资源开发利用

1. 高质量发展特色林业产业

①建设特色林业产业基地。到2025年，扩大竹产业基地30万亩、改造270万亩；扩大油茶产业基地200万亩、改造200万亩；扩大花椒产业基地65万亩、改造18万亩；扩大皂角产业基地20万亩、改造15万亩；完成核桃改造200万亩；扩大刺梨产业基地50万亩、改造50万亩。②建设花卉苗木产业基地。大力发展贵州特色花卉苗木产业，加快花卉苗木交易市场建设，推动花卉苗木产业专业化、标准化、规模化发展。到2025年，新建花卉苗木基地55万亩。③建设现代林业草原产业示范区。建立现代竹产业示范区、油茶产业示范区、花椒产业示范区、皂角产业示范区、木材精深加工示范区、花卉产业示范区、草产业示范区。

2. 大力发展林下经济

到2025年，规模化种植食用菌面积达到100万亩，野生菌保育扩繁面积达到270万亩；林下中药材产业种植规模达到450万亩，野生中药材保育扩繁面积达到230万亩；新造竹林30万亩，改培笋用竹林270万亩，林下采摘竹笋面积达到300万亩；林下养禽利用森林面积达380万亩；林下养蜂面积达到170万亩，规模达到120万箱。

3. 加快发展全域生态旅游产业，构建生态旅游体系

构建形成以森林公园、湿地公园、风景名胜区、世界自然遗产地等为主要

节点，以森林旅游示范县、森林特色小镇、森林康养基地、森林体验基地、森林养生基地为重要载体，以森林城市、森林乡镇、森林村寨、森林人家为基本脉络的生态旅游四级体系。加快发展森林康养，加强生态旅游开发管，重点打造10条以上生态旅游精品线路。推进生态旅游基础设施建设。

4. 提升林业草原经济质量效益

加强培育林业草原龙头企业，推动创建林业草原产业品牌，加强林产品研发，大力开拓销售市场。

5. 全力助推乡村振兴

①巩固拓展生态脱贫成果，做优乡村林业草原产业，实施乡村绿化美化。到2025年，完成绿化面积45万亩，全省村庄绿化覆盖率达到44.5%。②发展乡村生态文化。到2025年，打造森林村寨100个。③拓宽林农增收渠道。稳步推进国家储备林项目建设，采取林木收储、林地流转、入股分红、参与项目建设等方式，增加林农财产性和劳务收入；充分利用现有森林资源，鼓励林农因制宜地发展林菌、林药、林蜂、林禽等林下经济，促进林农增收。

6. 全方位繁荣林业草原生态文化

①创建森林城市。到2025年，力争新增国家森林城市2个，省级森林城市2个，森林乡镇100个，森林村寨300个。②加强生态文明教育，创办生态文化活动，开发生态文化产品。

（五）林业草原基础支撑建设

1. 做强人才队伍

加快人才引进，提升人才能力，实施林草系统人才队伍素质提升工程，力争5年内实现培训、轮训全覆盖，加强人才培养。

2. 加强科技支撑

推进林业草原碳汇工作。鼓励引导社会主体积极参与林业碳汇项目开发，抢抓国家生态文明试验区建设机遇，试点探索"林业碳票"，推进碳中和行动。加强林业草原科技创新。加快科技成果推广。

3. 夯实基层基础

完善林区基础设施建设，加强基层能力建设，加强国有林场建设与管理。

4. 加强智慧林业建设

构建林业草原大数据标准规范体系，建立林业草原数据监管平台，建成林业草原产品电子商务大数据平台。

贵州省"十四五"林草保护发展主要指标

类别	序号	主要指标	2020年	2025年	目标属性
生态保护	1	森林覆盖率（%）	61.51	64	约束性
	2	森林蓄积量（亿立方米）	6.09	7.0	约束性
	3	林地保有量（亿亩）	1.5	≥1.55	约束性
	4	湿地保护率（%）	51.5	55	约束性
	5	国家重点保护野生动植物物种保护率（%）	95	96	约束性
	6	草原综合植被盖度（%）	88	90	预期性
	7	自然保护地面积占国土面积比率（%）	11.11	≥10（暂定）	预期性
	8	古树名木大树保护率（%）	100	100	预期性
	9	森林火灾受害率（‰）	0.0059	≤0.8	预期性
质量提升	10	林业有害生物成灾率（‰）	0.167	≤2	预期性
	11	森林经营（万亩）	3000	5000	预期性
		其中：低产林改造（万亩）	1000	1000	预期性
		退化林修复（万亩）	45	500	预期性
	12	混交林比例（%）	47	50	预期性
	13	主要造林树种良种和珍贵乡土树种使用率（%）	70	75	预期性
	14	珍贵林木培育（万亩）	26.8	220	预期性
	15	国家储备林建设（万亩）	200	1098	预期性

（续表）

类别	序号	主要指标	2020年	2025年	目标属性
经济民生	16	特色林业产业面积（万亩）	1554	1900	预期性
	17	林下经济利用面积（万亩）	2203	3200	预期性
	18	国家林下经济示范基地（个）	22	30	预期性
	19	林业产业（全口径）总产值（亿元）	3378	4500	预期性
		其中：林下经济（全口径）产值（亿元）	400	1000	预期性
		特色林业（全口径）产值（亿元）	160	400	预期性
	20	省级以上林业龙头企业（个）	202	250	预期性
	21	省级森林康养试点基地（个）	55	70	预期性

注：1. 特色林业产业指竹、油茶、花椒、皂角、核桃、刺梨产业，其中竹、油茶、花椒、皂角面积975万亩。2. 自然保护地面积含风景名胜区面积。

第二十五章
云南省林业和草原保护发展"十四五"规划概要

一、发展目标及2035年远景展望

（一）发展目标

西南生态安全屏障更加稳固。森林覆盖率继续保持在全国前列并稳步前进，森林覆盖率达到65.7%，森林蓄积量达到22亿立方米，草原综合植被盖度达到80%，湿地保护率达到60%，森林、草原火灾受害率分别小于0.9‰、2‰，林业、草原有害生物成灾率分别小于8.2‰、9.5‰，天然林保有量稳定在2.48亿亩，生态系统碳汇增量稳步提升，生态安全屏障更加稳固。

"两王国一花园"根基更加坚实。初步构建以国家公园为主体的自然保护地体系，国家公园等自然保护地面积占比14.5%，国家重点保护野生动植物种数保护率稳定在90%。生态景观修复从"三沿"绿化向国土空间全域延伸，景观功能和美景度不断增强，"世界花园"形象进一步提升。

生态产业体系日益发达。林草产业结构不断优化，特色产业不断壮大，传统产业巩固提升，新兴产业不断发展，优质林草产品供给能力不断增强，持续巩固拓展生态脱贫成果与助推乡村振兴。林草产业总产值达到4000亿元，坚果种植面积稳定在4720万亩，森林康养基地达到200个。

生态公共服务更加完善。生态产品供给能力不断增强，绿色生态空间不断扩大，生态产品价值实现机制基本建立。国家森林城市达到10个，森林乡村达到2000个，省级生态文明教育基地达到60个，村庄绿化覆盖率达48%，森林生态系统服务价值量在1.95万亿元，积极推进国家森林步道和自然教育基地建设。

林草现代化水平明显提升。林草机械化、信息化、智能化水平明显提升，林草视频监控覆盖率达80%，主要造林树种良种使用率达70%。林草制度体系更加成熟完善，治理体系和治理能力现代化水平显著提升。

云南省"十四五"林草保护发展主要指标

序号	指标名称	2020年	2025年	指标属性
1	森林覆盖率（%）	65.04	65.7①	约束性
2	森林蓄积量（亿立方米）	20.67	22.0	约束性
3	乔木林单位面积蓄积量（立方米/公顷）	99.1	105	预期性
4	草原综合植被盖度（%）	78.9（87.93）②	80.0	预期性
5	湿地保护率（%）	55.27	60.0③	预期性
6	国家公园等自然保护地面积占比（%）	14.32	14.5④	预期性
7	国家重点保护野生动/植物种数保护率（%）	83/90	90/90	预期性
8	森林火灾受害率（‰）	0.038	≤0.9	预期性
8	草原火灾受害率（‰）	≤3	≤2	预期性
9	林业有害生物成灾率（‰）	0.37	≤8.2	预期性
9	草原有害生物成灾率（%）	≤10.33	≤9.5	预期性
10	林草产业总产值（亿元）	2771	4000	预期性
11	森林生态系统服务价值（万亿元）	1.68	1.95	预期性

注：①森林覆盖率以云南省2020年森林资源主要指标监测数据为基数测算。待林草湿数据与第三次国土调查数据对接融合后，森林覆盖率可能发生变化，届时根据实际情况进行调整。②2020年草原综合植被盖度，按国土三调草原面积测算为78.9%；以第一次草原资源调查面积测算为87.93%。③湿地保护率以云南省2020年湿地资源主要指标监测数据为基数测算。待林草湿数据与第三次国土调查数据对接融合后，湿地保护率可能发生变化，届时根据实际情况进行调整。④国家公园等自然保护地面积占比14.5%，以目前编制完成的《自然保护地整合优化预案》为基础测算，并包含了风景名胜区的面积占比。下一步自然保护地整合优化政策可能发生变化，若风景名胜区不纳入自然保护地管理，届时该指标将发生变化。

（二）2035年远景展望

到2035年，西南生态安全屏障更加稳固，重要和典型生态系统、珍稀濒危野生动植物及其栖息地（生境）得到全面保护，生态系统碳汇增量明显提升，基本建成发达高效的现代化林草产业体系，林草法规、制度更加成熟完善，保障能力进一步增强，林草治理体系和治理能力基本实现现代化。森林覆盖率达到67%以上，森林蓄积量达到27.5亿立方米以上，天然林保有量稳定在2.48亿亩，草原退化状况得到好转，湿地保护率提高到65%，建成具有云南特色的自然保护地体系，自然保护地占全省面积的18%以上。

二、保护发展格局

继续实施"东建、西保、北治、南休、中增绿"的全省林草生产力总体布局，突出重要生态系统保护和修复，加强特有物种、特有生态系统保护，引导林草产业集聚发展。

（一）生态保护修复格局

构建以青藏高原东南缘生态屏障、哀牢山无量山生态屏障、南部边境生态屏障、金沙江干热河谷带、滇东滇东南石漠化带为主体的全省"三屏两带多点"生态保护修复格局。

（二）产业发展格局

重点发展坚果、特色经济林、林下经济、生态旅游、森林康养、观赏苗木、木竹加工、林浆纸、林化工、草产业10个重点产业，规范发展野生动物驯养繁殖。优化产业布局，引导建立若干产业集群，促进重点产业向优势区集聚，构建"一心、四带、十群"林草产业发展格局。

三、主要建设任务及重点项目

（一）筑牢西南生态安全屏障

着力推进国土山川绿化、精准提升森林质量、草原保护与修复、湿地保护与恢复，加强林草资源监督管理，提升自然生态系统质量和稳定性，筑牢我国西南生态安全屏障，保障国土生态安全。

1. 国土山川绿化重点项目

完成人工造林和退耕还林还草350万亩，封山育林550万亩。

2. 精准提升森林质量重点项目

管护天然林2.48亿亩，完成森林抚育700万亩，退化林修复495万亩。

3. 草原保护修复重点项目

完成退化草原生态修复50万亩，建设草种基地5个，草种质资源圃5个，国家草原固定监测点6个，省级智能监测点20个。

4. 湿地保护与恢复重点项目

全面保护湿地，减轻人为干扰，防止湿地资源过度开发利用，修复和恢复退化湿地1万亩，建设智慧监测能力体系和改造感知系统10项，建设湿地宣教基地5处。

（二）打造"两王国一花园"生态品牌

加快构建以国家公园为主体的自然保护地体系，建设高质量国家公园，提升自然保护区保护管理水平，增强自然公园生态服务能力。全面加强野生动植物资源保护管理，努力打造"动物王国""植物王国"保护与建设新高地。以"三沿"为重点，提升城镇生态"美"、乡村生态"美"、廊道生态"美"、湿地生态"美"、生态文化"美"，助力"世界花园"建设。

1. 构建以国家公园为主体的自然保护地体系重点项目

完成现有各级各类自然保护地整合优化，科学编制全省自然保护地发展规划等，申建国家公园2~3个；推动国家公园建设，完成国家公园内自然资源本底调查和勘界立标及基础设施设备建设等；实施自然公园生态服务功能提升。

2. 野生动植物保护与管理重点项目

开展野生动植物调查监测，实施亚洲象栖息地修复改造、监测预警体系和人象隔离主动防范三大工程；实施旗舰野生动物重要栖息地保护与修复重点工程；实施野生动物救护繁育体系建设、野生动物损害补偿和安全防范、极小种群野生植物拯救保护、古茶树保护管理。

3. 助推中国最美丽省份建设重点项目

推进森林城市建设，创建国家森林城市累计达到10个；实施森林乡村建设，评价认定森林乡村累计达到2000个；廊道生态建设，持续开展交通干线、主要河湖沿线裸露山体造林绿化；湿地生态建设，实施云南省美丽河湖建设林业和草原行动计划，积极申报国际湿地城市；生态文化建设，创建省级生态文明教育基地23个，打造"森林生态文化线上博物馆"。

(三)高质量发展生态富民产业

深入践行"绿水青山就是金山银山"理念,深化供给侧结构性改革,以构建林草现代化产业体系为目标,打造世界一流"三张牌",不断壮大坚果、特色经济林、林下经济、生态旅游、森林康养、观赏苗木等特色产业,巩固提升木材加工、林浆纸、草产业等传统产业,发展优势产业集群;完善产业发展服务体系,开放对外贸易与投资合作,推动林草产业高质量发展;巩固拓展生态脱贫成果同乡村振兴有效衔接。"十四五"期间,实施十大林草产业发展重点项目:坚果产业,坚果面积稳定在4720万亩左右,产量336万吨,综合产值达1260亿元;特色经济林产业,开展花椒、油茶、油橄榄等提质增效,发展一批产业基地及精深加工企业,防止市场饱和;林下经济产业,科学有序发展,建设高水平设施化、有机化、数字化、规模化、标准化的产业基地,培育龙头企业,建设林下经济示范基地;生态旅游产业,打造一批国内知名的生态旅游品牌、高原草原旅游景点和湿地旅游品牌,完善基础设施,建设森林步道;森林康养产业,培育森林康养基地,建设一批森林人家,辐射带动一批中小型森林康养机构;观赏苗木产业,全省观赏苗木生产基地面积达40万亩,年产量20亿株(盆);木竹加工产业,新建原料林基地270万亩,整合资源,依托工业园区建设实现产业现代化和集团化;林浆纸产业,新建示范和高质量林浆纸基地100万亩以上,工业化速生丰产纸浆林基地保有量500万亩以上;林化工产业,改造和新建高质量基地10万亩以上,基地保有量达到660万亩;草产业,建设草业良种生产基地,实施牧草种植100万亩,打造高原草原旅游景点10个。

(四)推进数字林业建设

全方位融入国家"生态网络管理感知系统"建设布局,全面推进林草资源数字化、生态保护数字化、生态修复数字化、生态产业数字化、生态文化数字化、林草政务数字化建设,初步建成全省数字林业框架体系。"十四五"期间实施数字林业建设重点工程项目:推进感知体系建设、数据平台建设、应用系统建设、智慧林区示范建设。

(五)加强防灾减灾体系建设

全面提升森林草原防灾减灾设施装备保障能力,加强森林草原防火和林草有害生物防治，加强野生动物疫源疫病监测防控，提高林业草原风险防控能力。

1. 森林草原防灭火体系建设项目

加快全省森林草原防火视频监控系统建设，完善提升专业队伍装备，加强专业队伍营房、物资储备等多功能综合基地、靠前驻防站点、野外实训场地等配套设施建设；重点区域阻隔网密度提高到1.5米/公顷以上。

2. 林业有害生物防控体系建设项目

建立和完善区域性松材线虫病等危险性有害生物检测鉴定机构3家；在边境沿线建立外来入侵物种监测站点25个；完善现有35个国家级林业有害生物中心测报点建设。

3. 草原有害生物防控体系建设项目

开展全省草原有害生物普查，建设草原有害生物监测预警体系，建成省级监测预警中心1个、区域监测预警中心2个、县级测报点66个；开展重点草原有害生物防治。

4. 野生动物疫源疫病监测防控体系建设项目

建设省级野生动物疫源疫病监测管理总站，推进开展66个国家级、省级陆生野生动物疫源疫病监测站标准化建设。

5. 外来物种管控项目

建立外来物种监测预警信息系统，设立外来物种防控重点实验室。

（六）健全林草现代化治理体系

全面深化林草改革，坚持向改革要动力、用创新添活力，形成推动林草事业发展的强大合力。全面推行林长制、深化重点领域改革、健全完善国土绿化制度、健全完善自然保护地管理制度、健全完善林草法治制度、建立生态产品价值实现机制。建立健全以生态保护修复为主体的林草制度体系，推进林草治理体系与治理能力现代化。

（七）全面提升支撑保障能力

加快构建林草支撑保障体系，持续加强基础设施建设，提升林草种苗供种保障能力。围绕生态保护修复、绿色产业等重点领域，结合国家重大生态工程，加强科技创新。

1. 加强基础设施设备建设项目

加强基层站（所）建设，争取国有林场管护房建设，新建重建70个，加固改造100个，功能完善50个；推进林区道路建设；加强林机科技创新平台建设和关键技术攻关，提升林草机械化水平。

2. 强化林草种苗保障项目

加强优良树种、草种种质资源的收集、保存、开发利用；推进特色乡土树（草）种的良种选育，提高良种生产保障能力。到2025年，主要造林树种良种使用率在70%以上，草种自给率显著提升。建立种质资源库6处、保障性苗圃7处以上，优质苗木生产能力达到1000万株以上。

3. 强化科技支撑体系建设项目

突破一批重大关键技术，林业科技成果储备数量达到100项以上；推广先进、实用的科技成果150项以上；力争完成地方标准、企业标准等各类标准制（修）定50项以上；新建一批重点实验室、工程（技术）研究中心、生态定位站、长期科研实验基地等科技平台；加强开展人才队伍培养，推进科技教育国际交流合作。

第二十六章
西藏自治区林业和草原保护发展"十四五"规划概要

一、建设目标

(一) 总体目标

"十四五"时期,全区林草发展总体目标是:到2025年,山水林田湖草沙冰一体化保护和系统治理机制更加完善,充分保护自然生态的原真性和完整性,森林、草原、湿地、荒漠生态系统质量和稳定性进一步提高,林草对碳达峰、碳中和贡献增强,国家公园建设示范区和自然保护地体系初步建成,国家草原保护修复示范点和全国防沙治沙综合示范区初具规模,野生动植物及生物多样性保护显著增强,优质生态产品供给能力明显增强,国家生态安全屏障更加坚实。

(二) 具体目标

生态系统质量显著提升。全区森林覆盖率提高至12.51%以上,活立木蓄积量稳定在22.8亿立方米,林地保有量稳定在1746万公顷,公益林面积稳定在1098万公顷。天然草地总面积稳定在12.01亿亩,草原综合植被盖度提高至50%。湿地保有量稳定在652.9万公顷,湿地保护率稳定在68.75%以上。

生态环境治理更加有效。山水林田湖草沙冰系统修复统筹推进,国土绿化美化水平不断提高。新增造林720万亩以上,修复退化草原5520万亩,开展退化湿地保护修复150万亩,综合治理沙化土地420万亩。

自然保护地体系更加健全。以国家公园为主体的自然保护地体系初步建成,野生动植物及生物多样性保护显著增强。启动国家公园建设示范区的创建工作,完成三江源国家公园唐古拉山以北区域建设管理工作,设建珠穆朗玛峰、羌塘、高黎贡西藏段、雅鲁藏布大峡谷国家公园4处,申建冈仁波齐、玛旁雍错—古格、土林等世界遗产，自然保护地占全区面积比例达到36%。

支撑保障能力全面加强。林草体制机制更加健全完善，支撑保障能力稳步提高。林业科技进步贡献率进一步接近全国平均水平，主要林草良种使用率大幅提高。森林火灾受害成灾率控制在0.9‰以下，草原火灾受害成灾率控制在2.0‰以下，林业有害生物成灾率控制在5.5‰以下。

二、总体布局

根据建设生态文明高地和筑牢国家重要生态安全屏障的要求，坚持人与自然和谐共生的基本方略，落实节约优先、保护优先、自然恢复为主的方针，开展山水林田湖草沙冰一体化保护和系统治理，按照自治区第十次党代会确定的全区"一核一圈两带三区"区域发展新格局，科学合理确定林草发展战略布局，将全区划分为以下4个功能分区。

（一）藏北高原和藏西山地生态安全屏障区

该区域主要包括藏北高原湖盆区、藏西阿里高原山地区及雅鲁藏布江源头区，具体包括那曲市中西部地区、阿里大部分地区、日喀则市西部地区和拉萨市北部地区，平均海拔在4500米以上，属典型高原大陆性气候，区域内地势开阔平缓、气候极度寒冷干燥，植物组成单一，植被盖度低，生态系统类型结构简单，生态环境极度脆弱。区域内人口稀少，湖泊和沼泽湿地广布，涵盖雅鲁藏布江、怒江等大江大河的发源地，草原和荒漠化土地面积大，大中型野生动物种群数量多，生态区位极其重要，是荒漠、草原、湿地生态系统和野生动物资源保护的主战场。

（二）藏中及喜马拉雅山脉中段北坡生态安全屏障区

该区域包括冈底斯山脉（中东段）、喜马拉雅山脉（中段）北坡地区和处于这两大山脉之间的雅鲁藏布江、年楚河、拉萨河等中部流域，主要包括拉萨市和山南市大部分地区及日喀则市中东部地区，平均海拔在4000米以下，区域内河谷平原面积大、分布广，气候干旱，水热组合条件较好，植被稀疏，沙化土地广布，生态环境较为脆弱。湿地资源丰富，可治理沙化土地面积大，是西藏人口最稠密、经济最发达的地区，是西藏政治、经济、社会、文化中心，是西藏林草生态建设的主战场。

（三）藏南喜马拉雅山脉中段南坡生态安全屏障区

该区域包括喜马拉雅山脉中段南坡区域，主要包括日喀则市5个有林县和山南市4个有林县，平均海拔在3500米左右，区域内气候湿润，森林植被丰富，生态环境较好，珍稀野生物种多，是西藏森林生态系统保护的主战场之一。

（四）藏东南和藏东生态安全屏障区

该区域包括西藏东部和东南部高山深谷区，包括昌都市和林芝市全境及那曲市东部3个有林县，平均海拔在3000米以上，区域内气候湿润，森林资源和生态旅游资源丰富，珍稀野生动植物资源丰富，是西藏生态环境最好的地区，是西藏天然林资源的主要分布区，是天然林资源保护的主战场。

三、建设任务

（一）科学推进国土绿化

1. 科学推进造林绿化

计划在全区7个地（市）完成造林720.95万亩，其中人工造林254.17万亩，飞播造林（种草）206.74万亩，封山育林80.05万亩，退化林修复24.99万亩，森林抚育155万亩。

2. 切实加强草原修复

全区7个地（市）建设草原围栏2872.8万米，修复退化草原5520万亩，力争建成草原生态修复示范点100个。

3. 有序实施防沙治沙

因地制宜采取机械沙障、生物沙障、封沙育林（草）等综合措施，合理调配生态用水，积极治理沙化土地420万亩。

（二）共建国家公园示范区和建设自然保护地体系

1. 推进国家公园布局

到2025年，本着成熟一个设立一个的原则，建成一批高质量国家公园。

2. 优化自然保护区建设

深化自然保护地整合优化，提升自然保护区能力建设。

3. 推动自然公园建设

建设自治区级以上自然公园43处，其中，建设森林公园11处，草原公园4

处，湿地公园22处，地质公园2处，冰川公园4处，并配套建设相关基础设施。

4. 启动世界遗产申报

重点依托风景名胜区等类型自然保护地开展申遗范围划定，启动西藏世界遗产申报工作。到2025年，力争成功申报世界遗产1处。

（三）加强林草生态资源保护

加强森林资源保护；加强草地资源保护；加强湿地资源保护；加强野生动植物保护；加强资源监督管理；共建森林草原火险防控体系；加强林草有害生物防治。

（四）发展壮大林草产业

按照"产业发展生态化、生态建设产业化"的思路，结合产业发展需求和任务，依法规划实施林草种苗、特色经济林、林下经济、沙产业、生态旅游、森林康养和生态草产业等林草产业项目。

（五）建设林草生态文化

以习近平生态文明思想为引领，立足生态优势，深入开展林草文化宣传，精心打造西藏林草特色生态文化，唱响西藏林草生态文化品牌，打造普惠共享的生态空间，满足人民群众对高质量生态文化产品的需求。

（六）巩固拓展生态脱贫成果与乡村振兴有效衔接

全面贯彻落实中共中央、国务院《关于实现巩固拓展脱贫攻坚成果同乡村振兴有效衔接的意见》，巩固拓展生态脱贫成果，采取助推脱贫人口稳定就业、支持脱贫地区产业兴旺、工程项目资金继续向脱贫地区倾斜、加强边境地区生态建设等方式持续助推脱贫地区发展和乡村全面振兴。

（七）健全完善林草支撑体系

坚定不移贯彻新发展理念，全面深化林草改革，切实强化人才、资金、政策、法治保障，不断夯实林草重点基础设施建设，进一步完善林草支撑体系。

西藏自治区"十四五"林草保护发展主要指标

序号	指标名称	2020年	2025年	指标属性
1	森林覆盖率（%）	12.31	12.51	约束性
2	森林蓄积量（亿立方米）	22.8	22.8	约束性
3	林地保有量（万公顷）	1746	[1746]	预期性
4	公益林管护面积（万公顷）	1098	[1098]	预期性
5	天然草地总面积（亿亩）	12.01	12.01	预期性
6	草原综合植被盖度（%）	47.14	50	预期性
7	湿地保有量(万公顷)	652.9	[652.9]	预期性
8	湿地保护率（%）	—	[68.75]	预期性
9	退化湿地保护修复（万亩）		150	预期性
10	新增造林面积（万亩）	596.48	720	预期性
11	退化草原修复面积（万亩）	—	5520	预期性
12	沙化土地综合治理面积（万亩）	321.3	420	预期性
13	国家公园数量（个）	—	≥4	预期性
14	自然保护地面积占比（%）	35.94	36	预期性
15	森林火灾受害成灾率（‰）		<0.9	预期性
16	草原火灾受害成灾率（‰）		<2.0	预期性
17	林业有害生物成灾率（‰）		<5.5	预期性

备注：林地保有量、公益林面积、湿地保有量、湿地保护率等数据待全区林草湿数据与第三次全国国土调查数据对接融合工作完成后确定。

西藏自治区"十三五"林业发展指标完成情况

序号	指标名称	规划目标	完成额
1	森林覆盖率（%）	12.31	12.31
2	森林蓄积量（亿立方米）	22.80	22.80
3	林地保有量（万公顷）	1746	1746

"十四五"各地林业草原保护发展规划概要

（续表）

序号	指标名称	规划目标	完成额
4	重点公益林管护面积（万公顷）	1328.8	1328.8
5	新增营造林面积（万公顷）	>26	26
6	新增治理沙化土地面积（万公顷）	13.6	21.42
7	湿地保有量（万公顷）	652.9	652.9
8	自然湿地保护率（%）	68	68.75
9	国家级自然保护区面积（万公顷）	3720.01	3719.72
10	国家级自然保护区占国土比例（%）	30.94	35.98
11	新造人工林混交林占比（%）	>40	50
12	林业系统林业生产总值（亿元）	35	50
13	林业生态旅游人次（万人次/年）	180	180
14	公益林管护人员（万人）	25	—
15	林业扶贫安排就业岗位（万人）	25	—
16	林业生态保护提供就业岗位数（万人）	35	26
17	国家森林公园数量（个）	10	10
18	国家湿地公园（个）	20	20
19	林业科技贡献率（%）	40	40
20	森林火灾受害控制率（‰）	<0.8	<0.8
21	林业有害生物成灾控制率（‰）	<5.3	<5.3
22	林木良种使用率（%）	50	50

第二十七章
陕西省林业保护发展"十四五"规划概要

一、全面进入生态空间融合发展新阶段

"十三五"期末，全省生态状况得到明显改善，生物多样性得到有效保护，秦岭生态保护得到不断加强，以国家公园为主体的自然保护地体系建设稳步推进，生态脱贫成效显著，林业产业发展态势良好，生态安全屏障更加牢固，林业支撑保障体系日趋完善，规划目标全面完成，约束性指标顺利实现。"十四五"时期，全省林业事业进入林业草原国家公园三位一体融合发展，森林、草原、湿地、荒漠、自然景观系统治理新阶段。

二、总体思路

（一）指导思想

以习近平新时代中国特色社会主义思想为指导，深入贯彻落实党的十九大和十九届历次全会精神，以习近平生态文明思想和习近平总书记来陕考察重要讲话和重要指示精神为基本遵循，贯通落实"五个扎实"和五项要求，以新发展阶段、新发展理念、新发展格局为战略指引，以高质量发展、高品质生活、高效能治理为主攻方向，扎实践行"绿水青山就是金山银山"理念，统筹山水林田湖草沙系统治理，深入实施生态保护、生态修复、生态重建、生态服务、生态富民、生态安全战略，全面推行林长制，科学开展大规模国土绿化，全力推进绿色版图由"浅绿色"向"深绿色"迈进，全面推动林业工作高质量发展，为筑牢生态安全屏障，应对气候变化，提高生态系统碳汇增量，奋力谱写陕西生态空间治理新篇章作出新贡献。

（二）基本原则

坚持把习近平生态文明思想作为全省林业发展的根本遵循，坚持把生态空间系统治理作为林业发展的关键举措，坚持把提质增效和高质量发展作为林业发展的重点任务，坚持把科技创新和深化改革作为林业发展的强大动力，坚持把完善治理体系和提高治理能力作为林业发展的坚实保障。

（三）发展目标

到2025年，全省生态空间实现"浅绿色"向"深绿色"历史性转变，初步建成"深绿陕西"。森林覆盖率提高到46.5%，森林蓄积量达到6.3亿立方米，乔木林每公顷蓄积量达到65.8立方米，草原综合植被盖度稳定在60%，湿地保护率达到50%，新增沙化土地治理面积465万亩，以国家公园为主体的自然保护地面积占全省面积比例达到9%，森林和草原火灾发生率控制在0.9‰以内，林业和草原有害生物成灾率控制在4.6‰以内，全省林草产业总产值达到2000亿元，设区市全面实现森林城市全覆盖。

到2035年，初步实现生态空间山清水秀。森林覆盖率达到47%，森林蓄积量达到8.2亿立方米，以国家公园为主体的自然保护地体系全面建成，全省森林、草原、湿地、荒漠等生态系统质量和稳定性全面提升，生态系统碳汇增量明显增加，林业对碳达峰碳中和贡献显著增强，优质生态产品供给能力极大提升。

到2050年，基本建成高质量的山清水秀陕西。全省生态空间资源持续增长，生态系统生产力进一步提高，秦岭、黄河、长江生态保护修复治理体系更加成熟，森林、草原、湿地、荒漠、自然景观治理能力全面提升，人民群众迫切需要的优质生态产品、生态服务更加丰富，生态空间美丽颜值达峰、生物体系达优、生态功能达强，全面实现生态空间治理体系和治理能力现代化。

三、保护发展格局

依据《陕西省国土空间规划》和《全国重要生态系统保护和修复重大工程总体规划》，围绕山水林田湖草沙生命共同体总体要求，按照"五大阵地、六条战线"生态战略部署，进一步优化生态空间布局，着力构建"一山、两河、四区、五带"全省林业保护发展新格局。

"一山"为秦岭山脉，包括相连的、功能相近的巴山山脉，是全面保护天然林、建设以国家公园为主体的自然保护地体系的重要阵地,也是陕西省体量最大、功能最为完整的顶级生态空间。

"两河"是指黄河流域和长江流域,是我国重要的河流生态系统,也是陕西省生态保护、生态修复、生态重建的主战场。

"四区"是指陕北长城沿线生态修复区、黄土高原水土保持区、关中平原生态协同发展区、秦巴低山丘陵生态功能区,是陕西省生态保护与社会发展矛盾最为突出地区,承载着生态保护、生态修复、生态富民等多重使命。

"五带"是指白于山区生态修复带、沿黄防护林提质增效示范带、关中北山绿色重建带、秦岭北麓生态保护带、汉丹江生态经济走廊带,是陕西省生态安全的重要骨架,是改善沿江、沿路、沿山自然环境的生态走廊,也是扩大生态空间、提升区域生态承载力的绿色长城。

四、主要建设任务

(一)科学开展大规模国土绿化行动

以数量质量、存量增量并重,以增绿量、提质量、增效益为目标,根据国家造林计划任务上图工作要求,合理确定封山育林、飞播造林、人工造林、退化林修复地块和年度规模,科学开展国土绿化,精准提升森林质量,深入推行全民义务植树。加快推进国家储备林基地建设,努力提升建设水平。不断完善造林绿化长效机制,在生态脆弱区、功能退化区、采矿塌陷区、生态断裂带、困难立地等重点区域实施生态修复攻坚战。巩固退耕还林还草成果,稳步开展退耕还林还草。强化种质资源保护,加快林草优良品种选育,夯实林草种苗基础。到2025年,完成营造林面积2500万亩,其中封山育林950万亩、飞播造林400万亩、人工造林250万亩、退化林修复400万亩、森林抚育500万亩。实施"三化一片林"森林乡村750个,创建设区市国家森林城市3个。

(二)切实加强野生动植物保护

抢救保护珍稀濒危野生动物,保护繁育珍稀濒危野生植物,加强珍稀濒危野生动植物保护。健全野生动植物保护监管体系,全面禁食野生动物,严格野生动植物进出口管理执法,加强野生动植物外来物种监管,提升野生动植物保护管理能力。健全疫源疫病预警体系,建立疫源疫病防控体系,提升收容救护能力，逐步完善疫源疫病监测防控体系。

（三）着力构建以国家公园为主体的自然保护地体系

加快大熊猫国家公园陕西片区建设，推进秦岭国家公园建设，开展入口社区和特色小镇建设；优化自然保护区布局，加强基础设施建设，提升保护管理能力，努力提高自然保护区管理水平；理顺自然公园管理体系，提升自然公园生态文化价值，提高自然教育体验质量，切实增强自然公园生态服务功能。逐步建立以国家公园为主体、自然保护区为基础、各类自然公园为补充的自然保护地体系。

（四）严格落实森林资源监管制度

严格林地保护利用，严格征占用林地审批和林木采伐限额管理，切实加强森林资源管护。贯彻落实天然林管护、天然林用途管制、天然林修复和天然林保护修复监管制度，科学编制天然林保护修复规划，切实加强天然林资源管理。健全行政执法体制机制，持续强化森林督查，开展专项打击行动，全面实行森林督查制度。构建综合监测体系，启动实施生态成效监测，加强支撑保障能力建设，开展监测评估，确保森林生态安全。

（五）扎实开展草原保护修复

开展调查监测评价，编制草原保护修复利用规划，加强草原监测保障。确定禁牧区域，明确禁牧期限，严格禁牧管理，全面实施封山禁牧。推进草原生态修复，加强草原恢复能力提升，促进草原合理利用，改善草原生态状况，提升草原生态系统稳定性和服务功能。到2025年，完成人工种草及退化草原修复100万亩。

（六）持续强化湿地保护修复

实施湿地面积总量管控，建立健全湿地保护管理体系，提升重要湿地生态功能，完善湿地保护管理体系。开展重点区域湿地修复，推进小微湿地建设，加快退化湿地生态恢复。加强湿地监测，强化科技支撑，提升湿地保护能力。到2025年，全省湿地保护率达到50%。

（七）科学推进荒漠化综合治理

科学推进防沙治沙，提升封禁保护能力，推进沙化土地治理。持续开展荒漠化土地综合治理，提升荒漠化监测能力，推进荒漠化土地治理。高质量编制示范区规划，推动示范区高质量建设，加快红碱淖沙地综合治理示范区建设。到2025年，完成沙化土地治理面积465万亩，沙区林草覆盖率提高到60%以上。

（八）大力推进林业"三个经济"高质量发展

健全完善衔接体制机制，持续巩固生态脱贫成果，促进生态富民产业同乡村振兴深度融合，巩固拓展生态脱贫成果同乡村振兴有效衔接。加大自然体验基地建设力度，构建多元化自然教育模式，着力抓好生态文化传播，积极发展自然教育经济。打造精品生态旅游线路，促进森林康养健康发展，发展壮大美丽生态经济。推进优势特色产业提质增效，培育新产业新业态，着力培育新型经营主体，高质量发展林草产业经济。到2025年，新建自然教育体验基地25个，建成国家森林康养示范基地6处、省级森林康养基地10处。

（九）全力推进林草有害生物防治

科学精准防控，加强监测管控，严格检疫执法，夯实目标责任，实施松材线虫病疫情防控攻坚行动。实行网格化监测预警，强化防治减灾，推广技术应用，强化林业重大有害生物防治。提升监测水平，强化灾害预防和治理，加强草原有害生物防治。到2025年，实现全省疫情发生面积和乡镇疫点数量双下降，疫区县控制在24个以内，疫点控制在163个以内，发生面积控制在47.1万亩以内，疫情快速扩散蔓延态势得到有效遏制。

（十）努力提升森林草原防火能力

落实防火责任，提高预警监测能力，加强野外火源管控，健全预防体系。强化早期火情处理，推进专业队伍建设。加大基础设施建设，提升重点区域综合防控水平，提升防火保障能力。落实安全生产责任，加强安全生产监管，抓好安全生产。

（十一）示范推进山水林田湖草沙系统治理

在秦巴山区、黄土高原区、毛乌素沙地等重大战略区域、重点生态区位，科学布局和组织实施大巴山区生物多样性保护与生态修复、秦岭生态保护和修复、黄土高原水土流失综合治理、白于山区生态重建、毛乌素沙地综合治理、"百万亩绿色碳库"试点等一批区域性山水林田湖草沙系统治理示范项目。

（十二）不断深化改革开放

放活集体林经营处置权，积极落实林改配套政策，完善草原承包经营制度，深化集体林权综合改革。激发发展活力，推进绿色转型，加强基础建设，完善国有林场经营机制。开展经营性国有资产集中统一监管和国有企业公司化改制，推进国资国企改革。精准确定改革任务，扎实推进林业"小切口"改革，推动各项改革系统集成高效。

（十三）加快推进"生态云"建设

充分应用卫星遥感、5G、云计算、大数据等新一代信息技术，按照"1+N"平台建设和"1+N"数据中心建设框架布局，通过建立各种类型基础数据库，开发多种用途应用系统，完善现代化管理体制机制，着力构建信息互通、数据共享、安全高效的生态空间云平台（简称"生态云"）服务体系。

（十四）高效运作"三个机制"

建立林长制组织体系，科学设立考核指标，高效发挥林长制作用，全面推进以林长制为主体的党政领导保护发展自然生态资源责任体系。切实发挥好各级绿化委员会和关注森林活动机制，合力推动生态空间高效能治理、高质量发展。

（十五）推进生态产品价值实现

构建综合监测体系，实施生态系统保护成效监测，加强支撑能力建设，开展综合监测评估。开展生态产品基础信息调查，建立生态产品价值评价机制，健全生态产品经营交易机制，建立生态产品价值实现机制。巩固提升生态系统碳汇能力，建立林业碳汇评价机制，探索林业碳汇交易机制，完善林业碳汇交易保障体系，推进林业碳汇行动。切实落实中央生态产品保护补偿制度，探索横向生态产品保护补偿机制，做好野生动物造成人身财产损害补偿工作，健全生态产品保护补偿机制。

（十六）进一步完善支撑体系

配合完成生态保护红线划定评估，严格做好生态保护红线管控。推进重大科技创新，强化科研平台建设，加快关键技术推广，推进科技创新与技术推广。完善生态空间法规，加大法律法规宣贯力度，建设高效的法治实施体系，加强法规体系建设。完善林业政策，加大林业投入，完善政策支撑体系。

	专栏 1　生态保护修复重点工程
1	**秦岭生态保护与修复工程** 以秦岭低山丘陵生态功能区、秦岭北麓生态示范带和秦岭重点国有林区为重点，开展森林质量精准提升、湿地修复、退化林修复等生态保护修复项目，实施退耕还林（草）工程，加强珍稀濒危野生动植物保护恢复，建设国家储备林，严防森林火灾，努力遏制松材线虫病蔓延，完成营造林760万亩。
2	**大巴山区生物多样性保护与生态修复工程** 以大巴山低山丘陵生态功能区和汉丹江生态经济走廊带为重点，全面加强天然林资源保护，积极开展退耕还林、封山育林、森林抚育、退化林修复，加大湿地保护修复力度，全面保护珍稀濒危陆生野生动植物，强化极小种群、珍稀濒危野生动植物栖息地和候鸟迁徙路线保护，严防森林火灾和林业有害生物危害，完成营造林210万亩。
3	**黄河流域重点区域生态修复工程** 以陕北长城沿线生态修复区、黄土高原水土保持区、关中平原生态协同发展区、白于山区生态修复带、关中北山绿色重建带为重点，以水定林定草，实施封山育林（草）、退耕还林（草）、飞播造林、草地改良、沙化土地治理、退化林修复和山水林田湖草沙示范项目建设，加强林草植被保护和修复，稳定和提高区域植被盖度，完成营造林1530万亩，新增沙化土地治理465万亩。
4	**沿黄防护林提质增效和高质量发展工程** 以黄河干流西岸及五大主要支流两岸为重点，通过沿线裸露坡面植被恢复、堤岸防护林恢复提升、退化防护林修复、村镇森林乡村防护林建设、低效经济防护林提升改造、道路防护林绿化美化等工程措施，逐步建立连续完整、结构稳定、功能完备的沿黄防护林体系，完成营造林420万亩。
5	**自然保护地体系建设工程** 提升大熊猫国家公园陕西片区建设水平，整合设立秦岭国家公园，加强自然保护区基础设施建设，提高自然公园生态产品供给能力和服务能力，全力推进自然保护地整合、优化，逐步建立以国家公园为主体的自然保护地体系。
6	**湿地草原保护恢复工程** 以实现湿地全面保护为目标，建立完善保护管理、科研监测、科普教育等体系，探索小微湿地建设模式，恢复退化湿地生态系统，增强湿地生态服务功能，保护湿地生物多样性。开展草原监测评价，加强草原生态保护修复、资源监测和有害生物防治，加快退化草原治理和草原植被恢复，建立完善草原资源管理体制，不断增强草原生态功能。

下篇

"十四五"各地林业草原保护发展规划概要

（续）

序号	工程名称及内容
7	**国家储备林基地建设工程** 以全省规划的53个国家储备林基地县（市、区）为重点，通过人工林集约栽培、现有林改培等措施，着力培育储备乡土树种，大力发展工业原料林，努力营造珍稀树种和大径级用材林，建成一批集约化经营、高标准管理的储备林基地。
8	**乡村振兴和生态富民提升工程** 持续推进乡村绿化美化，扎实开展森林乡村建设，着力建设一批特色鲜明、美丽宜居的"三化一片林"森林乡村和乡村绿化美化示范县。优化产业布局，调整产业结构，大力推进自然教育经济、生态美丽经济、林草产业经济发展，加快林业产业示范园区、三产融合发展示范园区和产业聚集地建设，提高林业产业核心竞争力。
9	**"生态云"建设工程** 利用移动互联网、云计算、大数据、人工智能等新一代信息技术，依托省市政务云平台基础设施资源，按照"1+N"平台建设和"1+N"数据中心建设布局，通过数据采集、数据传输、数据存储、数据应用和运维体系建设，整合已建平台，开发拟建平台，努力构建数字化、信息化、现代化的生态空间智慧治理体系。
10	**生态支撑体系建设工程** 加强生态保护和修复理论研究，创新生态空间管理机制，探索生态空间治理模式，拓展生态空间投融资渠道，加大森林草原火灾预防、林业有害生物防治、疫源疫病防控力度，开展林草种质资源保存库、良种基地等设施建设，完善优化森林草原基层工作站（所）、管护站（点）等布局，提升基础设施建设。

陕西省"十四五"林业保护发展主要指标

序号	指标名称	2020年	2025年	指标属性
1	森林覆盖率（%）	45	46.5	约束性
2	森林蓄积量（亿立方米）	5.5	6.3	约束性
3	生态空间保有量（亿亩）	2.22	2.22	预期性
4	绿水青山指数（%）	65	70	预期性
5	乔灌覆盖度（%）	54.7	55.6	预期性
6	林草覆盖度（%）	65.5	66.4	预期性

（续表）

序号	指标名称	2020年	2025年	指标属性
7	草原综合植被盖度（%）	—	60	预期性
8	湿地保护率（%）	39.6	50	预期性
9	自然保护地面积占全省面积比例（%）	8.9	≥9	预期性
10	新增沙化土地治理面积（万亩）	525	465	预期性
11	国家重点保护野生动/植物种数保护率（%）	—	75/80	预期性
12	封山禁牧	—	全域	预期性
13	古树名木保护率（%）	81	83	预期性
14	设区市国家森林城市（个）	7	10	预期性
15	新增"三化一片林"森林乡村（个）	—	750	预期性
16	生态护林员人数（万人）	5	≥5	预期性
17	林业产业总产值（亿元）	1477	2000	预期性
18	自然公园（个）	154	154	预期性
19	其中：风景名胜区（个）	35	35	预期性
20	林木良种使用率（%）	55	75	预期性
21	林业科技贡献率（%）	43	55	预期性
22	森林/草原火灾受害率（‰）	≤0.9	≤0.9	预期性
23	林业/草原有害生物成灾率（‰）	≤4.6	≤4.6	预期性
24	松材线虫病疫区县控制数（个）	25	≤24	预期性
25	其中：松材线虫病疫点（乡镇）控制数（个）	178	≤163	预期性

陕西省"十四五"林业草原发展专项规划

序号	规划名称
1	陕西自然保护地规划（2021—2035年）
2	陕西省国土绿化规划（2021—2035年）
3	陕西省防沙治沙规划（2021—2035年）

下 篇

"十四五"各地林业草原保护发展规划概要

（续表）

序号	规划名称
4	陕西省三北六期工程规划（2021—2035年）
5	陕西省天然林保护修复中长期规划（2021—2035年）
6	陕西省林地保护利用规划（2021—2035年）
7	陕西省草原保护修复利用规划（2021—2035年）
8	陕西省湿地保护"十四五"实施规划（2021—2025年）
9	陕西省林草产业发展规划（2021—2025年）
10	陕西省森林草原防灭火规划（2021—2025年）
11	陕西省林业草原有害生物防治规划（2021—2025年）
12	陕西省林草科技创新规划（2021—2025年）

第二十八章
甘肃省林业和草原保护发展"十四五"规划概要

一、建设目标

到2025年，全省森林覆盖率达到12%，森林蓄积量达到2.8亿立方米，草原综合植被盖度达到53.5%，湿地保护率超过44.16%，以国家公园为主体的自然保护地面积占全省面积比例超过20%，新增沙化土地治理面积达到56万公顷。到2035年，全省森林、草原、湿地、荒漠等自然生态系统得到严格保护和有效修复，以国家公园为主体的自然保护地体系基本建成，野生动植物及生物多样性保护能力明显增强，林草碳汇能力和优质生态产品供给水平显著提升，生态系统质量和稳定性整体改善，西部生态安全屏障更加牢固，美丽甘肃目标基本实现。

二、整体布局

以国家、省相关规划为依据，争取启动实施一批重点林草生态建设工程和项目，加快构建"四屏一廊多点"林草生态保护发展新格局，筑牢国家西部生态安全屏障。

（一）甘南高原生态屏障

包括甘南州玛曲、碌曲和临夏州临夏、积石山等13个县，是青藏高原生态屏障的重要组成部分。境内草原退化较广，鼠虫害危害严重，湿地水源涵养能力亟待提升，森林资源分布不均。该区以建设黄河上游水源涵养中心区为重点，推进退化沙化草原综合治理，加大草原鼠虫害防治力度，推进若尔盖国家公园创建，加强天然林保护和公益林管护，促进森林生态系统结构完整和功能稳定。

（二）祁连山内陆河生态屏障

包括酒泉、嘉峪关、张掖、金昌、武威5个市全域和山丹马场，是青藏高原生态屏障和北方防沙带的关键区域。该区域局部地区荒漠化和沙化仍在扩展，退化沙化草原亟待治理修复，祁连山冰川消融退缩，自然湿地保护压力大，绿洲防护林退化严重。该区要加快建立以祁连山国家公园为主体的自然保护地体系，加强河西走廊地区绿洲和湿地生态保护恢复，推进祁连山沿山浅山区生态保护与建设，加强草原保护修复，推进野生动物受损栖息地修复，打好防沙治沙阵地战。

（三）陇东陇中黄土高原生态屏障

包括庆阳、平凉、定西3个市全域及白银市会宁县，是黄河重点生态区重要组成部分。该区降水时空分布不均，水资源极度贫乏，林草生态系统退化。该区要加强水资源平衡论证，加大重点区域及洮河、祖厉河等流域林草植被保护建设力度，提高植被盖度，加强重要水源涵养林区生态保护与建设，积极开展封山禁牧、轮封轮牧和封育保护，促进自然恢复，统筹实施退化林修复和退化草原治理，提升林草生态系统质量。

（四）南部秦巴山地生态屏障

包括陇南市、天水市全域及甘南州舟曲县、迭部县。该区属秦巴山生物多样性生态功能区，是黄河流域和长江流域间能量流动与物质循环的重要廊道之一及生物多样性交换的通道，也是全省天然林集中分布区。该区次生林和人工林占比大，大熊猫等濒危物种生境破碎化。生态建设要全面加强珍稀濒危野生种质资源保护培育，全面保护天然林，持续推进森林可持续经营，加大大熊猫、金丝猴等珍稀野生动物栖息地生境恢复，提高生态系统完整性和连通性。

（五）中部沿黄河生态走廊

包括兰州市全域、临夏州永靖县和白银市大部分区域，是黄河重点生态区重要区域，也是水土流失重点预防治理区和阻止北沙南延重要防线。该区气候干旱，降水量稀少，森林草原面积小、质量低，生态系统的自我调节和服务功能弱，生态承载力不足，林草资源保护与利用矛盾突出。该区以三北防护林等重点工程为依托，推进黄河干流及支流区林草植被恢复，科学统筹推进城区、城市周边、村镇、交通沿线和水系两侧造林绿化,加大黄河干流沿岸生态修复,开展黄河干流兰州—白银段湿地保护与利用。

(六)"多点"自然保护地体系

包括全省重要的野生动植物栖息地,涉及国家公园、自然保护区和自然公园等保护地。部分保护地生境孤岛化,生态连通性低,基础设施建设滞后,项目建设开发和人为活动对自然保护干扰依然不同程度存在。继续以生物多样性保护为核心,持续推进各级各类自然保护地保护空间标准化、规范化建设,加强保护地保护基础设施建设,因地制宜科学构建促进物种迁徙和基因交流的生态廊道,加快提升自然保护地综合保护能力,严格保护珍稀动植物栖息地,提升保护地生态系统的稳定性。

三、建设任务

(一)开展大规模国土绿化

科学推进国土绿化,持续巩固造林成果,完成造林绿化66.66万公顷以上。统筹推进城乡绿化,力争建成3个国家森林城市、10个省级森林城市、100个省级森林小镇。全面保育天然林资源,加速林分正向演替。科学开展森林经营,加强灌木林培育,加大对河西等地区灌木林的封禁保护。严格森林资源保护,到2025年,力争全省森林覆盖率达到12%,森林蓄积量达到2.8亿立方米。

(二)强化草原保护修复

落实基本草原保护制度,加强甘南、祁连山等重要生态区位草原保护,全面实施禁牧和草畜平衡制度。推进草原生态修复,"十四五"期间完成草原改良33.33万公顷。合理利用草原资源,加快合作美仁、玛曲阿万仓2个草原自然公园建设。

(三)构建以国家公园为主体的自然保护地体系

加快大熊猫、祁连山国家公园建设,力争创建跨甘、川两省的若尔盖国家公园。推进保护地整合优化,推动完成2个国家公园、56个自然保护区、24个风景名胜区、36个地质公园、91个森林公园、13个湿地公园和11个沙漠公园的整合优化。积极推进临夏世界地质公园创建工作。

（四）加强湿地保护修复

加强湿地保护，确保湿地总量稳定，"十四五"期末，全省湿地保护率达到44.16%以上。科学实施甘南黄河上游和祁连山河西走廊地区重要水源涵养区湿地生态保护修复工程。加快全省湿地泥炭沼泽碳库资源调查。

（五）积极推进防沙治沙

加强沙化土地封禁保护区建设管理，新建1~2个国家沙化土地封禁保护区，新增重要区域沙化土地保护面积1万公顷以上。推进重点区域沙化土地综合治理，新增沙化土地综合治理56万公顷。加强国家沙漠公园建设，到2025年，基本建成8个国家沙漠公园，新建1~2个国家沙漠公园。探索开展光伏治沙。

（六）加强野生动植物保护

优先实施高鼻羚羊、红豆杉等珍稀濒危野生动植物抢救保护，开展甘肃鼹等狭域分布小种群野生动物保护和峨眉含笑等极小种群植物保存回归。建立甘肃黄河流域濒危野生动物种质资源库。加强野生动植物资源监管，开展野生动物种群调控。

（七）大力发展生态产业

巩固拓展生态脱贫成果同乡村振兴有效衔接，支持脱贫地区建设生态宜居的美丽乡村。扎实推进核桃、花椒、油橄榄产业三年倍增行动计划。加强和稳定生态护林员队伍建设，促进脱贫人口稳定就业。优化产业区域布局，加大示范基地建设，推进经济林果产业提质增效。加快推进国家种质资源保存库建设。加大林草良种选育供应。促进花卉业市场化发展，加快草产业发展，科学推动沙区生态产业。加强林下经济产品认证。推进集体林权有序流转，建立林下经济示范基地。鼓励依法开展森林康养产业，探索开展森林康养试点工作。

（八）全面推行林长制

到2022年底，力争建成运行规范、权责清晰、协调有序、监管严格、保护有力的林草资源保护管理体制和运行机制。构建林草资源监测体系，把生态护林员纳入林长制统一管理，将管护责任落实到山头地块。组织开展森林、草原、湿地、荒漠化综合监测。持续开展"天上看、地面查、网络传"森林督查。加强生态护林（草）员选聘管理。

（九）加强防灾减灾能力建设

加强防火基础设施建设，重点推进森林草原防火应急道路和阻隔系统、防火物资储备库、专职森林草原防火消防员驻训基地和防火站等基础设施建设。提高火灾预测预报的科学性和时效性，提升预警监测能力。加强林业有害生物监测预警，以35个国家级中心测报点为依托，加强监测站点建设，完善监测网，推进省、市、县、乡四级监测网络建设，开展松材线虫病等有害生物普查。强化草原有害生物灾害防控。进一步完善全省陆生野生动物疫源疫病监测防控体系。

甘肃省"十四五"林草保护发展主要指标

序号	指标名称	2020年	2025年	指标属性
1	森林覆盖率①（%）	11.33	12	约束性
2	森林蓄积量（亿立方米）	2.52	2.8	约束性
3	乔木林单位蓄积量（立方米/公顷）	95.45	105	预期性
4	草原综合植被盖度（%）	53.02	53.5	预期性
5	国家公园等自然保护地面积占比（%）	—	>20	预期性
6	湿地保护率②（%）	44.16	>44.16	预期性
7	新增沙化土地治理面积（万公顷）	45.82	56	预期性
8	国家重点保护野生动物种数保护率（%）	—	≥75	预期性
8	国家重点保护野生植物种数保护率（%）	—	≥80	预期性
9	森林火灾受害率（‰）	0.9	≤0.9	预期性
9	草原火灾受害率（‰）	—	≤3	预期性
10	林业有害生物成灾率（‰）	4.4	完成国家下达指标	预期性
10	草原有害生物成灾率（%）	12	≤10	预期性
11	林草产业总产值（亿元）	523	600	预期性
12	森林生态系统服务价值③（亿元）	1825	>1825	预期性

注：①森林覆盖率：根据历次森林资源连续清查成果及全省第三次国土调查成果测算。②湿地保护率：根据全省第三次国土调查成果测算。③森林生态系统服务价值：本指标为2011年甘肃省政府发布数据。届时结合国土"三调"成果融合后的森林资源调查数据，按最新规范进行评估后修正。

第二十九章
青海省林业和草原保护发展"十四五"规划概要

一、总体目标

到2025年,生态系统质量和稳定性明显增强,水源涵养和水土保持能力显著提高,生态质量总体改善,生物多样性更加丰富,国家公园示范省基本建成,"中华水塔"全面有效保护,生态安全屏障更加牢固,绿水青山冰天雪地转化"金山银山"路径不断丰富,优质生态产品供给能力显著增强,为打造生态文明高地作出更大林草贡献。

(一)生态安全格局进一步优化

森林、草原、湿地、荒漠、生物多样性得到全面保护,森林覆盖率达到8.0%以上,森林蓄积量达到5300万立方米,草原综合植被盖度达到58.5%,湿地保护率不低于66%,国家公园占自然保护地面积比例不少于70%,新增沙化土地治理面积35万公顷。

(二)生态惠民产业加快发展

坚持产业生态化、生态产业化,努力实现"五百亿三体系"的林草产业建设目标,即"十四五"林草产业年产值突破500亿元,形成严格的林草生态产业资源保护体系、高质量的现代林草生态产业体系、繁荣的林草生态产业文化体系。

(三)生态公共服务功能显著提升

以河湟流域人口聚集区和重点城镇等为重点,建立自然教育体验场所和平台,为全社会提供科研、教育、体验、康养、游憩等公共服务。不断提高国土绿化质量,创新高原干旱地区人居环境改善新路径,增强林草固碳减排能力。

（四）治理体系和治理能力明显提升

林草事业现代制度体系基本建立，创新能力显著增强，法治保障体系更加健全。林草改革稳步推进，国有林场（区）改革取得明显成效，集体林权制度改革更加完善。

到2035年，全省森林、草原、湿地、荒漠等自然生态系统状况实现根本好转，生态系统质量明显改善，生态服务功能显著提升，生态稳定性明显增强，自然生态系统实现良性循环，林草固碳减排贡献进一步增强，青海特色生态文明体系全面建立，人与自然和谐共生基本实现，生态文明高地基本建成，国家生态安全屏障体系基本建成，美丽青海建设目标基本实现。

坚持完整准确全面贯彻新发展理念，推动林业草原国家公园"三位一体"融合发展，从生态安全、生态惠民产业、生态公共服务、治理体系和治理能力四方面，规划了11项目标指标，其中约束性指标2项，为森林覆盖率和森林蓄积量。其余各项为预期性指标，主要包括草原综合植被盖度、湿地保护率、国家公园占自然保护地面积比例、沙化土地治理面积等。

二、总体布局

以青海"两屏三区"生态安全战略格局为基础，以国家重点生态功能区、生态保护红线、自然保护地体系为重点，按照山水林田湖草沙冰生命共同体的要求，优化构建三江源、祁连山、柴达木盆地、青海湖流域和河湟谷地五大生态板块的林业草原保护发展格局。

三、重点任务

（一）深入推进国家公园示范省建设

以三江源、祁连山国家公园（青海片区）建设为基础，深入推进以国家公园为主体的自然保护地体系示范省建设，全面推动建立青海湖、昆仑山国家公园，完成自然保护地优化整合，建立布局合理、保护有力、管理有效的自然保护地管理体系。全面推进林业草原国家公园"三位一体"融合发展，推进林业草原国家公园布局融合、目标融合、任务融合、工程融合、政策融合，造林、种草、自然保护地建设一体化设计、一体化推进。

（二）持续推进保护"中华水塔"行动

守住自然生态安全边界，坚守"生态环境质量只能变好，不能变坏"的底线，让良好生态成为高质量发展的增长点、高品质生活的支撑点、展现大美青海底色的发力点，确保一江清水向东流。

（三）科学开展大规模国土绿化

合理布局各类绿化空间，科学节俭开展城乡绿化美化，推动国土绿化由数量增长向数量增长与质量提升并重转变，由人工增绿为主向自然增绿为主转变，为人民种树，为群众造福。

（四）全面推行森林草原湿地休养生息

坚持山水林田湖草沙冰生命共同体理念，遵循自然生态系统演替规律，统筹自然恢复和科学修复，加强森林、草原、湿地休养生息和保护修复，提升自然生态系统质量和稳定性。

（五）着力加强野生动植物保护

构建野生动植物保护和监管体系，全面保护高寒生态系统和世界第三极生物多样性，维护生物安全，打造生态文明生物多样性新高地。

（六）大力推进特色产业和文化振兴

牢牢把握扩大内需战略基点，瞄准优势特色产业做大做强，加快培育新兴产业，增强优质生态产品供给能力，提升林业草原产业富民惠民成效。

（七）建立生态产品价值实现机制

建立健全生态产品价值实现机制，提高生态系统碳汇能力，加强林草碳汇计量监测，探索建立林草碳汇市场化生态补偿机制和多元化交易模式。

（八）全面深化林业草原改革

深化林业草原体制机制改革，通过持续推进和探索草原制度改革、集体林权制度改革、林草行政审批改革，巩固深化国有林场改革成果。

（九）创新完善生态文明制度体系

完善治理制度，转变发展方式，创新投入体系，通过全面推行林长制、建立和完善法治保障制度、资源保护制度、林业草原发展激励制度、林业草原发展投入政策机制、林业草原产业发展政策，不断健全林草事业现代制度体系，进一步增强林草发展创新能力。

（十）加强基础支撑与保障能力建设

构建完善林草支撑保障体系，夯实保护发展基础，维护资源安全，有效保护生态建设成果，全面推进林业草原国家公园高质量发展。

为推进规划顺利实施，提出了落实规划实施责任、健全林业草原机构队伍、加强科技创新力度、强化实施监督四方面要求，建立健全规划实施保障机制，确保规划按期完成、落地见效。

四、重大工程项目

结合林业草原保护发展重大任务，明确了国家公园等自然保护地建设、国土绿化、草原生态保护、湿地保护恢复、荒漠化防治、濒危野生动植物保护、生态惠民、生态网络感知系统建设、支撑保障9项重点工程，并结合"双重"规划和青海实际保护修复需求，系统规划布局了一批区域性重点生态系统保护修复工程，统筹推进山水林田湖草沙冰一体化保护和系统治理。

青海省"十四五"林草保护发展主要指标

序号	指标名称	2020年	2025年	指标属性
1	森林覆盖率（%）	7.5	8.0	约束性
2	森林蓄积量（万立方米）	4993	5300	约束性
3	草原综合植被盖度（%）	57.4	58.5	预期性
4	湿地保护率（%）	64.32	≥66	预期性
5	国家公园占自然保护地面积比例（%）	55.6	≥70	预期性
6	天然林保护面积（万公顷）	440.54	≥440.54	预期性
7	草原面积（万公顷）	3645	≥3807	预期性
8	国家级公益林保护面积（万公顷）	397.71	>397	预期性
9	新增沙化土地治理面积（万公顷）	50	35	预期性
10	林草产业年总产值（亿元）	363.94	500	预期性
11	义务植树尽责率（%）	92	92	预期性

备注：表中指标均按现行林草行业标准测算。

第三十章
宁夏回族自治区林业和草原保护发展"十四五"规划概要

一、发展目标

到2025年，全区林草植被盖度和质量明显提升，水土流失得到有效控制，水源涵养和水土保持能力显著提高，湿地功能有效恢复，流域农田得到有效保护，林草产业得到健康发展，沙化土地面积显著缩减，荒漠化治理成效明显。森林面积达到1600万亩，森林蓄积量达到1195万立方米，草原面积稳定在2600万亩。森林覆盖率达到20%，草原综合植被盖度达到57%，林草覆盖率提高到54%。湿地保有量310万亩，湿地保护率达到58%，自然保护地面积占自治区面积比例达到11%以上。完成营造林600万亩，其中新增人工造林300万亩，未成林抚育提升300万亩。特色产业稳中有升，市场竞争力显著增强，林业及相关产业产值达到700亿元。

二、总体布局

按照黄河流域生态保护和高质量发展先行区战略布局、区域生态主体功能定位、区域地貌特点和水土条件、区域优势、林草资源现状和发展潜力等基本原则和实际情况，将全区划分为北部绿色发展区、中部防沙治沙区、南部水源涵养区3个生态建设区。

（一）北部绿色发展区

该区域包括宁夏境内引黄灌溉区域，涉及13个县（市、区），是宁夏重要的绿色生态空间和湿地生态功能区。主要发挥黄河自流灌溉和贺兰山生态屏障的自然优势，以银川平原、卫宁平原和贺兰山自然保护区为重点区域，突出生态治理和绿色发展，构建绿色高效、优势突出的现代产业体系。

（二）中部防沙治沙区

该区域包括腾格里沙漠、毛乌素沙地和腹部沙区，涉及10个县（市、区），属于防风固沙型重点生态功能区。主要针对中部地区干旱缺水、沙化严重、生态脆弱的问题，以干旱风沙区和罗山自然保护区为重点区域，应突出生态保护和水土保持，巩固防沙治沙和荒漠化综合治理成果。

（三）南部水源涵养区

该区域包括六盘山区和黄土丘陵区，涉及6个县（区），属于六盘山水源涵养功能区。应着眼增强六盘山天然水塔、生态绿岛功能，以南部黄土丘陵区和六盘山自然保护区为重点区域、突出生态保护和水源涵养、加大植树造林力度，保护森林资源和生物多样性。

三、重大工程

林业草原重大项目是有效解决长期困扰和阻碍自治区经济社会发展生态问题的重要着力点，是推进山水林田湖草生态保护与修复、保障国家生态安全的关键举措，是实现"绿水青山就是金山银山"、提供生态产品和服务的重要载体，是实现绿色发展、推进林业草原治理现代化的战略途径。

（一）以国家公园为主体的自然保护地体系建设项目

统筹推进自然保护地整合优化各项工作，逐步构建自然保护地分级分区管理体制。深入实施自然保护地保护修复、野生动植物保护、基础设施建设、生物多样性和"天空地一体化"监测监管网络体系建设等工程项目。积极争取设立贺兰山、六盘山国家公园，加强公共服务基础设施建设。

项目具体包括：①自然保护地基础设施建设：规划对整合优化后的54个自然保护地加强基础设施建设。②野生动植物保护：重点对国家重点保护野生动植物实施保护、拯救及栖息地保护与恢复，加强15个国家级陆生野生动物疫源疫病监测站基础设施建设。③国家公园建设：推进设立贺兰山和六盘山2个国家公园，加强公共服务设施建设。

（二）国土绿化建设项目

依据国家"双重"规划和自治区党委批复的《黄河流域宁夏段国土绿化和湿地保护修复规划》，规划重点建设以下项目。①北部绿色发展区防护林建设项目：在13个县（市、区）的引黄灌溉区，以黄河为轴，对黄河干流沿岸、标准化堤防、入黄排水沟、道路、水系等进行综合治理，建设北部农田湿地防护林体系。规划完成人工造林27万亩，未成林抚育提升及退化林改造40万亩。②中部防沙治沙建设项目：在10个风沙县（市、区），按照"防沙、绿沙"的原则，针对不同立地条件，采取不同防沙治沙措施进行综合治理，并建设中部防风固沙林体系。规划完成人工造林90万亩，未成林抚育提升及退化林改造120万亩，封山育林10万亩，退化草原生态修复100万亩。③南部水源涵养建设项目：在六盘山土石山区和黄土丘陵区的6个县（市、区），黄河一级支流清水河、祖厉河和二级支流葫芦河、渝河等支流源头及两岸区域，建设水源涵养体系。规划完成人工造林83万亩，未成林抚育提升及退化林改造140万亩。④自然保护地生态修复建设项目：自然保护地生态修复，在全区9个国家级自然保护区一般控制区，实施人工促进生态修复80万亩；在六盘山自然保护区一般控制区及其外围的高密度人工纯林分布区实施森林质量精准提升20万亩。⑤村庄绿化和庭院经济林建设项目：规划在全区创建森林乡村或美丽乡村1056个，发展村庄绿化美化和庭院经济林25万亩。⑥生态经济林建设项目：规划发展枸杞35万亩，其他特色经济林40万亩。

（三）湿地保护修复建设项目

加强湿地保护修复建设，因地制宜还湿建湿、扩水增湿、生态补湿，加大修复力度，实施退养还滩、盐碱地复湿和退化湿地恢复等工程，提高湿地的完整性，确保发挥湿地生态效益、景观效益和经济效益。规划完成恢复湿地36.6万亩，湿地保护修复107.4万亩。

项目具体包括：①恢复湿地：在黄河沿线13个县（市、区），规划完成恢复湿地36.6万亩，其中黄河沿岸28.6万亩，其他中重度盐碱地8.0万亩。②湿地保护修复：规划完成湿地保护修复107.4万亩，其中黄河沿岸23.65万亩，30处湿地保护区和湿地公园83.8万亩。③湿地公园建设：规划在中宁、永宁、灵武、青铜峡、吴忠市、平罗、隆德、彭阳、海原、西吉10个县（市、区）新建自然或城市湿地公园10处。

（四）天然林保护修复项目

严格执行天然林保护制度，对纳入天保工程管护的748万亩林木资源和纳入森林生态效益补偿的768.61万亩国家公益林进行全面管护。对天保工程区退化林分进行改造修复，健全相关管护和信息化设施等，进一步提升天然林保护修复的管护能力。

（五）枸杞产业高质量发展项目

以全面推进现代枸杞产业高质量发展为目标，优化产业布局、强化龙头带动、注重科技支撑、提升产品质量、扩大品牌效应、厚植文化底蕴，继续优化"一核二带"产业布局，建设中国枸杞研究院、国家枸杞质量检验检测中心和国家级中宁枸杞市场，重点实施"基地稳杞、龙头强杞、科技兴杞、质量保杞、品牌立杞和文化活杞"六大工程17个建设项目，一产做实、二产做强、三产做优，推动现代枸杞产业高质量发展。把宁夏建设成为我国枸杞标准制定发布中心、精深加工中心、科技研发中心和枸杞文化中心，推动宁夏枸杞产业种植规模化、田间管理规范化、产品质量标准化、市场品牌化、产业形态一体化发展。

（六）退化草原生态修复项目

在中部荒漠化区9个县（市、区），根据不同的草原类型和立地条件，结合退化程度，选择科学合理的修复技术措施进行生态修复治理，大力实施退化草原生态修复，加快草原植被恢复。完成退化草原生态修复100万亩。

（七）林草治理能力提升项目

加强森林草原防火、有害生物防治、科技支撑、林木种苗、智慧林业等基础设施和能力建设，进一步提升林草治理能力现代化建设。

四、保障措施

（一）加强组织领导

在自治区党委、政府领导下，加强顶层设计，注重责任落实。自治区林草局要发挥牵头抓总的作用，要做好组织协调、任务分解、督促检查、评估考核工作，压实责任，上下联动，合力推进，形成领导有力、组织有效、责任落实的工作机制。

（二）完善投融资机制

加大自治区、市、县（区）各级财政投入力度，统筹各类财政投资，建立和完善以国家投资为主、地方投资为辅、金融和社会资本参与的林业草原投融资体制。

（三）强化科技支撑

发挥各部门优势，依托中央和自治区科技计划项目，加大对林草建设中相关技术研发及成果转化的支持力度。针对国土绿化和产业发展的关键技术难题，开展相对应的技术研发和示范推广。加强林业基础性、前沿性技术的研发。

（四）加强法治建设

完善林草法治体系，提高林草法治水平，认真贯彻执行《森林法》《草原法》《野生动物保护法》等法律法规，加大林草执法力度，严格森林、草原、湿地和野生动植物资源保护管理，用最严格的制度和最严密的法治为林草发展提供可靠保障。

（五）严格监督考核

强化对规划实施情况跟踪分析，建立规划实施评估机制，完善绩效评价考核体系，开展规划中期评估和终期考核，加强对规划执行情况的监督和检查，定期公布重点工程项目进展情况和规划目标完成情况。

（六）加强宣传引领

坚持示范引领，打造一批特色鲜明、群众喜爱、有影响、能借鉴、可复制的生态修复和产业发展示范区（点），以及森林、湿地等自然生态系统的科普教育基地。

第三十一章
新疆维吾尔自治区林业和草原保护发展"十四五"规划概要

一、建设目标

到2025年，全区林草植被盖度和质量明显提高，生态系统质量和稳定性大幅提升，丝绸之路经济带核心区生态安全屏障更加牢固，林草产业健康发展，生态公共服务更加普惠，林草治理能力和治理体系现代化水平进一步提高，林草事业高质量发展取得新进步。森林覆盖率达到5.08%，森林蓄积量达到4.36亿立方米，草原综合植被盖度达到42.8%，以国家公园为主体的自然保护地面积占全区面积比例不低于13.85%，湿地保护率达到55%，治理沙化土地面积150万公顷。林果面积稳定在126.67万公顷，林果产量力争达到960万吨。林草产业年总产值达到750亿元。森林生态系统服务价值达到0.74万亿元。主要造林树种林木良种使用率稳定在75%以上，森林、草原火灾受害率分别控制在0.9‰和2‰以内，林业、草原有害生物成灾率分别控制在8.2‰和9.5‰以内。

二、保护发展格局

在自治区"三屏两环四廊道"生态安全格局基础上，优化形成"三屏四区"林草保护发展格局。三屏：阿尔泰山生态屏障、天山生态屏障、昆仑山—阿尔金山生态屏障；四区：准噶尔盆地绿洲防护经济林区、准噶尔荒漠植被恢复区、塔里木盆地绿洲防护经济林区、塔里木荒漠植被保护恢复区。

（一）阿尔泰山生态屏障

该区域位于准噶尔盆地西部、北部和东北部，主要涉及塔城地区、阿勒泰地区。重点任务：进一步加大天然林保护修复力度，加强天然适生区森林修复，精准提升森林草原质量，加强自然保护地体系建设，适度开展生态旅游。

（二）天山生态屏障

该区域位于新疆中部，主要涉及伊犁州、塔城地区等10个地（州、市）。重点任务：加大天然林保护修复力度，推进森林质量精准提升，强化森林抚育、退化林修复，综合开展生态修复、湿地保护、生物多样性保护。

（三）昆仑山—阿尔金山生态屏障

该区域位于新疆南部，主要涉及巴州、克州、喀什地区、和田地区。重点任务：以自然恢复为主，减少人工干预，强化高山荒漠生物多样性保护，保护原生植被，加强自然保护地体系建设，提升保护管理水平。

（四）准噶尔盆地绿洲防护经济林区

该区域位于准噶尔盆地北部、西部和南部，主要涉及伊犁州、塔城地区、阿勒泰地区、克拉玛依市、博州、昌吉州和乌鲁木齐市。重点任务：加大绿洲生态治理力度，强化退化林修复，加强沙漠边缘及河谷植被保护恢复，推进乡村绿化美化，改善人居环境；强化林草产业基地提质增效，优化林草产品供给。

（五）准噶尔荒漠植被恢复区

该区域位于准噶尔盆地中部和东部，主要涉及阿勒泰地区、塔城地区、昌吉州、乌鲁木齐市、哈密市。重点任务：以自然恢复为主，减少人为干扰，保护恢复河谷和荒漠植被，保护生物多样性，加强自然保护地体系建设，提升保护管理水平。持续推进荒漠化沙化土地综合治理。

（六）塔里木盆地绿洲防护经济林区

该区域位于塔里木盆地边缘和吐哈盆地边缘，整体呈不封闭环状分布，主要涉及哈密市、吐鲁番市、巴州、阿克苏地区、克州、喀什地区、和田地区。重点任务：加强沙区植被保护，实施封沙育林育草，开展绿洲退化林修复，加强塔里木河流域胡杨林保护修复，深入实施林果提质增效工程。

（七）塔里木荒漠植被保护恢复区

该区域位于塔里木盆地腹地、吐哈盆地腹地，主要涉及哈密市、吐鲁番市、巴州、阿克苏地区、喀什地区、和田地区。重点任务：加强自然保护地体系建设，提升保护管理水平；加强沙区植被、荒漠生态系统和生物多样性保护，实施封沙育林育草，持续推进荒漠化沙化土地综合治理。

三、建设任务

（一）科学开展国土绿化行动

科学推进国土绿化，精准提升森林质量，稳步有序开展退耕还林还草，夯实林草种苗基础。到2025年，完成国土绿化79.53万公顷。其中：人工造林10万公顷、封山育林16.67万公顷、退化林修复5万公顷、人工种草4.57万公顷、草原改良43.29万公顷。

（二）资源管护

推进国家公园建立，提升自然保护区管理水平，增强自然公园生态服务功能。将天然林和公益林纳入统一管护体系，加快建立全面保护、系统恢复、用途管控、权责明确的天然林保护修复制度体系。加强草原保护，促进草原休养生息。着力治理退化草原，加快恢复草原植被，提高草原生态承载力，增强草原生态系统稳定性，提升草原生态服务功能。加强退化湿地生态修复，最大限度保障湿地生态系统的自然性、完整性和稳定性，增强湿地生态功能，维护湿地生物多样性，全面加强小微湿地保护修复，积极建立湿地保护小区，确保全区湿地保有量不减少，湿地保护率达到55%。持续强化野生动植物管理，严格保护野生动植物资源和栖息地（原生境），促进种群恢复，保护生物多样性，管控外来物种，构建野生动植物保护和监管体系，维护国家生态安全，促进人与自然和谐共生。国家重点野生动物种数保护率达到75%，国家重点野生植物种数保护率达到80%。科学推进荒漠化沙化综合治理，促进荒漠植被恢复，保护修复荒漠生态系统。治理沙化土地150万公顷。全面推行林长制，加强资源管理，强化资源监督，实施综合监测，开展成效评估。坚持预防为主，构建森林草原防灭火长效机制，推动森林草原防灭火一体化建设，提高火情早期处置能力，确保森林火灾受害率控制在0.9‰以内，草原火灾受害率控制在2‰以内。建立林业有害生物、草原病虫鼠害联防联控和统防统治机制，构建林草有害生物防治体系，加快提升林草有害生物防治应急处置能力。林业有害生物成灾率控制在8.2‰以下，草原有害生物成灾率控制在9.5%以下。

（三）做优做强林草产业

巩固拓展生态脱贫成果同乡村振兴有效衔接，深度融入乡村振兴，巩固拓展生态脱贫成果。大力发展特色林果产业，坚持"强果"，持续深化林果业供给侧结构性改革，大力实施林果业提质增效工程，推进"产加销"一体化和全产业链优化升级，全面提升林果产业综合生产能力和经营效益。林果面积稳定在126.67万公顷，年产量力争达到960万吨。

推进林果业标准化建设，加强林果技术服务，不断优化林果产业结构，创新林果产业发展模式，加强林果优势产业集群建设，建立果品质量安全现代管理体系，加强林果品牌建设，加强林果市场开拓。推动传统产业健康发展，稳步推进林下经济，积极发展种苗花卉产业，增强木材供给能力，全力服务旅游兴疆战略。

（四）实施重要生态系统保护和修复重大工程

充分考虑全区生态系统的完整性、地理单元的连续性和经济社会发展的可持续性，谋划布局一批重要生态系统保护和修复重大工程，推动形成区域生态治理新格局。

塔里木河流域：实施阿克苏地区艾西曼湖区域荒漠生态保护和修复工程、喀什地区叶尔羌河流域生态保护和修复工程、和田地区和田河流域生态保护和修复工程。

天山和阿尔泰山：实施伊犁河流域生态保护和修复工程、阿勒泰地区环乌伦古湖防沙治沙生态保护和修复工程、准噶尔盆地东部地区生态保护和修复工程、博州新欧亚大陆桥生态保护和修复工程、阿勒泰地区荒漠草原生态保护和修复工程、吐鲁番市艾丁湖周边生态保护和修复工程、阿勒泰地区哈吉布荒漠生态保护和修复工程。

阿尔金草原荒漠：实施巴州塔里木河下游及台特玛湖荒漠生态保护和修复工程。

（五）深化林草改革开放

全面深化林草改革，坚持向改革要动力、用创新添活力，建立健全以生态保护为主体的林草制度体系，推进林草治理体系与治理能力现代化。巩固提升国有林场改革成效，推进国有林场绿色转型，创新国有林场经营机制。深化集体林权综合改革，完善集体林权流转制度，培育新型经营主体。扩大林草对外开放,共建绿色丝绸之路,推动林草国际合作。

(六)完善林草支撑体系

探索建立生态产品价值实现机制,推进林草碳汇行动,健全生态补偿制度,探索建立生态产品价值核算与应用机制。推进法治建设,健全林草法规体系,建设高效的林草法治实施体系,持续开展林草普法宣传活动。强化科技创新体系,优化科技资源配置,加强基础研究,实行重大科技攻关"揭榜挂帅"。完善政策支撑体系,构建多元化融资体系,创新资金项目管理。推进生态网络感知体系建设,加快林草大数据管理应用基础平台建设,形成林草资源"图、库、数"。加强人才队伍建设,加快科技创新人才培养,加强基层人才队伍建设,提升干部队伍能力素质。

新疆维吾尔自治区"十四五"林草保护发展主要指标

序号	指标名称	2020年	2025年	指标属性
1	森林覆盖率(%)	5.02	5.08	约束性
2	森林蓄积量(亿立方米)	4.27	4.36	约束性
3	乔木林单位面积蓄积量(立方米/公顷)	184.62	186.9	预期性
4	草原综合植被盖度(%)	40.7	42.8	预期性
5	湿地保护率(%)	51.29	55	预期性
6	国家公园等自然保护地面积占比(%)	—	≥13.85	预期性
7	治理沙化土地面积(万公顷)	≥150	≥150	预期性
8	国家重点保护野生动物种数保护率(%)	—	75	预期性
8	国家重点保护野生植物种数保护率(%)	—	80	预期性
9	森林火灾受害率(‰)	≤0.9	≤0.9	预期性
9	草原火灾受害率(‰)	≤3	≤2	预期性
10	林业有害生物成灾率(‰)	≤8.5	≤8.2	预期性
10	草原有害生物成灾率(%)	≤10.33	≤9.5	预期性
11	林草产业总产值(亿元)	686.7	750	预期性
12	森林生态系统服务价值(万亿元)	0.73	0.74	预期性

第三十二章
新疆生产建设兵团林业和草原保护发展"十四五"规划概要

一、建设目标

到2025年，进一步优化生态安全格局，森林、草原、湿地、荒漠、重点生物物种资源得到全面保护，治理体系和治理能力明显提升，继续深化兵团林业草原改革，建立有利于保护和发展兵团森林草原资源、有利于改善生态和民生、有利于增强兵团林业草原发展活力的新体制。森林覆盖率由19.16%提高至19.46%，森林蓄积量达到3800万立方米，草原综合植被盖度达到43.5%，自然保护地面积占兵团面积比例达到2.48%，沙化土地治理面积20万公顷。

二、总体布局

（一）阿尔泰山森林草原生态区

包括第十师北屯市181团、185团和186团3个团（场）。本区域林草建设方向为加快治理退化草原和沙化土地。

（二）天山草原森林生态区

包括第四师可克达拉市所属团场，以及第十三师新星市红山农场等19个团（场）。生态区内生物多样性十分丰富，生态系统较为稳定，服务功能总体较好。本区域林草建设方向为全面保护天然林和天然草原，提升森林、草原、湿地生态系统质量，维护区域生态平衡。

（三）环准噶尔盆地荒漠绿洲生态区

包括第五师双河市、第六师五家渠市、第七师胡杨河市、第八师石河子市、第九师、第十二师等6个师（市）所属的65个团（场），以及第十师北屯市的182团、183团、184团、187团、188团，第十三师新星市的红星一场、红星二场、红星四场、黄田农场、火箭农场、柳树泉农场、淖毛湖农场12个团（场），共77个团（场）。本区域林草建设方向为科学推进国土绿化和防沙治沙。

（四）环塔里木盆地荒漠绿洲生态区

包括第一师阿拉尔市、第二师铁门关市、第三师图木舒克市、第十四师昆玉市4个师（市）所属的48个团（场）。本区域林草建设方向为加强沙区植被保护，持续推进封沙育林（草）和塔里木河流域胡杨林保护修复。

（五）阿尔金山荒漠草原生态区

包括第二师铁门关市36团、37团、38团3个团（场）。本区域林草建设方向为加快防沙治沙建设、绿洲外围荒漠植被保护保育，推进退化防护林修复。

三、建设任务

（1）加强森林草原资源管护，认真组织开展森林草原管护、严格林地草原使用审批流程，建立健全森林草原防火监测体系建设，严厉打击森林草原违法行为，提高森林草原质量，实现森林草原数量质量双增长，有效保护森林草原生物多样性。

（2）实施荒漠生态系统修复，继续开展三北防护林体系建设、退耕还林还草、国土绿化等项目工程，坚持以自然修复为主，人工促进自然恢复为辅，通过开展实施国土绿化、封沙育林、草原封育、机械治沙，进一步提高森林草原生态系统的整体防护功能，防止土地沙漠化，减少水土流失，优化生态环境。

（3）继续实施退化草原改良、毒害草治理等生态保护修复工程。重点治理退化草原，以恢复草原植被，改善草原生态，提高草原生产能力，促进农牧民脱贫致富。

（4）大力推进自然保护地及野生动植物保护工程，优化野生动植物栖息繁衍环境，保护生物多样性，维护区域生态系统平衡健康发展。

（5）大力促进生态增收惠民工程，坚持绿色富民，以生态建设总揽全局，完善优化林草产业布局，壮大特色优势产业。全力助推兵团林草经济高质量发展。

（6）深化林业草原改革，实行严格的森林、草原资源保护管理制度，全面推行林长制。落实生态保护红线空间管控要求，确保生态面积不减少、功能不降低、性质不改变。

（7）夯实生态保护修复支撑保障工程，结合新一轮机构改革，强化团（场）林草部门机构建设，不断提高林业草原执法监督能力水平，构建适应新形势的林业草原保护管理体系。

四、重大工程

（一）天然林资源保护修复工程

对纳入保护重点区域的天然林，采取封禁管理，全面禁伐，永久保护，禁止一切生产经营活动，除国防建设、重大工程的特殊需要外禁止占用。大力开展兵团天然林修复工程，落实修复任务。对天然林内退化的林地、稀疏林地、沙生灌木林地进行生态修复，进一步遏制天然林分继续退化。

（二）自然保护地及野生动植物保护工程

加快兵团构建以国家公园为主体的自然保护地体系建设，出台兵团贯彻落实《关于建设以国家公园为主体的自然保护地体系建设指导意见》的实施意见，依法依规开展兵团自然保护地整合优化工作，与生态保护红线衔接，落实国家自然保护地分类分级管理体制。开展自然保护地体系建设，推进兵团现有的自然保护区、自然公园等各类自然保护地基础设施建设和能力建设。巩固提升国家湿地公园6个、国家沙漠公园9个。完成自然保护地整合优化。编制自然保护地专项规划。

（三）三北防护林体系建设工程

依托三北六期工程建设，持续推进兵团大规模国土绿化，实施三北防护林工程造林60万亩，筑牢西北绿色生态屏障，维护区域生态安全、国土安全、边疆稳定，促进区域经济可持续发展。

（四）草原生态保护修复工程

围绕提升草原生态质量，推进草原生态系统治理，改善草原生态状况，通过对集中连片的退化草原实施退牧还草围栏建设300万亩，补播改良60万亩，开展草原生态保护修复治理工程。

（五）湿地保护与退化湿地修复工程

加强湿地及野生动植物保护管理工作，坚持自然恢复为主、与人工修复相结合的方式，以保护工程为重点，以加快自然保护区建设为突破口，以完善监测防控体系为保障措施，不断加大执法、宣传、科研和投资力度，实现资源的良性循环和永续利用，保护生物多样性，加快生态建设。

（六）荒漠化防治工程

严格保护荒漠天然植被。加大风沙源区、草原退化沙化重点区域的沙化土地封禁保护，统筹治沙、治水于治土，突出规划治理、重点治理，加快推进防沙治沙建设，修复荒漠生态系统、生态功能。

（七）退耕还林还草工程

依据生态本底和资源禀赋，以水定林，量水而行，宜乔则乔、宜灌则灌、宜草则草、宜果则果，将南疆兵团集中连片特困地区师（团），以及其他沙区土地治理任务较重区域的严重沙化耕地进行退耕还林。

（八）生态保护修复支撑保障工程

加强资源保护利用及监管体系建设、林草科技支撑建设、智慧林草建设、森林草原防火体系建设、林草有害生物防治建设、林业草原基础设施建设、生态系统监测评估预警平台建设等，全方位构建林草支撑保障体系，全面提升林草治理体系和治理能力现代化水平。退化林分修复改造100万亩。

（九）人居环境增绿及生态质量提升工程

通过退耕还林，森林公园、城镇绿地以各连队居民区护宅林、小果园和小花园等绿化为辐射点，开展人居环境绿化提升行动，进一步改善区域生态，优化人居环境，让人民群众真真切切感受到身边的生态福利。连队居住区绿化率达30%。

新疆生产建设兵团"十四五"林草保护发展主要指标

序号	指标名称	2020年	2025年	指标属性
1	森林覆盖率（%）	19.16	19.46	约束性
2	森林蓄积量（万立方米）	3511.00	3800.00	约束性
3	草原综合植被盖度（%）	42.60	43.50	预期性
4	乔木林单位面积蓄积量（立方米/公顷）	175	178	预期性
5	治理沙化土地面积（万公顷）	—	20.00	预期性

"十四五"各地林业草原保护发展规划概要

（续表）

序号	指标名称	2020年	2025年	指标属性
6	湿地保护率（%）	—	50.00	预期性
7	自然保护地面积占国土面积比例（%）	2.40	2.48	预期性
8	国家重点保护野生动物种数保护率（%）	—	75	预期性
8	国家重点保护野生植物种数保护率（%）	—	80	预期性
9	林业有害生物成灾率（‰）	≤8.5	≤8.2	预期性
9	草原有害生物成灾率（%）	≤10.33	≤9.5	预期性
10	森林火灾受害率（‰）	≤0.9	≤0.8	预期性
10	草原火灾受害率（‰）	≤3	≤2	预期性
11	林草产业总产值（亿元）	17.6	20	预期性
12	森林生态系统服务价值（亿元）	550	560	预期性

第三十三章
大兴安岭林业集团公司"十四五"规划概要

一、发展目标

围绕大兴安岭林业集团公司高质量发展一个中心,立足"筑牢祖国北疆重要生态安全屏障、打造国家优质生态产品重要供给基地、创建国有林区改革示范样板"三大主体目标,统筹推进生态保护、产业发展、企业管理、区域合作、民生保障,全面建立公益类现代企业制度。到2025年,天然林保有量669万公顷,森林覆盖率86.24%,森林蓄积量6.22亿立方米。大兴安岭国家公园建设

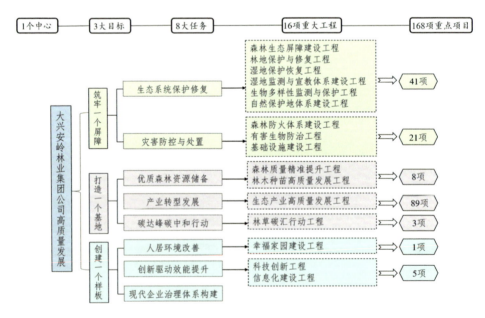

大兴安岭林业集团公司发展规划(2021—2025年)基本思路总览图

有序推动，湿地保护率达到55%，自然保护地面积占比30%，森林火灾受害率控制在1‰以下，林业有害生物成灾率控制在2.6‰以下。

二、总体布局

构建"四区两带多点"的保护发展新格局。"四区"为额木尔河流域寒温带针叶林生态保育区、呼玛河流域生态综合治理区、伊勒呼里山生态综合治理区和嫩江上游水源地保护治理区；"两带"为G111沿线产业集群发展带和G331沿线产业集群发展带；"多点"为多个协同发展核心点。

（一）额木尔河流域寒温带针叶林生态保育区

本区域位于中国最北端，是我国气温最低的区域，包括漠河、图强、阿木尔3个林业局，以及北极村、岭峰国家级自然保护区。战略重点是加强1987年"5·6"火灾区天然次生林改造培育，增加西伯利亚红松等珍贵针叶树种比例，优化树种结构。保护我国唯一的寒温带明亮针叶林区和国内仅存的寒温带生物基因库，促进冻土发育，保护额木尔河流域生态环境。

（二）呼玛河流域生态综合治理区

本区域位于黑龙江省北部，属黑龙江水系，包括塔河、十八站、呼中3个林业局，以及盘中、呼中、双河国家级自然保护区。战略重点是科学开展森林经营活动，加快地带性顶级群落恢复。加强对特有偃松林的培育管理，提高林分生产力。实施呼玛河流域水系水岸保护，修复受损湿地生态系统。严格保护落叶松原始天然林和自然湿地，增强生态系统功能和稳定性。

（三）伊勒呼里山生态综合治理区

本区域主要位于伊勒呼里山北部，包括韩家园、新林2个林业局，以及绰纳河国家级自然保护区。战略重点是强化林农交错地带森林资源管护，加强林缘保护，提升森林火灾预警和早期有效处置能力，巩固全面停止天然林商业性采伐成果。综合开展补植补造、人工促进天然更新、枯死木清理等措施。推进金矿等矿山生态修复，恢复自然植被，修复受损生态系统。

（四）嫩江上游水源地保护治理区

本区域属于嫩江水系，是嫩江发源地，包括松岭、加格达奇2个林业局，以及南瓮河、多布库尔国家级自然保护区。战略重点是开展白桦、山杨等次生阔叶林修复提质，促进森林生态系统正向演替，恢复地带性顶级群落。加强后备资源培育，提升森林质量。加强南瓮河等嫩江源头水土保持林建设，预防和治理水土流失。持续加强天然林和湿地保护修复，提升森林湿地生态屏障功能稳定性。

（五）G111沿线产业集群发展带

以国道G111为主线组成的交通路网，沿线串联起松岭、新林、塔河、呼中、阿木尔、图强、漠河、加格达奇等林业局局址和林场场址及大兴安岭地区的重点乡镇，构建起纵贯南北的经济走廊。战略重点是发展中高端食用菌、林下中药材、经济林果、森林养殖、水经济等产业。依托森林公园、湿地公园发展候鸟式森林康养产业以及森林生态旅游、自然教育等产业。强化产销衔接，培育"林业+文化""林业+健康"产业。

（六）G331沿线产业集群发展带

以国道G331为主线组成的交通路网，沿线串联起韩家园、十八站林业局局址，塔河、图强、阿木尔、漠河林业局的重要林场以及大兴安岭地区的重点边境乡镇。战略重点是依托大界江、大森林、大湿地等特色资源，围绕"中国最北""林海静城"，打造一批有影响力的森林旅游和边境旅游景区景点，以及康养基地品牌。加大与俄罗斯远东地区的经贸交流，打造边境商贸物流产业发展经济走廊。

（七）协同发展核心点

以10个林业局局址以及部分资源环境承载能力相对较强的重要林场场址为核心的综合功能中心。战略重点是加大通场公路等基础设施建设，做好林场环境整治，挖掘特色林场特色功能，提升林容林貌，改善林区职工生产生活条件。

三、建设任务

（一）全面加强林区生态系统保护与修复

推进林区森林、湿地、草地等自然生态系统保护和修复，提升生态系统质量和稳定性，筑牢东北生态屏障，维护国家生态安全。开展天然林保护、湿地保护恢复和大兴安岭国家公园建设。

（二）着力扩大优质森林资源储备

精准提升林区森林资源质量，增加珍贵树种引种培育，促进林区资源的

"保值增值",构建国家级森林资源储备基地,探索"绿富双赢"的林业发展新模式。重点推进森林抚育经营、国家储备林基地和林木种苗基地建设。到2025年,完成森林抚育2950万亩。人工造林3万亩,封山育林80万亩,退化林修复其他项目150万亩。珍稀树种培育7.5万亩。

(三)着力增强灾害防控与处置能力

全面提升林区生态资源精细化管护和林草灾害精准防治能力,重点开展智能森林防火体系搭建,推进智能智慧等新信息技术融合林区新发展,加快实现林区灾害智治。重点实施森林防灭火体系建设工程,建成1套完整的林草生态网络森林防火感知系统、1套雷击火监测定位系统,建设远程视频监控系统303套,购置无人机112套,新建国家级实训基地、野外综合训练场1个,扑火前指基地1处,升级完善航站1处,森林防火物资储备库2座,新建和维修专业队营房25950平方米,升级改造防火应急道路总里程4200公里;实施有害生物防治工程,完善大兴安岭集团所属10个林业局和8个国家级自然保护区基础设施建设,建立健全远程诊断系统,抓好松材线虫病等重大外来有害生物的防控,累计完成林业有害生物监测面积25000万亩、林业有害生物防治面积500万亩;实施基础设施建设工程,基本完成集团本部及相关单位、10个林业局、100个林场基础设施建设。新建输电线路长度446公里,建成80个4G基站,路道覆盖率达60%以上,建设固定管护用房135座、移动管护用房286座,建设林业专用道路15708.87公里,森林步道主干线580公里。

(四)持续推动林区产业转型发展

充分发挥林区生态资源、环境资源、景观资源和空间资源优势,以寒地生物制药、森林康养和绿色食品产业为发展重点,构建"两地两带四园"生态产业布局。实施生态产业高质量发展工程,着力打造道地药材生态产业园,大力发展生态旅游和森林康养产业,加快推进森林食品、经济林果、涉林产品精深加工产业,规范引导绿色矿业发展。到2025年,生态种植中药材3万亩,仿野生栽培中药材2万亩,野生抚育中药材10.6万亩;打造5A级景区1个,3A级景区2个,森林康养基地4处;食用菌规模稳定在2600万袋,人工蓝莓、蓝靛果种植保存面积达到5000亩,沙棘原料保存面积1.5万亩,榛子保存面积2万亩,野生偃松保护面积达到65万亩；森林禽出栏20万只，森林猪存栏1万头，马、牛存栏0.8万匹（头）；建设以十八站、韩家园林业局为中心的绿色食品生态产业园和以塔河林业局为中心的生物质能源产业园；新建特色水源矿泉水厂，年瓶装水产量新增5000吨。

（五）积极响应碳达峰碳中和行动

以碳达峰和碳中和目标为导向，提升生态系统碳汇增量，合理开发森林碳汇项目，减少林草碳排放，打造低碳国有林区样板。到2025年，森林经营碳汇储备项目实施面积240万公顷，实现森林经营碳汇项目核证碳量1500万吨当量；开展林业碳汇专项调查与监测，建成碳监测数据库，培训碳汇计量监测技术人员和管理人员200人次。

（六）全面提升林区人居环境

把满足职工对美好生活的向往作为奋斗目标，推动林区建设与乡村振兴战略的有效衔接，重点打造特色林场，实施"文化引领"工程。到2025年，改造老旧小区配套设施14.56万平方米，创建美丽林场50个；传承弘扬大兴安岭精神，打造具有凝聚力、创造力的核心企业文化。

（七）全面提高创新驱动效能

把创新驱动作为大兴安岭集团转型发展的战略支撑，创新机制、建设平台、培养人才，实施"人才强企"，加强信息化建设，助力大兴安岭集团转型发展取得新突破。重点推进科技创新平台和生态感知系统建设，优先建立引人留人长效机制。

（八）着力构筑现代企业治理体系

明确企业定位，深化企业体制机制改革，完善企业治理结构，构建具有中国特色的现代国有林业企业治理体系。重点推进企业体制改革深化和内控建设。

大兴安岭林业集团公司"十四五"林业保护发展主要指标

序号	指标名称	2020年	2025年	指标属性
	生态保护			
1	森林覆盖率（%）	86.20	86.24	约束性
2	森林蓄积量（亿立方米）	5.88	6.22	约束性
3	天然林保有量（万公顷）	668	669	预期性
4	自然湿地保护率（%）	46.67	55	预期性
5	国家公园（个）	0	1	预期性
6	自然保护地面积占比（%）	27.58	30	预期性
	产业发展			
7	国家森林康养基地（个）	1	4	预期性
8	林业碳汇项目储备面积（万亩）	3800	4900	预期性
9	林业产业总产值（亿元）	53.4	71.46	预期性
	企业管理			
10	改制完成率（%）	50	100	预期性
11	大专学历以上职工占比（%）	34.3	36	预期性
	职工福祉			
12	在岗职工年平均工资（元）	43371	56618	预期性
13	企业职工养老保险参保覆盖率（%）	100	100	预期性
14	离退休人员年均生活费（元）	33221	44458	预期性
	支撑保障			
15	新增林道维护改造里程（公里）	635.34	15708.87	预期性
16	森林火灾受害率（‰）	<1	<1	预期性
17	林业有害生物成灾率（‰）	<2.6	<2.6	预期性

第三十四章
中国内蒙古森林工业集团有限责任公司"十四五"规划概要

一、发展目标

结合林区自然资源禀赋和生态产品类型特点，积极探索生态产品价值实现路径。加快推进林区以生态优先、绿色发展为导向的高质量发展，到2025年，林区在生态保护建设、绿色发展、企业改革和民生建设等方面取得突出成效。森林覆盖率达到88.2%；森林蓄积量达到10.3亿立方米；乔木林蓄积量达到123.6立方米/公顷；湿地保护率大于55%；重点野生动植物种数保护率达到96.5%；自然保护地占林区总面积比例达到18.5%；森林火灾受害控制率小于0.9‰；林业有害生物成灾控制率小于等于4‰；林业在岗职工收入年增长率达到6%；林业产业总产值达到92亿元；国有资本保值增值率大于等于100%。

二、发展布局

深入落实《天然林保护修复制度方案》《全国重要生态系统保护和修复重大工程总体规划（2021—2035年）》和《东北森林带生态保护和修复重大工程建设规划（2021—2035年）》等专项规划，牢牢立足自治区"两个屏障""两个基地"和"一个桥头堡"的战略定位，着力推动林区以生态优先、绿色发展为导向的高质量发展。

（一）打造"两山理论"实践创新区

巩固扩大生态文明体制改革成果，依托10.67万平方公里生态功能区和保护良好的森林湿地生态系统，积极争取生态系统保护和修复项目，大力推进森林抚育、人工造林、森林质量精准提升等工程，加强森林灾害防控体系建设，改善交通、通信、管护站等基础设施条件，严格执行森林资源保护管理制度，严格落实"三线一单"生态环境分区管控措施，科学编制森林经营方案，认真落实森林经营、自然资源统一确权登记、国有森林资源有偿使用等试点任务，促进森林资源稳步恢复和增长，森林生态系统功能持续向好发展，生态安全得到根本有效保障，生态服务能力水平持续提升，筑牢祖国北疆绿色万里"长城"。

（二）打造生态系统保护和修复示范区

统筹山水林田湖草系统治理，实施好生态保护修复工程，加大生态系统保护力度，提升生态系统稳定性和可持续性。加强生态系统原真性和完整性保护，重点推进国家储备林建设、森林抚育、森林培育、国土绿化、种质资源保护、自然保护地建设、生态修复等工作任务，国家重要木材战略储备形成规模，新增木材供应能力大幅提升；完成生态脆弱区森林植被恢复、森林抚育、森林培育和国土绿化行动规划任务；开展西伯利亚红松国家级种质资源库建设；建立分类科学、布局合理、保护有力、管理有效的自然保护地体系。保护好原始状态下原真性的生态环境，打造国有林区生态系统保护和修复示范区。

（三）打造优质森林生态绿色食药供应区

在保护资源和生态的基础上，充分利用天然、绿色、无污染资源优势，科学发展林下种植、林下养殖、山特产品采集、鱼类养殖等产业，构建形成具有林区资源特点的中草药种植基地，沙棘种植基地，野生笃斯越橘采摘基地，榛子、偃松子采摘基地，食用菌种植基地，森林畜、禽养殖基地。立足基地和林户初级产品原料，发挥林下产品公司龙头作用，在交通便利、靠近原料的地区布局建设深加工工厂，开发绿色食品和道地药材深加工产品，实现原料增值转化，带动基地健康有序发展，打造优质森林生态绿色食药供应区。

（四）打造全国最大的国有林碳汇储备基地和项目储备区

着力建设林区温室气体清单更新信息平台、国家碳排放权注册登记信息平台、国家碳排放权交易结算信息平台，推动气象观测站、监测样地、碳通量观测站、生物多样性观测场建设，新增开发CCER林业碳汇项目，将林区符合VCS条件的资源开发成碳汇产品，加强碳汇项目储备库建设。总结碳汇交易成功经验，依托林业碳汇储备项目，推进天然次生林碳汇方法学研究，适时启动CCER项目。增加碳汇项目储备，提高碳汇交易量，打造全国最大的国有林碳汇储备基地和项目储备区。

（五）打造地标性森林生态旅游康养目的地

深度融入自治区"乌—阿—海—满"（乌兰浩特、阿尔山、海拉尔、满洲里）一体化发展规划及呼伦贝尔市和兴安盟"十四五"旅游发展规划，根据林区旅游资源特点，深化"三区七向"布局，优化精品旅游线路设计，融合森林生态文化、红色文化、冰雪文化、森工文化、使鹿文化，提升旅游内涵，打造国内外地标性森林生态旅游康养目的地。

（六）打造大兴安岭特色文化创作地

持续开展精品文化产品创作工程和群众性文化活动，文旅结合，加强内蒙古大兴安岭历史人文文化探索研究与对外交流，发挥影视文化传播"软"效应，激发大兴安岭特色文化创作。通过举办森林旅游节、兴安杜鹃节、端午万人登山节、金秋赏山节、冰雪摄影节等文体活动，组织开展文学创作、摄影比赛、自媒体"融"创作等，激发创作热情、弘扬生态文明理念，提高林区知名度和影响力，着力打造大兴安岭特色文化创作地。

三、主体内容

（一）加强生态系统保护和修复

1. 加强森林资源管理

持续加强林地保护管理，强化国家级公益林保护管理，创新资源利用审核和监测管理方式，加强生态环境保护建设。

"十四五"期间，围绕国家新一轮林地保护利用规划编制要求，完成林区两级林地保护利用规划编制。

2. 强化天然林保护与修复

（1）加强天然林保护。严格执行全面停止天然林商业性采伐政策。严格控制天然林地转为其他用途。科学划分天然林保护重点区域和基础区域。管护覆盖林业用地，管护责任落实率100%；完善分级管理、分区施策、全覆盖、无死角管护责任体系；加强管护管理和考核体系建设；强化管护队伍专业化建设。在林区重要生态区位节点建设管护站房250座；推进北斗手持终端在森林管护中的应用；制订符合林情的智能管护模式；力争到2025年实现管护精准全覆盖。

（2）强化天然林修复。强化天然中幼龄林抚育，开展天然宜林荒地和疏林地的植树造林，增加乔木林面积，开展退化天然次生林修复，提升天然林质量。

（3）开展天然林生态效益监测。加强监测站建设；制订符合林区实情的天然林生态监测评价指标，适时发布生态效益监测报告。

（4）完善制度标准体系建设。制修订林区天然林保护修复管理制度、技术标准和规定，制修订天然林保护修复监督考核目标和标准。"十四五"期间，围绕国家天然林保护修复中长期规划要求，完成林区两级天然林保护修复中长期规划（实施方案）的编制。

3. 构建自然保护地体系，加强野生动植物保护

（1）优化完善自然保护地体系。建立适宜类型的自然保护地，做到应保尽保。整合各类自然保护地。到2025年，林区自然保护地占林区总面积达到18.5%。实行自然保护地分类、分级、分区的差别化管理。启动新一轮自然保护地科学考察和总体规划编制工作。加强设施建设和设备购置。启动并组织实施毕拉河国家级自然保护区二期、额尔古纳国家级自然保护区三期基础设施建设工程。开展自然保护地管理有效性评估工作。

（2）全面加强湿地保护。建立健全林区湿地保护管理体系。组织实施湿地保护与恢复工程和退耕还湿工程。维护湿地生态功能和作用的可持续性。加强湿地巡护管护力度，确保湿地面积不减少。到2025年，林区湿地保护率达到55%。

（3）加强野生动植物保护。建立健全林区重点保护野生动植物资源档案。保护和改善野生动植物栖息地及其生态环境。强化野生动植物保护执法，提升野生动植物保护管理能力。贯彻落实《全国人大常委会关于全面禁止非法野生动物交易、革除滥食野生动物陋习、切实保障人民群众健康安全的决定》。推动国家重点保护物种资源得到恢复和增加。完善防控体系建设。到2025年，林区重点野生动植物种数保护率保持在96.5%。

4. 科学实施森林经营

（1）积极落实造林绿化。到2025年，完成后备资源培育任务175万亩，其中补植补造165万亩、人工更新造林10万亩。

（2）科学实施森林抚育。到2025年，完成森林抚育提质1450万亩，年森林

抚育面积290万亩。

（3）创新工作激励机制。积极探索和创新森林科学经营激励机制。推动建立购买服务、森林经营绩效考核与奖励相结合的政策激励机制。研究建立森林经营专家咨询机制。

5. 加强种质资源保护利用

（1）加强林木种质资源保护。"十四五"期间，加强林区乡土树种、珍稀濒危和重要树种种质资源有效保护，建立省级林木种质资源保存库4处。

（2）推进林木种子生产供应基地建设。到2025年，建成重点林木良种基地8处，规模1.21万亩；精选现有优良采种林分5处，规模达0.5万亩。

（3）推动建设林木良种选育基地。"十四五"期间，推动良种选育基地建设计划，新建母树林1000亩，优良种源区采种基地5000亩，种子园100亩。加快林区林木良种化进程，重点开展主要造林树种、乡土树种的选育，精选生产力高、性状稳定、抗逆性强的优良品种。加强林木良种审定与推广，力争通过审（认）定优良品种2个。

（4）强化林木种子质量监管和检验。"十四五"期间，改建林木种子机构能力建设1处。

（二）加强防灾减灾救灾一体化建设

1. 完善应急体系建设

（1）森林防灭火方面。严格贯彻"预防为主、防灭结合、高效扑救、安全第一"的方针，完善预防、扑救和保障三大体系，积极构建"天、空、地"一体化监测系统，推进人力灭火和机械化灭火、风力灭火和以水灭火、传统防火和科学防火有机结合。

（2）安全生产管理方面。严格落实安全生产责任制，强化非煤矿山、道路交通、危化品、营林作业、旅游、消防等重点领域隐患常态化排查整治，坚决防范和遏制重特大安全事故。

（3）其他应急处置方面。强化防汛抗旱、防震救灾等应急处置能力。

重点实施预警监测系统建设、森林火灾高危区综合治理工程建设、扑火前线指挥基地建设、专业队伍靠前驻防营房基础设施建设、航空消防能力建设、林火阻隔系统建设。

到2025年，火情瞭望监测覆盖率达到95%以上，火场专用超短波通信覆盖率达到95%以上，航空消防覆盖率达到90%。规划期内，24小时火灾扑灭率达到95%以上，森林火灾受害率控制在0.9‰以内。林区安全生产监督管理、应急处置、宣教培训体系全面形成，生产安全事故、从业人员死亡率严格控制在自治区下达的指标内。

2. 加强有害生物防治体系建设

到2025年，林业有害生物监测预警、检疫御灾、防治减灾、支撑保障体系全面建成，防治检疫队伍建设得到全面加强，生物入侵防范能力得到显著提升，实现林业有害生物成灾率控制在4‰以下。

（三）持续深化企业改革发展

做强做优做大国有资本和国有企业，实现生态效益、经济效益、社会效益同步提升，切实增强森工企业竞争力、创新力、控制力、影响力、抗风险能力，争创国内行业一流企业。

建立完善现代企业制度。推进国有资本经济布局优化和结构调整。发展混合所有制经济。健全市场化经营机制。

（四）全面推动产业发展升级

1. 发展重点绿色产业

（1）林下经济。因地制宜发展林果、林药、林菌、林蔬、林畜、种苗花卉、特种动物和水产等种植养殖，推进沙棘、榛子等特色经济林培育和道地中草药种植。加强道地药材近自然繁育、金莲花等野生药用植物资源保护利用，统筹林区野生浆果、坚果等资源的开发与利用，实现有序持续利用。到2025年，"公司+基地+林户"的发展模式更加成熟，优质绿色生态食药产品供应能力显著增强，林区成为全国最具特色的森林生态食药品供应基地。

（2）生态旅游。围绕林区5条精品线路，重点推动打造7大旅游节点、1条国家森林步道、3个特色小镇、7个特色林场、6个自驾车营地、8个森林康养基地、10个自然教育基地，构建研、学、游智慧旅游体系。以林区9个国家级森林公园、12个国家级湿地公园、8个国家级和省级自然保护区及94万公顷的北部原始林区为支撑，以打造南部、东部、北部三大旅游板块为重点，借助7个进出林区的主要通道，以区带面、以面带点、以点穿线，形成"三区七向"的林区旅游康养发展格局。到2025年，力争把林区打造成地标性生态旅游目的地，独具中国北疆特色的森林康养和自然教育综合体。

（3）林业碳汇。致力实现"六个一"目标任务，着力打造全国最大的国有林碳汇储备基地和项目储备区。围绕习近平总书记提出的"到2030年我国森林蓄积量将比2005年增加60亿立方米"的目标，树立力争到2030年内蒙古大兴安岭林区森林蓄积量比2005年增加6亿立方米，完成国家森林蓄积量增长10%的工作目标。搭建碳汇资源矢量数据库，对接优选项目登记备案平台、碳汇交易平台、温室气体清单平台，构建以"一库三平台"为基础的碳汇资源管理体系。积极争取设立国家级林草碳汇试点，争当重点国有林区碳汇示范。推动VCS和CCER碳汇项目储备工作，开展可行性分析和风险评估，根据国家政策调整和市场变化，适时开发项目投放市场，打造全国最大的国有林碳汇项目储备区。积极申请设立院士工作站，加大实地培训、技术推广和学术交流力度，着力培养行业技术人才和专业碳汇队伍。进一步拓展林业碳汇项目方法学范畴，加快推动与中国林科院合作研究"天然次生林碳汇项目方法学"项目，争取实现突破。

（4）绿色矿业。着力提高根河市比利亚公司盈利能力。加强参股企业的股份管理。积极推进林区矿泉水项目前期工作，"十四五"期间完成图里河、库都尔、甘河、克一河、莫尔道嘎5处矿泉水探矿权挂牌出让；完成招商并启动阿尔山、图里河一期建设项目；根据市场需求情况启动库都尔、甘河甘东林场、克一河、莫尔道嘎二期建设项目。

（5）生态服务。宾馆服务行业，进一步拓宽业务服务范围，建立完善互联网销售平台，加强对外服务宣传，切实提高服务质量，完善基础设施建设，有效提高市场竞争力。石油供应服务行业，在调整优化油库加油站总体布局的基础上，努力压缩经营成本，不断拓宽成品油销售市场，建立完善公司化运营模式。房地产服务行业，积极化解存量房源，多渠道、多方式变现，在推进房屋销售的基础上，研究结合森林旅游服务和养老产业发展设计相应的项目，确保存量资产保值增值。同时以追求经济效益为导向，有序开展经营项目投资活动,在国家林草局、自治区国资委领导下,增资扩股中国林业产权交易所。到2025年,林区产业总产值力争达到20亿元。

2. 强化品牌创建和市场营销

促进产、学、研、用深度融合。补齐增强产业链条,打通"堵点"。形成内蒙古大兴安岭特色品牌。推进建立跨区域、跨平台、跨网络、跨终端、线上线下相结合的营销体系和市场链接机制。

3. 推动开放合作

寻求与中粮集团、国药集团、内蒙古宇航人集团和内蒙古航旅集团等建立合作,充分发挥社会资源的品牌效应和引领作用,增强企业核心竞争力,实现企业经济效益最大化发展目标。争取国家、自治区专项资金投入,参与相关经济产业项目建设。研究探索建立国际化经贸合作关系,不断扩大贸易发展空间。推进产业市场多元化发展,着力形成产业集群模式,创建良好的对外经贸合作环境。

（五）持续保障和改善民生

1. 提升职工保障能力

切实做好职工福利待遇保障。全面实行工资总额预算管理,合理确定公司年度工资增长率和工资总额。建立全员绩效考核机制,实现工资能增能减。力争到2025年,在岗职工年均工资收入达到9.5万元左右。集中精力做好困难帮扶。争取属地推动林区公共服务资源均等化、普惠化、优质化供给。

2. 补齐基础设施短板

（1）道路桥梁。到2025年,争取升级改造主干线道路1507公里;新建断头路1700公里;升级改造防火应急道路869.1公里;养护道路6759公里;桥梁涵洞复建改造532座（道）、7636延长米。协同推动"岭上大通道"建设。

（2）通用机场。推动新建莫尔道嘎、毕拉河通用机场。

（3）通信基础设施。逐步实施传输光缆线路工程建设,利用与公网运营商合作方式建设4G、5G通信基站,探索北斗、天通、高通量等卫星通信设施设备在林区的深度应用。

（4）信息化建设。到2025年,基本形成防火预警感知设施覆盖完善、感知信息回传顺畅、网络互联互通、计算存储环境完善、信息网络安全可控的信息化支撑体系，实现林区所有业务应用、数据资源的"一云承载"和林业所有非密信息资源共享。各行业领域业务流程基本实现信息化办理。

（六）强化支撑体系建设

1. 加强科技兴企

（1）完善科技平台建设。加强实验平台建设，推动内蒙古大兴安岭林业管理局野生动物疫源疫病监测总站国家级标准站建设。

（2）加强科技研发和成果转化。加强林业生态保护修复技术研究、林业资源高效利用关键技术研究、林业碳汇技术研究、林业生物质能源技术研究、数字林业技术研究，提高科技成果转化率，健全林区科技示范体系。

（3）扩大合作交流。紧密联系中国科学院、中国林业科学研究院、北京林业大学、东北林业大学、黑龙江省林业科学院、吉林农业大学、内蒙古自治区林业科学研究院、内蒙古农业大学等科研院校，开展适合林区转型发展的研究课题和推广项目，为实现林区高质量发展提供科技支撑。

2. 推进人才强企

加强人才战略引领；树立人才培养导向；建立健全人才机制。

到2025年，林区管理人才总量达到6000人左右，专业技术高级人才总量达到2000人，高技能人才总量达到1500人；职工受过高等教育的比例达到45%；高技能人才占技能劳动者的比例达到30%，人才的分布和层次、类型、性别等结构趋于合理。

3. 推动文化铸企

到2025年，基本建立起生态文明气息鲜明、独具内蒙古大兴安岭林区特色的企业文化体系。

内蒙古森工集团"十四五"生态保护与绿色发展指标

序号	指标名称	2020年	2025年	指标属性	备注
1	森林覆盖率（%）	88.03	88.2	约束性	
2	森林蓄积量（亿立方米）	9.4	10.3	约束性	

下 篇

"十四五"各地林业草原保护发展规划概要

（续表）

序号	指标名称	2020年	2025年	指标属性	备注
3	乔木林单位面积蓄积量（立方米/公顷）	113.11	123.6	预期性	
4	湿地保护率（%）	52.6	>55	约束性	
5	重点野生动植物种数保护率（%）	96.5	96.5	约束性	
6	自然保护地占林区总面积比例（%）	16.92	18.5	预期性	
7	森林火灾受害控制率（‰）	<1	<0.9	预期性	
8	林业有害生物成灾控制率（‰）	≤4	≤4	预期性	
9	林业职工在岗职工收入年增长率（%）	10	6	预期性	根据自治区工资指导线
10	林业产业总产值（亿元）	68.5	92	预期性	
11	国有资本保值增值率（%）	—	≥100	约束性	

内蒙古森工集团"十三五"生态保护与建设指标完成情况

序号	指标名称	规划目标	指标属性	完成	备注
1	森林覆盖率（%）	78.3	约束性	88.03	
2	森林蓄积量（亿立方米）	9.3	约束性	9.4	
3	林地保有量（万公顷）	951.36	约束性	953.21	
4	湿地保有量（万公顷）	>120	约束性	120.35	
5	单位面积森林蓄积量（立方米/公顷）	111.4	预期性	113.11	乔木林公顷蓄积（立方米/公顷）
6	林业自然保护地占林区总面积比例（%）	20	预期性	16.92	"十三五"期末，自然保护地整合优化，重新计算
7	林业职工在岗职工收入年增长率（%）	>10	预期性	10	
8	林木良种使用率（%）	75	预期性	75	
9	森林火灾受害控制率（‰）	<1	预期性	0.49	
10	林业有害生物成灾控制率（‰）	<4	预期性	2.07	
11	林业产业总产值（亿元）	72	预期性	68.5	

第三十五章
中国吉林森林工业集团有限责任公司"十四五"规划概要

一、"十四五"发展目标

（一）总体发展目标

坚持问题导向、目标导向、结果导向，落实中央和省国企改革三年行动方案，不断推动变革和创新，力求在推进改革重组上取得新突破，在优化产业布局和结构调整上取得新突破，在构建中国特色现代企业制度上取得新突破，在健全市场化经营机制上取得新突破，在高效顺畅执行运行上取得新突破，在精准细致严密管理上取得新突破，在加强党的全面领导上取得新突破，坚决打好二次创业翻身仗，努力把吉林森工打造成为集团化管控、市场化运作、专业化发展的现代林业企业集团。

（二）生态安全目标

到2025年末，森林覆盖率保持在93.4%以上；森林蓄积量达到2亿立方米；有林地面积保持在121.7万公顷；乔木林每公顷蓄积量165立方米；红松、臭松、水曲柳、胡桃楸、黄菠萝、椴树、柞树等珍贵树种蓄积量达到9200万立方米，占森林总蓄积量的46%；森林植被碳储量达到8800万吨，森林碳汇能力明显提升。

（三）产业发展目标

到2025年末，林业产业总产值61.5亿元；资产总额170亿元；营业收入40亿元；利润总额3亿元。

（四）科技创新目标

到2025年末，力争实现科技成果转化率达到70%，组建国家级科技中心，建立适应现代林业发展的科技创新体系。

（五）民生保障目标

到2025年末，职工工资达到全国六大国有森工林区平均水平以上，力争名列前茅。林区职工群众生活水平明显提高，林区社会保持和谐稳定。

二、总体布局

聚焦主责主业：一是发展森林资源经营产业；二是发展现代林业健康产业（以森林资源综合开发利用为依托，重点发展森林食药及森林文旅康养大健康产业）。

三、重点任务

（一）高标准实施资源保护修复，构建生态安全新格局

（1）严格执行"十四五"期间年森林采伐70.5万立方米限额，坚决控制森林资源消耗。

（2）建设高质量的森林保护体系。

（3）提高森林经营管理水平。

（4）开展长白山主脉森林保护修复综合治理。

（5）加强支撑保障体系建设。

（6）持续加强碳汇能力建设。

（二）高效益发展强企富民产业，建设融合发展新体系

（1）持续提高泉阳泉上市公司质量。

（2）加快森林食药产业发展。

（3）发展森林文旅康养产业。

（三）高水平实施对外开放合作，开辟转型发展新空间

（1）推进产学研协同创新。

（2）强化招商引资工作。

（3）积极稳妥推进混改和对外合作。

（四）高效率推进改革三年行动，提升改革成效新突破

（1）推进法治化重组。

（2）构建中国特色现代企业制度。

（3）健全市场化经营机制。

（4）强化经营管理。

（五）高层次实施科技创新驱动，努力培育竞争新优势

（1）加强科技管理，提升自主创新能力。

（2）加快数字化转型，打造数字新森工。

（六）高效能发挥专业公司功能，协同重点产业新发展

（1）上市公司做实做大矿泉水主业的基础上，发挥融资功能，提高资产证券化水平和上市公司质量，努力实现国有资产保值增值。

（2）投资公司围绕集团及上市公司主业进行产业规模培育、产品渠道建设等方面投入。

（3）财务公司积极争取吉林银行、中国人寿等金融机构参与开展战略合作，提升整体信用水平和公司治理能力。

（七）高站位实施人才兴企战略，构筑人才聚集新高地

（1）抓好班子和干部人才队伍建设。

（2）加大对人才队伍梯次的培养。

（3）加强高端人才引进培育。

（八）高质量聚焦职工福祉实事，改善民生再上新台阶

（1）提高职工收入水平。

（2）推进创业就业工程。

（3）加大林区基础设施建设。

（4）加强林区治理效能。

四、重大工程

根据资源优势、产业基础和未来发展趋势，确定"十四五"期间推进九项重大工程。

（一）森林生态保护修复建设工程

全面保护天然林、河湖和生物多样性，以封育管护和人工促进天然更新为主，结合补植补造、抚育修复、低质低效林更新改造等措施，保护培育森林资源，恢复长白山主脉自然生态系统。"十四五"期间常规营造林建设，其中森林抚育765万亩、后备资源培育250万亩。

大力发展以珍贵树种为主的针阔混交用材林及大径级活立木资源。通过现有林改培、中幼龄林抚育及补植补造等措施，改善生态条件，提高林木蓄积量，加快生长速度，缩短培育周期，提高林分质量，推进森林资源培育战略基地建设。"十四五"期间国家储备林建设安排任务69.4万亩。

（二）"感知生态智慧林草"生态网络感知系统建设工程

主动融入吉林省，构建"互联网+智慧林草"新格局，争取政策资金，有序推进以卫星遥感、无人机航拍、北斗导航为核心的"空天互联网"数字林草基础设施建设，实现以森林综合监测数据为基础，多维度、全天候、全覆盖的监管监测工作目标，形成重点领域动态监测、智慧监管和灾害预警，推进森林资源管理的现代化、信息化水平。

（三）森林火灾高危区综合治理建设工程

为加强森林火灾高风险区的专业扑火能力建设、重点区域内的森林监测系统建设、重点区域内森林防火通讯及信息指挥系统建设，利用中央投资先后启动所属的8个林业局高风险区综合治理项目。

（四）种质资源保护利用建设工程

大力开展林木种质资源保护工作，将林木种质资源保护和开发利用有机地结合起来，开展种质资源库、良种基地建设，科学保护和培育珍贵树种资源，有效地保存红松、长白松、红皮云杉、东北红豆杉、水曲柳、黄檗（黄菠萝）、紫椴等林木种质资源，增大遗传基础，推动林木遗传改良，实现林业和社会经济的可持续发展。

（五）古树名木、森林公园建设工程

贯彻落实《"十四五"时期文化保护传承利用工程实施方案》，加强集团辖区内古树群保护和国家级森林公园建设，充分发挥中央投资关键带动作用，做好项目储备和申报工作，加快推进古树公园和森林公园建设，努力打造标志性文旅项目。

（六）林区基础设施提升建设工程

争取国家政策，改善林业局中心林场给排水、道路硬化、绿化、亮化、文化设施、电取暖、管护用房等基础设施。推动8个林业局中心林场环境整治及配套基础设施建设。

（七）木本粮油林下经济建设工程

贯彻落实《关于科学利用林地资源促进木本粮油和林下经济高质量发展的意见》《促进红松特色资源产业高质量发展的意见》，加强红松林资源培育和改造，鼓励在造林还林、补植改造和生态廊道建设中大力营造红松林，对人工红松纯林、人工混交林、天然幼龄林等强化科学抚育。开展红松大苗移栽造林、积极营建红松果林基地。

研究文冠果种植开发，探索文冠果精深加工项目。

争取国家木本粮油补助资金，将长白山林区"小油种"产业发展纳入国家粮油战略储备规划。

（八）森林食品质量提升建设工程

加快推进形成以矿泉水为龙头，二氢槲皮素、蓝莓小浆果、人参、木灵芝、黑木耳等精深加工为主体的林特产品加工生产基地。

推进年产20万吨含气矿泉水项目、年产5万吨柔性生产线建设项目、二氢槲皮素项目、10万吨蓝莓小浆果等重点建设项目。

（九）文旅康养旅游基础设施建设工程

融入长白山全域旅游发展大格局，大力推进招商引资。提升现有旅游基础设施，整合林区宾馆，利用林场闲置场房改造建设一批民宿，打通景区景点交通连接线。

大力推进长白山原始森林观光小火车项目、露水河长白山国际狩猎度假区、仙人桥医养旅居小镇、抚南康养国际度假小镇、前川长白山雪乡、国家级森林公园等重点建设项目。

五、保障措施

一是全面加强党的政治建设。二是全面落实规划实施责任。三是全力争取国家政策扶持。四是重塑文化，打造基业长青。

第三十六章
长白山森工集团"十四五"规划概要

一、规划综述

《长白山森工集团"十四五"发展规划》秉持"绿水青山就是金山银山"理念,坚持以"攻坚克难、稳中有为、改革创新、发展升级"为指导总方针,践行"坚持绿色发展理念,做好做足山水文章"发展路线图,精心设计"一条主线、三大产业、五大体系"战略布局,科学谋划高质量生态保护修复体系、高质量山水产业发展体系、高质量企业管理治理体系、高质量人才科技支撑体系、高质量民生福祉保障体系为重点任务,全力实现"五个更优、行业一流"总体目标。该规划承载着延边重点国有林区实现全面小康的丰厚硕果,汇聚着集团上下全体在"十四五"时期全面实现国有林区改革、加强森林生态保护修复、构建林区总体安全、致力保障改善民生、推进集团高质量发展的所有智慧共识,对推进新理念、新阶段、新格局下的集团各项工作部署具有重要指导意义,对长白山森工集团的长远永续发展必将产生重大而深远的影响。

二、主要目标

到2025年,森林蓄积量有望达到35834万立方米,森林覆盖率超过93.2%,林业产业总产值实现104亿元,工业产值实现26.1亿元,林业系统增加值实现34.7亿元,资产总额达到96.23亿元,营业收入6.46亿元,实现利润总额0.35亿元,资产负债率控制在70%以下,国有资产保值增值率达到100.48%以上,在岗职工人均收入达到7.5万元,集团基本实现"五个更优、行业一流"。

长白山森工集团中远期主要发展目标（2021—2035年）

类别	序号	目标名称	"十四五"期初	"十四五"规划		2035年远景目标	
				规划	较期初年均增长	规划	年均增长
生态目标	1	森林面积（万公顷）	212.2	211.6	(0.06)	211.6	0.00
	2	森林总蓄积（万立方米）	34863.9	35834	0.42	36431.7	0.17
	3	森林公顷蓄积（立方米）	164.3	169.4	0.49	172.0	0.15
	4	森林覆盖率（%）	92.99	93.2	0.36	95.0	0.03
产业目标	5	林业产业总产值（亿元）	70.3	104	8.15	200.4	6.78
	6	林业工业产值（亿元）	5.1	26.1	38.62	40.5	4.49
	7	GDP（亿元）	23.3	34.7	8.27	66.8	6.78
	8	三次产业比重	31:15:54	23:31:46		27:25:48	
	9	营业收入（亿元）	5.9	6.46	1.83	17.70	10.60
	10	利润总额（亿元）	0.31	0.35	2.46	0.82	8.89
民生目标	11	在岗职工人均工资（元/年）	59600	75000	3.79	120000	4.81
	12	户均创业性收入（元）	56900	69000	3.93	113800	5.13
	13	职工就业率（%）	100	100	—	100	—
	14	"五险一金"参保率（%）	100	100	—	100	—

三、战略布局

立足于国内大循环为主体、国内国际双循环相互促进的新发展格局，遵循自然生态空间分异规律，以国家"两屏三带"生态安全战略格局和《全国重要生态系统保护和修复重大工程总体规划》总体布局为基础，依托现有发展基础，结合辖区资源条件、产业结构及重点任务，坚持"不让一寸林地流失、不让一滴矿泉水外流、对林业有损失的事情一件也不能办"为红线底线，围绕强化生态建设、壮大"山水产业"、加强企业管理、保障民生福祉等方面考量谋划，释放企业管理内生动力，凝聚招商引资转型新动能，解放思想，科学部署，用全新视角、全新理念、全新思维谋篇布局，将"坚持绿色发展理念，做好做足山水文章"发展路线图覆盖到战略布局的每个层次、每个方向、每个区域、每个阶段,着力构建长白山森工集团"一三五"总体战略布局,突出一条生态保护与修复主线、推进三大山水产业、构建五大高质量发展体系。

(一) 一条主线

综合考虑延边重点国有林区发展条件和需求,优化林业生产力布局,系统配置森林、湿地、自然保护地和野生动植物栖息地等生态空间,丰富优质生态产品供给,均衡生态公共服务,全面保护天然林,强化森林多功能经营,培育优质材、大径材和珍贵材,强化重点区域湿地、繁殖地保护管理,推进国家公园建设,优化自然保护区和森林公园、湿地公园建设,推动自然保护地跨境联合保护,全面推进生态建设向高质量发展。

(二) 三大产业

围绕集团产业发展和项目建设,着力推进建设森林旅游产业、森林矿泉水产业和林下特色经济产业为主体的三大山水产业重要内容。

(三) 五大体系

一是着力构建高质量生态保护修复体系,全面加强森林保护和质量提升,全面加强湿地保护恢复,加快建设自然保护地体系,加强野生动植物保护力度;二是着力构建高质量山水产业发展体系,做优做强山水产业,构建招商引资新格局,打造林区高质量生态建设示范区;三是着力构建高质量企业管理治理体系;四是着力构建高质量人才科技支撑体系,提升科技创新水平,推进数字林业与智慧林区建设,推进人才队伍建设;五是着力构建高质量民生福祉保障体系。

四、重点工程项目

(一) 自然保护地建设工程

重点围绕国家公园生态系统保护、国家公园重要栖息地和生境恢复、国家公园本底调查和勘界标识系统建设、国家公园生态宣传教育和生态旅游基础设施、国家公园生态移民和社区共建、自然保护区重点物种和生物多样性保护及自然保护区重要生态系统恢复等。

(二) 森林带生态保护修复工程

重点围绕延边重点国有林区生态保护修复工程、延边重点国有林区低产林改造工程、延边重点国有林区中幼龄林抚育工程、林木良种基地建设工程、特殊及珍稀树种培育项目以及红松特色资源产业项目等。

（三）长白山生态保育工程

重点围绕森林资源管护工程、森林管护房建设工程、生态保护恢复资金项目和自然生态环境监测评估体系建设项目等。

（四）森林健康安全工程

重点围绕森林防火高危火险区综合治理、森林防火应急道路项目、森林防火视频监控项目、森林防火隔离带项目、数字防火综合建设项目和病虫害防治等。

（五）三大山水产业发展工程

重点围绕森林生态旅游产业、森林矿泉水产业和林下特色经济产业等。

（六）科技创新发展工程

重点围绕关键科学技术突破重点项目和科技成果转化重点项目等。

五、保障措施

（一）全面加强党的领导

立足于集团生态建设任务重，系统性、社会性、公益性强等特点，突出政治思想的引领作用，加强高素质党政人才队伍建设与管理，深入推进林区作风建设，优化林区政治生态全面向好；全面加强对发展规划实施的组织领导，实行规划目标责任制，成立规划领导小组，加强组织保障，强化统筹协调。

（二）健全规划实施机制

强化规划实施的监督工作，构建各司其职、各负其责、通力协作、联动推进的现代化国有林区建设工作格局，建立林区绩效考核和责任追究制度，定期调度规划实施进展，识别规划实施的重点、难点问题，加大规划实施督导力度，开展规划中期评估和终期考核，及时发现和解决规划实施重要问题。通过完善政策，健全服务，规范管理，逐步形成现代化林业良性发展机制，实现资源增长、职工增收、生态优化、林区和谐的发展目标。

（三）争取政策资金支持

着力在重大工程、重点项目资金争取上下功夫，使更多的项目纳入国家、省、州投资计划盘子，为企业转型发展提供有力政策资金支持，力争林业建设资金与国家财政收入同步增长，争取国家加大对天保工程、退耕还林、森林抚育、森林防火、林业有害生物防治、野生动植物保护及基础设施建设等项目的投资。按"政府主导、多元投入、市场配置、社会参与"的原则，通过政府资金投入引导和有限政策配套，激发市场主体投资融资积极性。

（四）加大宣传工作力度

着力内聚人心，外树企业形象。围绕集团重点工作，着力构建网站、微信、微博、头条等多媒体、多平台、多角度的综合发声宣传工作格局。强化与主流媒体间沟通协调，对焦主旋律，及时挖掘捕捉集团"坚持绿色发展理念，做好做足山水文章"中呈现的各类亮点，突出"党建""生态""冰雪""转型""改革"等主题，多渠道、多角度向国家、省、州级媒体精准推介，集聚集团求真务实正能量，不断提高集团品牌美誉度、知名度。

第三十七章
中国龙江森林工业集团有限责任公司"十四五"规划概要

一、建设目标

到2025年，森林资源保护修复体系初步建立，森林结构持续优化，森林量质持续提升，生物多样性保护持续提高，森林生态系统质量和稳定性进一步提升，生态系统碳汇量明显增加，国家生态安全屏障更加牢固。森林面积达到558.06万公顷，森林总蓄积量7.17亿立方米，森林覆盖率84.74%，单位面积蓄积量128.63立方米/公顷。构建现代林业生态产业体系，加大合资合作力度，形成符合市场导向、布局科学、特色突出、错位发展、集聚高效的现代林业生态产业新格局。全面完成企业公司制改革，完善现代企业制度，健全法人治理结构，推进三项制度改革，激发企业发展的活力和动力。推进"产学研用"深度融合，提升企业技术创新能力、智慧森工管理创新、企业商业模式创新，科学技术创新支撑引领高质量发展作用显著增强。森林管护设施、林场（所）基础设施等建设取得进一步发展，林区职工充分就业，工资收入提升，社会保障能力持续增强，职工群众生产生活条件进一步提高。

二、总体布局

结合《东北森林带生态保护和修复重大工程建设规划（2021—2035年）》，龙江森工各林业局有限公司及直属林场要打造"两山两平原"区域生态格局，扩大生态空间，提升屏障能力，奠定生态安全主体地位。

（一）长白山森林生态保育区

本区位于我国东北部边境，与朝鲜、俄罗斯接壤，布局中包含集团的方正、山河屯、亚布力、苇河、海林、柴河、林口、东京城、大海林、绥阳、穆棱、八面通12个森工林业局有限公司及平山、青梅、长岗、江山娇林场，生态定位为严格保护中温带天然针阔混交林，推进次生阔叶林修复提质，全面恢复地带性红松阔叶混交林。积极发展红松、水曲柳、黄菠萝、胡桃楸等乡土珍贵阔叶树种，提升后备资源培育能力。

（二）小兴安岭森林生态保育区

本区纵贯黑龙江省中北部，布局中包含集团的绥棱、通北、沾河、鹤北、鹤立5个森工林业局有限公司及丰林、丽林林场，生态定位为严格保护中温带天然针阔混交林，全面加强中幼龄林抚育，着力培育后备资源，显著提高森林质量，加快恢复以红松为主的地带性针阔混交林。

（三）三江平原重要湿地保护恢复区

本区位于黑龙江东部边疆，布局中包含集团的桦南、双鸭山、东方红、迎春4个森工林业局有限公司，生态定位为持续推进退耕还林还湿，加大生态廊道建设，积极培育红松、水曲柳、胡桃楸、榆树、椴树等乡土珍贵树种。

（四）松嫩平原重要湿地保护恢复区

本区位于大小兴安岭与长白山脉及松辽分水岭之间的松辽盆地里的中部区域，布局中包含集团的兴隆、清河2个森工林业局有限公司及肇东林场，生态定位为稳步推进珍稀水禽等重要物种栖息地保护恢复和鸟类迁徙生态廊道建设，加强生物多样性保护。

三、建设任务

（一）加强生态保护修复体系建设

1. 实施生态保护修复工程

遵循长白山、小兴安岭国家重点生态功能区定位，以推动森林生态系统、湿地生态系统自然恢复为导向，全面推行林长制，保护天然林资源，巩固全面停止天然林商业性采伐成果，加强森林资源管护，持续推进退耕还林还湿，连通重要生态廊道，维护生物多样性，保护黑土地，建设稳定高效的森林生态系统。根据天然林演替规律和发育阶段，建立退化天然林修复制度、科学开展天然林抚育经营、加强退化天然林修复和退耕还林，科学实施修复措施，遏制天然林分继续退化。

2. 实施后备资源培育工程

按照因地制宜、分类施策、造管并举、量质并重的森林可持续经营原则，强化后备资源培育，实施更新造林、补植补造、现有林改造培育、中幼龄林抚育等措施，重点培育以红松、黄菠萝、水曲柳、胡桃楸等乡土大径级和珍稀树种用材林为主体的储备林基地，保障国家木材资源安全。规划造林12万亩、补植补造92万亩、森林抚育2650万亩。

（二）构建现代林业生态产业体系

1. 筑牢营林碳汇基础产业板块

按照产业化发展模式，以市场为导向，以科技为支撑，推进商品种子、绿化苗木、经济林、碳汇产业化发展，延长产业链条，全过程价值汲取，实现营林生产与价值同步转换、生态效益与经济效益同步提升。

2. 提升全域生态旅游康养板块

落实全省冰雪旅游战略，深度挖掘森工丰富的旅游资源，推进旅游产品、模式、业态创新，打造宜居宜行宜游宜养全域旅游品牌。围绕"冰天雪地+绿水青山"，发挥四季分明优势，做好线路设计和嫁接，以"哈亚雪凤"沿线旅游产业为牵动，打造国际冰雪旅游度假胜地、中国北方生态康养旅游目的地、中国最佳全域自驾户外旅游目的地，建设世界顶级生态旅游大区。

3. 做大做强森林农业产业板块

落实国家东北黑土地保护规划纲要，坚持生态优先、用养结合，对黑土地实行战略性保护，确保"藏粮于地、藏粮于技"战略落实落地。突出"寒地黑土""绿色有机""非转基因"三张优势牌，通过改善生产条件、提升产业基础、创新集约模式、培育新型经营主体，实现优劣势转换、差异化发展、错位化经营，打造服务高端、行业领先的特色森林农业产业基地。

4. 打造森林食品产业升级板块

坚持以市场为导向，利用森林食品集团的投资、科技、品牌、物流、信息优势，通过森林食品产业形态现代化、产业过程标准化、产业链条完整化、产业融合深度化、产业品牌国际化，推进森林食品产业由粗放向集约、初加工向精深加工转型升级。通过资产盘活、厂区升级等方式整合森工现有加工基础，促进产业扩容提质和集聚发展，提升森林食品产业市场竞争力，打造国内一流森林食品产业基地。

5. 建设林产工业蓄能后发板块

抓住国家开展森林经营试点机遇，探索建立龙江森工不同森林类型资源可持续经营管理新模式和新机制，推进现有林产工业企业技术人才储备工作，为重振林产工业雄风打造可持续资源要素支撑。

（三）切实履行国企社会责任

坚持服务发展、惠及民生、引领未来的目标导向，抓住实施乡村振兴战略机遇，推进林区道路、饮水、供热、垃圾污水等设施建设，打造高效实用、智能绿色新型基础设施体系；推进医疗卫生、文化体育、物业消防、养老等设施建设，健全基本公共服务体系，不断增强林区百姓获得感、幸福感、安全感。企业社会责任管理体系进一步完善，履行社会责任能力显著提高，企业影响力和带动力明显提升。

（四）持续推进重点领域改革

一是理顺森工管理体制、规范内部运营机制、全面推动办社会职能移交，巩固国有林区改革成果；二是完善现代企业制度、健全市场化经营机制、推进国有经济布局优化和结构调整，持续纵深推进国企改革；三是完成事业单位转企改革任务，深化集团管理事业单位改革，稳步推进事业单位改革。

（五）持续推进创新能力建设

一是实施创新驱动发展战略、打造科技创新新支撑，提升企业技术创新能力；二是打造智慧管理、智慧生态、智慧产业，提升智慧森工管理创新；三是构建中药材森林食品发展新模式、林区服务业发展新模式、旅游康养产业发展新模式，加快企业商业模式创新；四是培育发展森工数字产业，赋能产业转型升级，培育数字经济新产业、新业态和新模式，推进企业数字化转型。

（六）加强党对国有企业全面领导

一是把党的领导融入公司治理，切实加强党的政治建设，强化党的创新理论武装，加强党的全面领导。二是构建不敢腐的惩戒机制，构建不能腐的约束机制，构建不想腐的自律机制，加强决策风险机制建设，推进廉政风险决策机制建设。三是建设森工物质文化、弘扬森工精神文化、构建森工制度文化、打造森工行为文化，推进企业文化建设。四是全面加强干部队伍建设，加大人才引进工作力度，推进高素质干部人才队伍建设。

龙江森工集团"十四五"林业发展主要指标

类别	序号	指标名称	2020年	2025年	年均增长率（%）	指标属性
生态保护	1	森林面积（万公顷）	557.74	558.06	0.01	约束性
	2	森林总蓄积量（亿立方米）	6.74	7.17	1.2	约束性
	3	森林覆盖率（%）	84.68	84.74	0.01	约束性
	4	单位面积蓄积量（立方米/公顷）	120.85	128.63	1.3	约束性
产业发展	5	营业收入（亿元）	70.48	117.11	8	预期性
	6	利润总额（亿元）	-2.81	2.28	—	预期性
	7	国有资本保值增值率（%）	98.79	103.33	—	预期性
	8	土地集约化经营占比（%）	—	30	—	预期性
	9	粮食综合生产能力（亿公斤）	>9.5	>10	—	预期性
	10	中药材种植面积（万亩）	36	80	17.3	预期性
社会责任	11	在岗职工年均工资（万元）	4.88	5.66	3	预期性
	12	林场所集中供水率（%）	85	95	2.3	预期性
	13	林场所卫生所标准化达标率（%）	90	100	2.1	预期性
	14	林场所无害化卫生厕所普及率（%）	70	100	7.4	预期性
	15	林场所绿化覆盖率（%）	25	40	9.9	预期性

第三十八章
黑龙江伊春森工集团有限责任公司"十四五"规划概要

一、战略定位

黑龙江伊春森工集团有限公司是肩负维护东北森林带生态安全屏障和培育森林资源战略基地战略任务的国有企业,是把"林都伊春"打造成中国乃至世界林都的核心力量。集团以生态保护和修复为基础,以经济转型创新发展为根本动力,以满足职工美好生活需求为根本目的,坚持党的全面领导,坚持深化改革,全面提升核心竞争力,开启集团高质量发展的新征程。

二、规划目标

(一)持续巩固生态保护成效

理顺国有森林资源管理体制,全面保护天然林资源,进一步提升国家重要生态屏障功能,有效保护河湖和湿地等生态系统,明显提高自然保护地体系保护管理效能,全面落实林长制改革,加强资源管护、森林防灭火、病虫害防治、生物多样性保护等能力,明显提升生态系统服务功能,大幅提升优质生态产品供给能力。

(二)初步完成产业转型升级

重点发展森林旅游康养、林下种养、森林食品加工和道地北药加工产业,积极探索非林替代产业。优先发展森林旅游康养产业,完善配套设施,做强旅游集合区;提升林下种养产业质量,大力发展食用菌、山野菜、湖羊等种养殖项目,做强森林食品加工业,发展食用菌、山特产品加工,建设绿色无公害蔬菜基地加工生产线;积极推进道地北药全产业链发展,加强中药材基地建设,推动产业由原料药向精深加工转变。通过优化产业结构,充分释放生态优势,将生态资源转化为生态产品。将优势产业向全产业链、价值链延伸，基本形成现代化林业体系。深化劳动、人事、分配制度改革，推动伊春森工集团公司建立现代企业制度，促进集团高质量发展。

（三）有序推进林场林区林业振兴

以生态保护、经济转型、林场振兴为重点，因地制宜、合理设置。通过功能定位、撤建并举，将195个林场缩减至90个以内，促进林区人口合理聚集，资源高效集约利用。参照小城镇建设标准，推进标准化林场建设。实现生产空间集约高效、生活空间宜居适度、生态空间自然完整，促进林区生态、经济、社会协调发展。

（四）显著提升林区民生福祉

明显改善林区人居环境，全面提升交通、水电、取暖、住房等基础建设，健全教育、文化、医疗、社保等公共服务体系，进一步拓宽林区职工增收渠道，明显提高林区职工生活质量。通过集团上下的一致努力，不断缩小同业差别、地企差别、局场差别，提高职工群众的获得感、幸福感、安全感，让林区留住人、吸引人。

二、建设任务

（一）加强森林湿地生态系统保护修复

1. 加强资源管理

持续健全和落实天然林管护制度，天然林和国家级公益林管护责任落实率达100%；创新管护方式，实施大小兴安岭森林生态保育工程；强化资源管护年度考核机制。实施重要湿地生态系统保护和修复工程；强化责任落实机制，确保湿地保有量不低于32.56万公顷，湿地保护率大于30%。加强林业有害生物防治，努力提高预测预报准确率；及时采取科学有效防治方法，有害生物无公害防治率达到85%以上，林业有害生物成灾率控制在2.7‰以下。

2. 全面推行林长制

科学确定林长制责任区域，健全工作机制，建立责任考评制度。

3. 完善自然保护地体系

高质量建设国家公园，申请设立小兴安岭国家公园，推进构建以国家公园为主的自然保护地体系建设。整合优化自然保护地布局，经初步整合优化，伊春森工集团自然保护地体系包括自然保护区和自然公园共2类35个自然保护地，总面积93.40万公顷。加强保护管理能力建设，创新建设发展机制，增强自然公园生态服务功能。

4. 加强野生动植物保护

加强珍稀濒危野生动植物保护，加强栖息地保护修复，推进小兴安岭濒危野生动植物基地建设，完善野生动植物疫源疫病监测体系，加强野生动植物保护执法和宣传力度。

（二）加强森林资源培育

1. 巩固扩大红松资源优势

提升红松造林比例和改培面积，林分改造10万公顷。建设红松经济林示范基地，新建红松果材兼用林0.7万公顷，其中选择在铁力、带岭、金山屯、乌伊岭林业局建设4处共100公顷红松果园实验示范基地，包括红松嫁接实验区、技术应用推广实验区等。大力营造红松果林，"十四五"期末达到100万亩。

2. 全面提升森林质量

加强天然林抚育，天然中幼龄林抚育127万公顷，低效次生林提质4万公顷。科学经营人工林，人工中幼龄林抚育10万公顷，改造培育3万公顷。

3. 建设国家储备林基地

积极争取国开行国储林建设贷款20亿元，总计完成705万亩。其中集约栽培人工林25万亩，林冠下造林100万亩，大径级材培育60万亩，森林抚育520万亩。

4. 建立完善林木良种繁育体系

建设林木种源基地，拟建17个标准化保障型苗圃，建设朗乡林业局公司白桦国家林木种质资源库1处、省级鱼鳞云杉种质资源库1处。建设轻基质网袋育苗基地，建设育苗保障型苗圃，建设种苗科研基地，新建种苗科研基地1处。对集团公司现有国有苗圃进行升级改造及充分利用，建成17个标准化保障型苗圃。

（三）完善森林防灭火体系

1. 理顺防火体系

构建统一领导、分级负责的指挥体系，建立由伊春市森防指挥统一领导、地方分级负责、部门分工协作、企业积极参战的森林防灭火组织体系。明确各级森林防灭火职能责任。

2. 全面健全预防体系

实施网格化、平台化管理，建立"集团—局—场"三级联动森林防灭火网格化体系。建立"天空地"监测体系，提高预警能力，建设森林防灭火预警监测系统和全域智能防灭火巡护体系。加强防灭火宣传教育。

3. 强化火情处置能力

构建管理规范、上下联动的作战队伍，加强专业人员防灭火能力。

4. 提升基础保障能力

森林防灭火应急道路养护建设，整合森林防火信息系统，森林防灭火基础设施建设。

（四）做优做强林业产业

1. 发展森林旅游康养产业

根据伊春森工现有资源特色和区位分布，优化构建全域旅游空间格局，以三条精品环线为核心，规划五大旅游集合区。提升"林都伊春·森林里的家"品牌优势，丰富旅游特色产品，把伊春森工集团打造成集生态休闲旅游、文体休闲和科普教育、养生养老度假、异域风情体验、冰雪山地运动等为一体的全国知名全域生态旅游目的地。融合康养旅游产业发展，积极推进森林康养基地建设，打造铁力日月峡、桃山悬羊峰、乌马河西岭等20余处森林康养基地。大力发展森林康养、温泉疗养、中医药康复理疗、中医药养生保健、药膳食疗、健康美食、康复度假等新型康养旅游产品。提升旅游管理运营水平，建立统一的旅游智慧管控平台，加强旅游人才队伍建设，外联合作，互惠共赢。

2. 发展森林食品产业

发展木本粮油和林果、食用菌种植。发展木本粮油面积21.74万公顷。其中：发展红松果林18.23万公顷，胡桃楸3.51万公顷。建设铁力、带岭、金山屯、乌伊岭林业局公司试验、示范基地。提高林下经济比重，在红星、朗乡、美溪、新青、双丰等林业局种植榛子3000公顷；在新青、乌伊岭、金山屯等林业局种植蓝莓、树莓、蓝靛果1000公顷。推进高标准农田建设，在双丰、铁力、桃山、南岔、友好、新青、汤旺河、乌伊岭、美溪等林业局公司建设高标准农田。大力发展食用菌、反季节山野菜种植，建设寒地多功能日光温室示范基地，加快木耳、大羊肚菌、松茸、猴头菇、滑子蘑、毛尖菇等中高端食用菌产品培育力度，发展龙牙楤木、山葱等特色山野菜。桃山建设果蔬示范基地；新青建设"供深（深圳）"标准森林食品生产基地；乌马河建设山野菜和食用菌种植基地；在全域范围内发展黑木耳产业，形成年产4亿袋规模。盘活伊林集团黑木耳菌包生产、养殖大棚、饮品生产线、山野菜、绿色无公害蔬菜及山野菜加工生产线等资产，尽快达产达效。

3. 发展中药材种植业

合理布局药材种植，在南部区域重点发展人参、紫苏、刺五加、返魂草、穿地龙、暴马丁香、寒地山楂等品种；北部区域重点发展平贝母、黄芪、五味子、赤芍、满山红等品种；中部区域重点发展刺五加、黄芪、羌活、兴安贯众等。力争5年后林下中药材改培种植达到100万亩。

实施道地中药材标准化基地建设，巩固支持好现有的铁力、双丰、汤旺河等5个中药材基地示范县（局）建设。支持其他林业局公司按GAP标准建设中药材基地。打造"林都伊春"中药材好品牌。推进道地中药材种子、种苗基地建设，在南部双丰、北部新青、中部上甘岭等林业局公司，继续推进种苗繁育基地建设，确保中药材产业的持续、稳步、健康发展。加强野生中药材培育和保护，选择资源丰富的铁力、双丰、南岔、新青、汤旺河等9个林业局公司，以刺五加、五味子、满山红、暴马丁香作为主打品，建设特色鲜明、产区集中、规模适度、管理标准的中药材林下改培抚育基地5.3万公顷。

4. 发展特色养殖业

优化特色养殖业布局，发展生态循环型畜牧业。依托双丰、铁力、桃山、南岔、红星、乌伊岭、新青、上甘岭等林业局，建设养殖基地，大力发展湖羊养殖产业。到2025年，总规模达到100万只。

依托美溪、乌马河、友好、乌伊岭做强林蛙、冷水鱼等特色产业，建设年产500万公斤林蛙、50万公斤冷水鱼养殖基地；依托新青、乌马河等局，做精森林鸡养殖基地；形成繁育、养殖、加工及物流贸易全产业链。到2025年，养殖业实现产值20亿元。

5. 发展特色加工产业

发展森林食品精深加工产业，发挥集团等食品加工龙头企业带动作用，抓好"粮头食尾""农头工尾"。深入实施品牌战略，放大伊春蓝莓、伊春黑木耳等地理标志品牌效应，扩大集团"伊森林""小兴安岭大森林"绿色有机食品品牌的影响力。强化品牌意识，广泛开展地理标志认证及无公害、绿色、有机认证，着力打响1~2个森工特色品牌。大力发展森林食品加工业，搞好精深加工红松籽、开口榛子、野生菌类、速冻山野菜、黑木耳、蓝莓果干、果蔬、伊森林活能天然饮用水、蓝莓酱、蓝莓果汁、木耳茸饮品、口服液、花青素等森林食品产业。加大蓝莓花青素萃取、木耳饮品、山野菜加工、桦树汁饮品等特色产品研发力度，增强高附加值产品供给。发展绿色天然饮品产业，积极整合山野果、矿泉水和保健品加工生产，进一步提高绿色天然饮品的行业集中度。加快推进小兴安岭大森林品牌向中高端迈进，优化供给链、延伸产业链、提升价值链。到2025年，实现产值19亿元。

延伸北药加工产业链，发挥集团北药开发公司作用，组建集团北药加工企业。

做大传统木艺加工产业，精准对接市场需求，引导木制工艺品加工企业推出更多新产品，提升创意水平，向多元化、个性化、精品化升级。

探索发展非林替代产业，到2025年，非林替代产业总产值达到10亿元。发展农林和矿山生产剩余物循环利用（治理）产业。大力发展清洁能源。依托山鼎建筑工程有限责任公司，全面承揽建设工程，承接伊春及周边市县道路、市政、房地产、园林、水利等工程项目，打造森工建筑品牌。

开展境外资源开发业务。发挥原伊春驻俄罗斯代表处的对外优势，打造良好的在俄联系沟通网络，建立在俄市场合作营销渠道，开展多领域经贸合作，推动对俄经贸体系建设。

（五）推进林场振兴

1. 优化布局

合理规划，调整布局，对现有195个林场进行整合。按照"功能细分、各有侧重、因地制宜"的原则,将现有林场分为管护型林场、产业型林场和综合型林场三类。林场生产空间集约高效,林场生活空间宜居适度,林场生态空间自然完整,合理利用资源。

2. 改善人居环境

以建设美丽宜居林场为导向,以林业垃圾、污水治理、"厕所革命"和场容场貌提升为重点,实施林业人居林场整合振兴行动计划,持续改善林场人居环境。

(六)提升职工福祉

1. 保障就业支持创业

认真落实各项就业政策,健全就业服务体系、劳动关系协调机制、终身职业技能培训制度,促进创业带动就业、多渠道灵活就业的保障制度,健全就业需求调查和失业监测预警机制。设置公益性岗位,安置林区就业困难人员。

2. 建立员工工资合理增长机制

科学划分岗位工种,重新制定工资等级标准,充分体现按劳分配原则和岗位贡献差异,健全工资合理增长机制。

3. 健全职工福利机制

健全覆盖全员、公平统一、可持续的多层次社会保障体系,建立完善森工企业职工福利制度。有序提高基础养老金标准,森工系统职工保障水平与伊春市其他行业保障水平保持一致。在巩固现有参保覆盖面的同时,继续扩大失业保险参保范围;开展职工医疗互助保障,完善困难职工生活救助制度。

(七)推进改革创新

1. 完善现代企业制度

坚持党的领导与公司治理相统一,正确处理党委"把方向、管大局、保落实"与董事会"战略管理、科学决策、防控风险"的关系。

2. 强化资本运作功能

加强项目储备,拓宽融资渠道,在积极争取国家林业扶持资金的同时,完善集团层面的融资平台,积极参与直接融资市场,完善自身融资担保体系。在旅游、北药、绿色食品加工等领域尽快培植出行业龙头企业,助力林区产业转型升级。力争打造出至少2家符合主板上市条件的企业，提升企业和伊春的知名度。

3. 健全市场化经营机制

深化商业类公司混合所有制改革，积极引入股权投资基金和各类社会资本，推进商业类公司混合所有制改革。

4. 探索森林生态产品价值实现机制

推进森林碳汇行动，积极实施碳汇项目，以伊春森工翠峦林业局有限责任公司为试点，发展林区碳汇项目。依法依规开展林权使用权抵押、产品订单抵押等绿色信贷业务，探索"生态资产权益抵押+项目贷"模式，支持区域内生态环境提升及绿色产业发展。落实生态补偿制度，推进森林资源资产化、资本化，努力将生态产品转换为现实财富。

（八）实施科技兴企战略

1. 引进科技人才

完善人才政策，一方面，要挖掘林区自身潜力，通过竞聘上岗、内部选拔、推荐考核等方式，在全林区选聘熟悉林业生产、懂管理、善经营的人才；另一方面，引进符合企业战略发展急需的人才，通过引入专业化人才，快速对接市场，把握发展机遇，实现效益增长。有计划引进高校毕业生，优化员工队伍知识和年龄结构。

2. 提升科技支撑

加快构建科技创新平台，加快建设重点实验室、林草科学工程、林草产业工程（技术）研究中心等创新平台，对接国家研发布局，争取创建国家级、省级或局级重点实验室，谋划建设野外科学观测研究站、生态定位观测研究站、长期科研基地等平台。

3. 打造数字化管理系统

建设黑龙江数字林草伊春森工分中心。开发完成并全面使用森工集团信息管理系统，主要分为生态保护、绿色产业、灾害应急和综合办公4个子系统。

伊春森工"十四五"林业保护发展主要指标

类别	序号	指标名称	2020年	2025年	指标属性
生态保护	1	森林面积（万公顷）	306.89	≥306.89	约束性
	2	森林覆盖率（%）	87.40	≥87.40	约束性
	3	森林总蓄积量（亿立方米）	3.26	≥3.6	约束性
	4	单位公顷森林蓄积量（立方米/公顷）	106.45	≥117	约束性
	5	天然林保有量（万公顷）	275.94	≥275.5	约束性
	6	湿地保有量（保护率）（万公顷）	32.56	≥32.56	约束性
	7	自然保护地占施业区比例（不含交叉重叠面积）（%）	24.54	≥24.54	约束性
产业转型	8	林业产业总产值（亿元）	70.6	增长50%以上	预期性
	9	营业收入（亿元）	—	增长50%以上	预期性
	10	资产负债率（%）	70	降低10%以上	预期性
林场振兴	11	标准化林场（个）	—	50个	预期性
林区民生	12	民生基础设施	—	明显改善	预期性
	13	公共服务体系	—	基本建立	预期性
	14	在岗职工年均工资（万元/人）	4.02	达到全省平均水平	预期性
	15	增收渠道	—	进一步拓宽	预期性